青海大学教学团队建设项目
青海大学教材建设基金　资助

动物医学实验技术——预防兽医学

张勤文　文英　李英　张红见　编

科学出版社

北　京

内 容 简 介

　　本书主要包括三部分：预防兽医学实验基本操作、预防兽医学实验指导和预防兽医学综合性实验。预防兽医学实验基本操作主要介绍动物医学专业本科生学习预防兽医相关课程时必须要掌握的实验操作规范。此部分主要讲述需要学生了解和掌握的基础实验、专业实验和综合实验环节的实验方法、基本技能的操作技术规范，以期使学生掌握正确的实践操作技术，培养和提高学生的实验能力。预防兽医学实验指导主要包括兽医微生物学实验指导、兽医免疫学实验指导、兽医传染病学实验指导、兽医寄生虫学实验指导。预防兽医学综合性实验主要介绍兽医微生物学综合性实验、兽医传染病学综合性实验和兽医寄生虫学综合性实验。学生通过对本书内容的学习应对动物医学专业的实验课程模块有深入的了解，并通过系统实验训练，更好地理解和掌握理论知识，为其他动物医学课程的学习打下坚实的基础。

　　本书的编写充分考虑了多学科、多层次的教学要求，内容设置围绕动物医学、动物科学、生物技术等相关专业的人才培养目标，亦可供研究生参考使用。

图书在版编目（CIP）数据

动物医学实验技术：预防兽医学/张勤文等编. —北京：科学出版社，2022.11
ISBN 978-7-03-073500-3

Ⅰ．①动⋯　Ⅱ．①张⋯　Ⅲ．①兽医学-实验医学-高等学校-教材
Ⅳ．①S85-33

中国版本图书馆 CIP 数据核字（2022）第 194052 号

责任编辑：丛　楠　赵萌萌 / 责任校对：杨　赛
责任印制：张　伟 / 封面设计：迷底书装

科 学 出 版 社 出版
北京东黄城根北街 16 号
邮政编码：100717
http://www.sciencep.com
天津市新科印刷有限公司 印刷
科学出版社发行　各地新华书店经销
*
2022 年 11 月第　一　版　开本：787×1092　1/16
2023 年 7 月第二次印刷　印张：13
字数：308 000
定价：**59.80 元**
（如有印装质量问题，我社负责调换）

前　言

　　《动物医学实验技术——预防兽医学》是青海大学获批的国家级一流本科专业——动物医学专业建设的重要成果之一，也是青海大学动物医学专业教学团队经过不断探索与实践的结果。

　　现有的实验指导书大多地域特色明显，如南方地区以介绍猪、禽病为主，沿海地区关于鱼病的内容较多，而西北地区以介绍牛、羊病为主，且由于地处高原，教学过程中，微生物学、传染病学实验所用细菌菌株及其血清型均为地方流行型及血清型，而兽医寄生虫学实验所研究的寄生虫大部分为高原地区牛、羊体外寄生虫及人畜共患寄生虫。因此为了加强学生实践技能的锻炼和培养，提高教学质量，适应教学改革与发展对高素质人才的需求，我们借助青海大学动物医学国家级一流本科专业建设的契机和青海大学教材建设出版基金，组织动物医学相关专业的教授和专家编写了本书，以期能为动物医学专业学生预防兽医学课程实践教学提供参考和借鉴。

　　动物医学专业全面普及五年制教育后，提高学生自主学习能力和实践能力成为教学活动的重点。本书紧密围绕动物医学专业本科生培养目标，并从加强学生实践操作技能的角度出发，详细介绍了动物医学专业预防兽医学相关课程学习中需要掌握及了解的实验基本理论及操作要领。本书重点突出，文字精练规范，内容充实，有较高的实用价值。对于学生验证和巩固基本理论及基础知识，深化并拓展对理论知识的理解具有重要作用。

　　本书的编者都是从事动物医学相关专业的学者，具有丰富的实践经验，并在某一方面有所专长。本书内容深入，涉及全面，因此起着教科书、参考书和工作手册的作用，对促进学生实践技能的培养和操作技能的提高大有帮助。

　　本书在编撰出版过程中，得到了青海大学教务处的大力支持，也得益于青海省昆仑英才教学名师经费和青海大学教材出版基金的资助，刘祥先生为本书提供了封面图片，在此一并表示衷心的感谢。编写过程难免有疏漏之处，望读者批评指正。

张勤文

2022 年 10 月于西宁

目　　录

第一篇　预防兽医学实验基本操作

第二篇　预防兽医学实验指导

第三篇　预防兽医学综合性实验

第一篇　预防兽医学实验基本操作

第一章　兽医微生物学实验基本操作

第一节　实验常用物品的准备

微生物实验过程中使用的物品有很多，其中以玻璃器皿居多，如平皿、试管、烧杯、锥形瓶、移液管、载玻片等，其一般选取耐高热灭菌的玻璃器皿，且以中性玻璃为宜。玻璃器皿使用前必须经清洁、干燥和无菌处理（染色用的载玻片和配制溶液的器皿除外）。此外，在灭菌处理时，对各种器皿进行包扎，不仅能防止灭菌时冷凝水直接沾湿棉塞影响后续操作，还可在一定时限内防止污染，延长其存放时间。

一、玻璃器皿的处理

微生物学实验对器材的清洁程度有较高的要求，各种器材不但要达到生物学清洁，还需达到化学清洁。器材如不能达到生物学清洁，则常常发生各种污染，导致结果错误。若不能达到化学清洁，则常可影响培养基的 pH，甚至某些化学物质的存在可抑制微生物的生长，也可影响血清学反应的结果。

1. 新购置的玻璃器皿　　未使用的新玻璃器皿因含有游离碱，一般在 2% 的盐酸溶液中浸泡数小时后再用清水洗净，也可在洗衣粉水中煮 30～60min，取出用清水洗净。

2. 使用过的玻璃器皿　　微生物和传染病实验中，使用过的玻璃器皿常带有病原微生物，需先经过灭菌处理后方可进行洗涤。经 121℃ 高压蒸汽灭菌 20min 后，趁热倒去内容物，再用洗衣粉水刷洗干净。

3. 带油污的玻璃器皿　　先将倒空的玻璃器皿用 10% 的氢氧化钠浸泡半小时或放在 5% 的碳酸钠溶液内煮两次，去掉油污，再用洗衣粉和热水刷洗，以水在内壁均匀分布成一薄层而不出现水珠作为油垢除尽的标准。

经上述处理的玻璃器皿可满足一般实验使用。少数实验对玻璃器皿清洁度要求较高，上述操作后，还应用蒸馏水淋洗 2～3 次。要求更高的尚需超纯水淋洗然后烘干备用。

二、玻璃器皿的包扎

1. 锥形瓶的包扎　　锥形瓶加上合适的棉塞或透气胶塞，在棉塞外用包扎纸（报纸或牛皮纸）包住，用线绳打上活抽绳结。所有瓶口的包扎均可采用此法。

2. 试管的包扎　　试管塞上合适的棉塞（透气胶塞），用线绳包扎成捆后在棉塞外用包扎纸（报纸或牛皮纸）包住，再用线绳打上活抽绳结。

3. 平皿的包扎　　将 5～10 副平皿叠在一起，用报纸滚卷包裹，边滚卷边折叠两边的报纸，成圆筒状后，将两端的报纸折叠收口，或直接将平皿装入不锈钢或铜制平皿筒内，盖上筒盖后灭菌处理。

4. 移液管的包扎　　先在移液管的手握端口处塞上适量棉花，松紧要合适，既可吹吸时通气流畅又可阻拦杂菌入内，筒装或单支纸包后灭菌处理。

（1）筒装　　将多支端口塞好棉花的移液管装入铜制或玻璃制的圆筒中，移液管尖端朝筒内，筒底垫几层纱布，防止移液管尖端破碎，盖好筒盖。

（2）单支纸包　　将报纸裁成宽 4～5cm 的纸条，平铺于桌面上，将移液管的尖端放在纸条的左端，移液管与纸条约呈 30°（夹角太小，纸条容易松开，夹角太大，则纸条长度不够），然后滚卷移液管，将前端报纸折叠封口，继续滚卷，将纸条呈螺旋状包裹在移液管外面，最后将包卷多余的纸筒打结。

三、其他物品的准备

1．棉塞的制作

1）按试管口或锥形瓶的口径大小取适量棉花，使成形后的棉塞大小适合管口。

2）将棉花铺成长方形，中间厚，边缘薄。然后从一端开始卷，边卷边将边缘的棉花内收，卷紧成圆柱形，中间硬实。成形的棉塞可在瓶（管）口调试，直至合适。一般将成形棉塞的 50%～60% 塞入瓶（管）口内，松紧适宜。

3）取适当大小的纱布，将制作好的棉塞包裹，用线绳在一端扎紧，剪去多余的纱布和线绳。制作的棉塞可多次重复利用。

2．酒精棉球的制作

先将棉花顺着纤维方向撕开至蓬松，左手轻握拳，取适量棉花从虎口处不断填塞至手心压实。将做好的棉球装在瓶中，倒入 75% 的乙醇，使棉球浸湿即可。

第二节　微生物实验常用仪器的使用及注意事项

随着新技术的不断应用，微生物实验的仪器种类也在不断增加，个别仪器需经过高温高压。一旦不按规定操作，机器出现故障或损坏会造成很大的损失，直接影响教学科研工作，严重时还会造成人员伤亡。因此，熟练掌握微生物实验常用仪器的使用非常重要。

一、高压蒸汽灭菌器

高压蒸汽灭菌器主要由灭菌室、控制系统、过压保护装置等组成。灭菌室为一个双层的金属圆筒，两层之间盛水。灭菌器内装有带孔的金属隔板，用以放置待灭菌物品。灭菌器外层为厚的金属板，其上有厚金属盖，盖旁有螺栓，借以扣紧金属盖，金属盖与锅体之间为密封圈，使蒸汽不能外逸。高压蒸汽灭菌器盖上装有温度计、压力表、排气阀和安全阀，以指示灭菌器内部的温度、压力及调节灭菌器内蒸汽压力。

灭菌器的工作原理是高温饱和水蒸气在一定时间内可使微生物的蛋白质变性，从而导致微生物死亡，达到对耐湿耐热物品灭菌的目的。

密闭的灭菌器内蒸汽不能外逸，随着压力不断上升，水的沸点也会不断提高，从而使锅内温度也随之增加，在 0.1MPa 压力下锅内温度可达 121℃。在此蒸汽温度下维持20～30min 可以杀死包括细菌芽孢和霉菌孢子在内的所有微生物。

灭菌器内蒸汽压力与锅内温度的关系见表 1-1。

表 1-1　不同蒸汽压力所能达到的温度

蒸汽压力			温度/℃
磅/cm²	kg/cm²	kPa	
5	0.35	33.78	108.8
8	0.57	54.04	113.0
10	0.70	67.55	115.6
15	1.00	101.33	121.3
20	1.46	135.10	126.2
25	1.77	168.88	130.4
30	2.10	202.66	134.6

注：1 磅＝0.4536kg

1. 操作方法

（1）加水　　打开高压蒸汽灭菌器盖，加水到合适刻度（手提式灭菌器加水到与支架圈平行处即可）。

（2）装料　　将待灭菌物品放于灭菌室的隔板上，物品摆放时注意彼此间留有一定空隙，使蒸汽在容器内能够流通到达每个物品的各部位，以免形成蒸汽死角。物品不要紧靠灭菌室壁，防止冷凝水进入灭菌物品。

（3）密封　　将锅盖上与排气孔相连的金属软管插入装料桶的排气槽内，使罐内冷空气自下而上排出，加盖，上下螺栓口对齐，采用对角方式均匀旋转拧紧螺栓，使锅体密闭。

（4）加热　　打开排气口（放气阀）开始加热，排气 5～10min 后（或喷出气体不形成水雾），此时蒸汽已将锅内的冷空气排尽，关闭放气阀。温度随蒸汽压力增高而上升。待压力逐渐上升至其对应的温度为所需温度时，控制热源，维持所需压力和温度，并开始计时。到达规定时间，关闭热源，停止加热，压力随之逐渐降低。

（5）降压、取料　　待压力表指针自然降至"0"位后，打开放气阀，松动螺栓，开盖。立即取出灭菌物品，以免凝结在锅盖和器壁上的水滴弄湿包装纸或被灭菌物品，增加染菌的概率。斜面培养基自锅内取出后要趁热摆放，灭菌后的空平皿、试管等要烘干或晾干。

（6）清理　　灭菌完毕后，倒出锅内剩余水，保持锅内干燥。若连续使用则需每次补足水量。

2. 注意事项　　高压蒸汽灭菌技术的关键是在压力上升之前先排除锅内的冷空气。若锅内存有滞留的冷空气，压力表虽能达到指定压力但锅内温度却达不到相应的温度，灭菌效果不好。

灭菌时操作者不能离开现场，要严格控制热源并维持灭菌时的压力。压力过高不仅会使培养基的营养成分被破坏，而且高压蒸汽灭菌器超过耐压范围易发生爆炸。灭菌完毕后要自然冷却，切忌用凉水浇灭菌器来降温。压力降至"0"位前不能开盖，以免培养基沸腾喷出。

定期检查灭菌效果，常用的方法是将硫黄粉末（熔点为 115℃）或苯甲酸（熔点为 120℃）置于试管内，然后进行灭菌，如上述物质熔化，则说明高压蒸汽灭菌器内的温度达到了要求，灭菌效果可靠。也可将检测灭菌器效果的胶纸（其上有温度敏感指示剂）贴于待灭菌的物品外包装上，如胶纸上指示剂变色，亦说明灭菌效果可靠。

二、电热鼓风干燥箱（干烤箱、烘箱）

电热鼓风干燥箱采用电加热的方式，通过循环风机吹出热风，利用高温干热空气杀死微生物，从而达到灭菌的目的。

该法适用于耐高温的玻璃和金属制品及不允许湿热气体穿透的油脂（如油性软膏、注射用油等）和耐高温的粉末化学药品的灭菌，不适合橡胶、塑料及大部分药品的灭菌。在干热状态下，由于热穿透力较差，微生物的耐热性较强，必须保持长时间高温作用才能达到灭菌的目的。因此，干热空气灭菌法采用的温度一般比湿热灭菌法高。

1. 操作方法

（1）装料　　将待灭菌物品放入烘箱的搁板上，摆放不能过挤，要留有间隙，不能紧靠箱壁，以保证热空气流通，温度均匀。

（2）升温　　接通电源，打开开关，设置好灭菌温度及维持时间，按启动键开始工作。让温度升至设定温度。

（3）维持恒温　　在设定温度维持相应时间。

（4）降温　　灭菌完毕，切断电源，让其自然降温。

（5）取料　　待箱内温度降至 60℃以下，可开箱取出物品。需避免烫伤等事故。

2. 注意事项　　灭菌温度不要超过 180℃，否则棉花、包扎纸等将被烧焦。

干热灭菌过程中温度不能上升或下降过急。温度达到 60℃以上时，不能随意打开干燥箱门。

灭菌后必须等箱内温度下降至 60℃以下方可打开箱门，否则冷空气突然进入，玻璃器材极易破裂，且有引起纸和棉花起火的危险。另外，箱内的热空气逸出，易造成操作者皮肤灼伤。

三、冰箱（冰柜）

微生物实验室冰箱（冰柜）常用于菌种、酶、各种样本、核酸及一些重要的生物和化学试剂等的保藏。根据制冷温度和用途分为普通冰箱、低温冰箱和超低温冰箱等。

1. 普通冰箱　　普通冰箱冷藏室温度一般为 4～6℃，冷冻室为 -20～0℃。冰箱均有温控器，可根据需求自行调节。常存放培养基、细菌培养物及需要 2～8℃保存的物品，需定期整理，保持冰箱的清洁干燥。

2. 低温冰箱　　低温冰箱温控一般在 -40～-20℃。适宜存放血清、含毒材料、菌种等。

3. 超低温冰箱　　超低温冰箱温控可达 -70℃以下，适用于存放毒种、病毒材料等。夏季室内温度高时要特别注意通风，专人管理，定期清理。

四、离心机

离心机就是利用转子高速旋转时产生的强大离心力，加快液体中颗粒的沉降速度，从而把样品中不同沉降系数和浮力密度的物质分离开。随着科学技术的不断发展，离心机的功能不断扩大，种类也越来越多，离心容量从 1mL/管至 500mL/管。

微生物实验室常用到的离心机有以下几种。①普通离心机，转速可达 4000～8000r/min，常用于离心沉降血细胞、细菌、瘤细胞澄清液体和提取免疫球蛋白等。②高速离心机，转速可达 10 000～15 000r/min，常用于核酸的提取、微量样品的分析及少量含菌、含毒材料的沉淀澄清等。③超速离心机，转速可达 25 000～50 000r/min，用于分离细胞和细菌，纯化和分离病毒、RNA、DNA、质粒和蛋白质等生物大分子。④冷冻离心机，即兼有离心和冷冻功能的离心机。它具有冷冻系统，因此可以精确地控制离心室的温度，不但可以用来提取对温度要求严格的生物试剂，还可以提高离心效率。冷冻离心机被广泛应用于生命科学的研究领域，是分子生物学、分子化学、临床医学、微生物、病毒等实验和科学研究中不可缺少的重要工具。冷冻离心机可分为低速冷冻离心机、高速冷冻离心机、超速分析冷冻离心机和制备两用冷冻离心机等多种型号。

离心机工作时高速运转，使用时要注意安全，必须做到以下几点。

1. 离心机的放置　　离心机使用时要放置在平稳、坚固的台面上，利用其底座安装的橡胶吸脚，借助于大气压力及仪器本身的重量，紧贴于台面；大容量普通离心机和高速冷冻离心机要安放在宽阔稳定的实验台或坚实的地面上，水平放置。超速离心机重达数百公斤，只宜放在平整坚实的地面上并有防尘、防潮措施，以使离心室达到一定的真空度，正常运行。离心机工作前，应将负荷平衡，重量误差越小越好，否则会引起剧烈振动，损坏离心转头及转轴。

2. 离心机的启动与运行　　离心机内的分离支架必须在安置离心管后运转，严禁空架运转。离心机启动时，应检查离心机转速值旋钮是否放在低档位，数显式离心机应在通电后运行前确认离心速度值归零，启动后再逐步调节到所需要的数值。离心结束后，须将旋钮调至低档位。在高转速档位或高值档禁止直接启动。选择合适的转头，控制转头的转速。离心过程中不得开启离心室盖，不得用手或异物碰撞正在旋转中的转头及离心管。

3. 使用前的检查　　离心机转头在每次使用前要严格检查孔内是否有异物和污垢，以保持平衡。转头必须保持干燥清洁，切勿碰撞擦伤。如不慎跌落，应对转头进行 X 线检查，确认无内部损伤后方可继续使用。转头每次使用后应用温水及中性洗涤剂浸泡清洗，最后用蒸馏水或去离子水冲洗，软布擦干后用电吹风烘干、上蜡，干燥保存。

4. 离心管的选择　　各种离心管的拉力强度和伸长度都不同，应按需选用，离心管可由许多种不同材料制成，如聚乙烯、纤维素、聚碳酸酯、聚丙烯等。使用时注意保证样品、溶剂及梯度材料不腐蚀离心管及其组件。过期、老化、有裂纹或已受腐蚀的离心管尽量不用或降速使用。控制塑料离心管的使用次数，注意规格配套。

5. 低温材料的离心　　使用冷冻离心机离心样品时，应先将空的转头在 2000r/min 预冷一定时间，预冷时控制温度在 0℃左右，也可将转头放在冰箱中预冷数小时备用，离心杯可直接存放在冰箱中预冷。

6. 离心异常的处理　　在离心过程中若发现异常现象,如不正常噪音及振动,应立即停机检查,未找出原因前不得继续运转。在下述情况下要降低转头的最高转速:①转头的运转时间和运转次数达到规定的寿命时;②转头受到局部表面损伤或出现管孔内轻微腐蚀时;③使用不锈钢离心管、套管、厚壁管或离心瓶时;④转头温度过高时。

7. 离心机的保养　　在日常使用离心机的过程中,每隔三个月应对主机校正一次水平度,每使用 5 亿转要处理真空泵油一次,工作 500h 应检查驱动电机炭刷,最好用吸尘器将摩擦产生的炭粉除去,必要时需要更换炭刷或将整流子用细砂纸打光。每使用 1500h 左右应清洗驱动部位轴承并加上高速润滑油脂,转轴与转头接合部应经常涂油脂防锈,长期不用时应涂防锈油加油纸包扎。平时不用时,应每月低速开机一次,保证各部位的正常运转。

五、显微镜

微生物个体微小,肉眼无法观察到,必须借助显微镜才能观察到其个体形态及内部结构。因此,显微镜是微生物学研究必不可少的工具,正是显微镜的发明帮助人类揭开了微生物世界的奥秘。随着显微镜制作工艺的发展及微生物研究的进步,显微镜从使用可见光源的普通光学显微镜发展到使用紫外线光源的荧光显微镜,再进一步发展到用电子流代替照明光源的电子显微镜,放大倍率和分辨率大大提高,为微生物学的发展提供了保障。此外,根据不同的用途还有暗视野显微镜、相差显微镜等。

1. 光学显微镜构造及成像原理　　普通光学显微镜的构造可分为两大部分:一为机械装置,二为光学系统,这两部分很好地配合,才能发挥显微镜的作用。

(1)显微镜的机械装置　　显微镜的机械装置包括镜座、镜筒、物镜转换器、载物台、推进器、粗调节螺旋、细调节螺旋等部件。

1)镜座:镜座是显微镜的基本支架,它由底座和镜臂两部分组成。在其上连接有载物台和镜筒,它是用来安装光学放大系统部件的基础。

2)镜筒:镜筒上接目镜,下接物镜转换器,形成目镜与接物镜(装在转换器下)间的暗室。从物镜的后缘到镜筒尾端的距离称为机械筒长。因为物镜的放大倍率是对一定的镜筒长度而言的。镜筒长度变化,不仅放大倍率随之变化,成像质量也受到影响。国际上将显微镜的标准筒长定为 160mm,此数字标在物镜的外壳上。

3)物镜转换器:物镜转换器上可安装 3~4 个物镜。转动转换器,可以按需要将其中的任何一个物镜和镜筒接通,与镜筒上面的目镜构成一个放大系统。

4)载物台:载物台中央有一孔,为光线通路。在台上装有弹簧标本夹和推进器,其作用为固定或移动标本的位置,使得显微镜观察对象恰好位于视野中心。

5)推进器:是移动载玻片的机械装置,它是由一横一纵两个推进齿轴的金属架构成的,好的显微镜在纵横架杆上刻有刻度标尺,构成精密的平面坐标系。如需重复观察已检查标本的某一部分,在第一次检查时,可记下纵横标尺的数值,以后按数值移动推进器,就可以找到原来标本的位置。

6)粗调节螺旋:粗调节螺旋是移动镜筒调节物镜和标本间距离的机件。

7）细调节螺旋：用粗调节螺旋只可以粗放地调节焦距，要得到最清晰的物像，需要用细调节螺旋做进一步调节。细调节螺旋每转一圈镜筒移动 0.1mm（100μm）。老式显微镜粗调节螺旋和细调节螺旋分开，而制造工艺进步后，显微镜的粗调节螺旋和细调节螺旋是共轴的。

（2）显微镜的光学系统　　显微镜的光学系统由反光镜、聚光器、物镜、目镜等组成，光学系统使物体放大，形成物体放大像。

1）反光镜：老式普通光学显微镜用自然光检视物体，在镜座上装有反光镜。反光镜是由一面平面和一面凹面的镜子组成，可以将投射在它上面的光线反射到聚光器透镜的中央，照明标本。不用聚光器时可用凹面镜，凹面镜能起汇聚光线的作用。用聚光器时，一般都用平面镜。现在使用的显微镜镜座上一般装有光源，并有电流调节螺旋，可通过调节电流大小调节光照强度。

2）聚光器：它是由聚光透镜、虹彩光圈和升降螺旋组成的。聚光器可分为明视野聚光器和暗视野聚光器。普通光学显微镜配置的都是明视野聚光器。聚光器安装在载物台下，其作用是将光源经反光镜反射来的光线聚焦于样品上，以得到最强的照明，使物像获得明亮清晰的效果。聚光器的高低可以调节，使焦点落在被检物体上，以得到最大亮度。一般聚光器的焦点在其上方 1.25mm 处，而其上升限度为载物台平面下方 0.1mm。因此，要求使用的载玻片厚度应在 0.8～1.2mm，否则被检样品不在焦点上，影响镜检效果。聚光器透镜组前面还装有虹彩光圈，它可以开大和缩小，影响着成像的分辨力和反差。若将虹彩光圈开放过大，超过物镜的数值孔径时，便产生光斑；若收缩虹彩光圈过小，分辨力下降，反差增大。因此，在观察时，通过虹彩光圈的调节再把视场光阑（带有视场光阑的显微镜）开启到视场周缘的外切处，使不在视场内的物体得不到任何光线的照明，以避免散射光的干扰。

3）物镜：安装在镜筒前端转换器上的接物透镜，利用光线使被检物体第一次造像，物镜成像的质量对分辨力有着决定性的影响。物镜的性能取决于物镜的数值孔径（numerical aperture，NA），每个物镜的数值孔径都标在物镜的外壳上，数值孔径越大，物镜的性能越好。

4）目镜：目镜的作用是把物镜放大了的实像再放大一次，并把物像映入观察者的眼中。目镜的结构较物镜简单，普通光学显微镜的目镜通常由两块透镜组成，上端的一块透镜称"接目镜"，下端的透镜称"场镜"。上下透镜之间或在两个透镜的下方，装有由金属制的环状光阑或叫"视场光阑"，物镜放大后的中间像就落在视场光阑平面处，所以其上可安置目镜测微尺。

（3）光学显微镜的成像原理　　显微镜的放大是通过透镜来完成的，光源发出的光线通过聚光镜汇聚到样品上，进入物镜后在目镜前焦点处形成第一次放大的物像，再经过目镜形成第二次放大的物像，呈现在观察者的视网膜上。由单透镜组合而成的透镜组相当于一个凸透镜，放大作用更好。

2. 显微镜油镜的使用　　在检查细菌标本时，多用油镜进行观察。油镜是一种放大倍数较高（100×左右）的物镜，一般都刻有放大倍数（如 95×、100× 等）和特别的标记，以便于认识。国产镜多用"油"字表示，国外产品则常用"Oil"（oil immersion）或

"HI"（homogeneous immersion）作记号。油镜上也常漆有黑环或红环，而且油镜的镜身较高倍镜和低倍镜长，镜片最小，这也是识别的另一个标志。

（1）油镜的原理　　油镜头的晶片细小，进入镜中的光量亦较少，其视野比高倍镜暗。当油镜头与载玻片之间被空气所隔时，因为空气的折光指数与玻璃不同，故有一部分光线被折射而不能进入镜头之内，使视野更暗；若在镜头与载玻片之间放上与玻璃的折光系数相近的油类，如香柏油等，则光线不会因折射而损失太大，可使视野充分照明，能清楚地进行观察和检查。折光系数与玻璃（1.52～1.59）相近的有香柏油（1.51）、加拿大树胶（1.52），比玻璃折光系数稍低的是二甲苯（1.49）、液体石蜡（1.48）和甘油（1.47）等。

（2）油镜的使用方法　　进行油镜检查时，一种方法是应先对好光线，但不可直对阳光，采取最强亮度（升高集光器、开大光圈、调好反光镜等）。然后在标本上加一滴香柏油（切勿过多），将标本放置或移至载物台的正中。转换油镜头浸入油滴中，使其几乎与标本面接触为度（但不应完全接触）。通过目镜观察视野，同时慢慢转动粗调节螺旋，提起镜筒（此时严禁用粗螺旋降下油镜筒）至能模糊看到物像时，再转动细调节螺旋，直至物像清晰为止。另一种方法是固定镜筒调节载物台的显微镜，调焦时，镜片先与油镜头接触，再慢慢转动粗调节螺旋，将载物台往下调，能模糊看到物像时，再转动细调节螺旋，直至物像清晰为止，随即进行检查观察。油镜使用完毕应立即用擦镜纸将镜头擦拭干净。如油渍已干，则须用擦镜纸蘸少许二甲苯溶解并拭去油渍，然后再用干擦镜纸拭净镜头。

3. 暗视野显微镜

（1）构造与原理　　暗视野显微镜是在显微镜上安装一个特制的聚光器——暗视野聚光器。此聚光器中央被一黑板所遮，光线不能直接射向镜筒，使视野背景黑暗。这样，从聚光器周边斜射到载玻片上细菌等微粒上的光线，就可通过散射作用而发出亮光，反射到镜筒内，故在强光照射下，可在黑色的背景中看到发亮的菌体。正如我们在暗室内，能看到从缝隙漏入的阳光内有无数颗尘埃微粒一样。

（2）使用方法　　①将普通显微镜聚光器卸下，装上暗视野聚光器，置暗室，使用人工光源。②用低倍物镜观察，调节光环置中央后，在暗视野聚光器表面滴上香柏油（或水），再将标本夹在标本夹上。③调节暗视野聚光器，使油滴（或水滴）与镜台上的载玻片底面接触。其余操作同普通显微镜。

4. 荧光显微镜

（1）构造及原理　　荧光显微镜主要是因具备荧光显微镜光源和滤光片而可以获得不同的光线。

荧光显微镜光源：能发射丰富的紫外光和紫蓝光，常用 150～200W 高压汞灯。

滤光片：激发滤光片装于光源与聚光器之间，可选择性地使紫外光及紫蓝光通过，而激发荧光素发出荧光；吸收滤光片装于物镜与目镜之间，可吸收紫外光及紫蓝光，仅让荧光通过，以便观察标本和保护眼睛。

（2）使用方法　　将荧光显微镜置暗室，开启光源，待光源稳定并达到一定亮度（5～10min）后，对准光轴。装好配对的激发滤光片和吸收滤光片后，再作观察。其余操作同普通显微镜。

（3）注意事项　　如用高压汞灯作光源，使用时一经开启不宜中断，断电后需待汞灯冷却后（约15min）方能再启动。

观察标本的时间不宜太长，因标本在高压汞灯下照射超过3min即有荧光减弱现象。

六、生物安全柜

生物安全柜是一种能防止在实验操作处理过程中，某些含有危险性或未知性生物微粒发生气溶胶散逸的箱型空气净化负压安全装置。其广泛应用于微生物学、生物医学、基因工程、生物制品等领域的科研、教学、临床检验和生产中，是实验室生物安全中一级防护屏障中最基本的安全防护设备。

微生物实验室分为生物安全等级（biosafety level，BSL）1~4级。其中BSL-1最低，BSL-4最高。BSL-1~BSL-4级俗称P1~P4。BSL-1级（P1）的媒质是指普通无害细菌、病毒等微生物，对环境危害程度微小；BSL-2级（P2）的媒质是指一般性可致病细菌、病毒等微生物，对人、动物或者环境不构成严重危害，传播风险有限；BSL-3级（P3）的媒质是指烈性/致命细菌、病毒等微生物，但感染后可治愈；BSL-4级（P4）的媒质是指烈性/致命细菌、病毒等微生物，感染后不易治愈。按照NSF 49标准，将生物安全柜分为Ⅰ、Ⅱ、Ⅲ级，可适用于不同生物安全等级媒质的操作。

1. 操作方法

1）接通电源。

2）穿好洁净的实验工作服，清洁双手，用70%的乙醇或其他消毒剂全面擦拭安全柜内的工作平台。

3）将实验物品按要求摆放到安全柜内。

4）关闭玻璃门，打开电源开关，必要时应开启紫外灯对实验物品表面进行消毒。

5）消毒完毕后，设置到安全柜工作状态，将玻璃门升起到安全高度位置，打开风机运转5~10min。

6）设备完成自净过程并运行稳定后即可使用。

7）完成工作，取出废弃物后，用70%的乙醇擦拭柜内工作平台。维持气流循环一段时间，以便将工作区污染物质排出。

8）关闭玻璃门，关闭日光灯，打开紫外灯进行柜内消毒。

9）消毒完毕后，关闭电源。

2. 注意事项

1）为了避免物品间的交叉污染，整个工作过程中所需要的物品应在工作开始前一字排开放置在安全柜中，以便在工作完成前没有任何物品需要经过空气流隔层拿出或放入。特别注意：前排和后排的回风格栅上不能放置物品，以防止堵塞回风格栅，影响气流循环。

2）在开始工作前及完成工作后，需维持气流循环一段时间，完成安全柜的自净过程，每次实验结束应对柜内进行清洁和消毒。

3）操作过程中，尽量减少双臂进出次数，双臂进出安全柜时动作应该缓慢，避免影响正常的气流平衡。

4）柜内物品移动应按低污染向高污染移动的原则，柜内实验操作应按从清洁区到污染区的方向进行。操作前可用消毒剂浸湿的毛巾垫底，以便吸收可能溅出的液滴。

5）尽量避免将离心机、振荡器等仪器安置在安全柜内，以免仪器振动时滤膜上的颗粒物质抖落，导致柜内洁净度下降；同时这些仪器散热排风口气流可能影响柜内的气流平衡。

6）安全柜内不能使用明火，防止燃烧过程中产生的高温细小颗粒杂质带入滤膜而损伤滤膜。

七、厌氧培养箱

1. 构造及原理　　厌氧培养箱主要是利用密封、抽气、换气及化学除氧等方法使培养箱内处于厌氧状态，有利于厌氧菌的生长繁殖。厌氧培养箱装有真空表、真空泵气阀、温度控制器、总电源指示灯、培养罐气阀。箱内装有远红外线加热器、需氧培养槽及培养罐体。

2. 气体纯度与气体分配

1）纯度要求。厌氧菌培养所用气体纯度需达 99.99% 以上。

2）气体分配。厌氧菌气体分配率：N_2（80%）、H_2（10%）、CO_2（10%）；微需氧菌气体分配率：N_2（80%）、H_2（15%）、CO_2（5%）；需 CO_2 菌气体分配率：N_2（10%）、普通大气（90%）。

3. 干燥剂与脱氧剂

1）高效干燥剂分子筛 3A。

2）105 型脱氧催化剂（钯粒）。

4. 指示剂

1）厌氧环境指示剂：亚甲蓝溶液。

2）CO_2 环境指示剂：溴麝香草酚蓝。

5. 操作方法

1）先将所有气阀全部关闭。开启真空泵阀，再开启 A 罐体阀，将 A 罐体门敞开。

2）迅速将已接种细菌的培养基放入 A 罐内，同时将约 50g 105 型脱氧催化剂与约 15g 高效干燥剂分子筛 3A 混合后放入 2 只不加盖的玻璃皿内，然后放入 A 罐内。

3）将预先备好的厌氧环境指示剂放入罐门真空玻璃前（以利于观察颜色变化），迅速关闭罐门、扭紧。

4）开动真空泵，当真空达 700mmHg 时，将泵阀门关闭后，再关停真空泵电源。

5）开启输气总阀（即输 N_2、H_2、CO_2），开启细菌滤过盘铜阀（N_2 阀），用 N_2 冲洗罐床及管路，轻轻开启 N_2 瓶阀及减压器阀。

6）当真空表针由 700mmHg 回复到"0"位时，关闭 N_2 铜阀，再开启真空泵阀，按上述操作重复一次，以除去残余氧气。

7）再按 4）、5）操作，按需要比例通入 N_2、H_2、CO_2。

8）真空表指针回复到"0"位时，即将钢瓶阀门关闭，再次检查，所有气阀需一律关闭。

9）在已放有接种的培养基罐门上，挂一标牌，注明放物日期，并在化验单上也注明罐体号。

八、二氧化碳培养箱

二氧化碳培养箱种类繁多，其核心部分是 CO_2 调节器、温度调节器及湿度调节装置。一般温度调节范围为室温至 50℃，湿度在 95%以上，CO_2 控制在 0～20%。当空气进入箱内后，通过能产生湿气的含水托盘，用 CO_2 调节装置调节 CO_2 的张力，或者将空气和 CO_2 按比例混合来调节 CO_2 的张力。CO_2 调节装置可以减少 CO_2 的消耗，并且在打开培养箱门后能很好地控制和恢复 CO_2 的含量，能将气体由培养箱灌到样品小室内，空气在培养箱内循环流动，这样既能保持 CO_2 水平，又能使空气分布均匀。由于 CO_2 箱内的湿热环境易滋生细菌、霉菌等微生物，可用 70%乙醇或中性不含氯的消毒剂定期消毒培养室。

二氧化碳培养箱主要用于组织细胞培养及奈瑟菌、布鲁氏杆菌等的初次分离培养。

第三节　细菌涂片的制备及染色

细菌涂片的制备、染色及形态观察在微生物的实验教学过程中是非常重要的环节。

一、染色原理

细菌个体微小，无色而半透明，在普通光学显微镜下不易被识别，必须借助染色使菌体着色。染料主要通过毛细管、渗透、吸附和吸收等物理作用及离子交换、酸碱亲和等化学作用使细菌着色，并且因细菌细胞的结构和化学成分不同而有不同的染色反应，使其与背景形成明显的色差，从而能够较清楚地观察到细菌的基本形态和结构。不同的染色反应可作为鉴别细菌的依据之一。

微生物染料是一种带苯环的有机化合物，其分子结构上具有发色基团和助色基团。前者给化合物以特有的颜色，但不能与细菌结合；后者使化合物具备盐的性质，能和菌体结合。其主要分为碱性染料、酸性染料和中性染料三类。

根据细菌个体形态观察的不同要求，可将染色分为三种方法，即简单染色、鉴别染色和特殊染色。

二、染色前细菌涂片的制备

1. 载玻片准备　　载玻片应清晰透明，洁净而无油渍，载玻片上滴加蒸馏水后，能均匀展开，附着性好。如有残余油渍，可按下列方法处理：在载玻片上滴加 95%乙醇 2～3 滴，用洁净纱布擦拭，然后在酒精灯外焰上轻轻拖过几次。也可提前将玻片浸泡在 95%的乙醇中预先脱脂备用。

2. 涂片　　所用材料不同，涂片方法也有差异。

（1）液体材料　　如液体培养物、血液、渗出液、乳汁、脓汁等，可直接用灭菌接种环取 1～2 环材料，于玻片的中央均匀地涂布成适当大小的薄层。

（2）非液体材料　　如菌落、待检粪便等，则应先用灭菌接种环取少量生理盐水或蒸馏水，置于载玻片中央，然后再用灭菌接种环取少量材料，在液滴中混合，均匀涂布成适当大小的薄层。

（3）组织脏器材料　可先用镊子夹持组织脏器中部，然后以灭菌或洁净剪刀取一小块，夹住后将其新鲜切面在玻片上压（印）触片或涂抹成一薄层。

如有多个样品同时需要制成涂片，只要染色方法相同，就可在同一张玻片上有序排好，做多点涂抹，或先在玻片上划分成若干小方格，每方格涂抹一种样品并做好记录。

3. 干燥　上述涂片应置于载玻片架上使其在室温下自然干燥。

4. 固定　常用的固定方法有两类，火焰固定法和化学固定法。

（1）火焰固定（物理固定）法　将干燥好的抹片，涂抹面向上，将其背面在酒精灯外焰上如钟摆样来回拖过数次，略作加热（但不能太热，以不烫手为度）进行固定。

（2）化学固定法　血液、组织脏器等抹片要作吉姆萨（Giemsa）染色时，不用火焰固定，而用甲醇固定。将已干燥的抹片浸入甲醇中 2～3min，取出晾干；或者在抹片上滴加数滴甲醇使其作用 2～3min，自然挥发干燥。抹片如做瑞氏（Wright's）染色，则不必先做特别固定，染料中含有甲醇，可以在染色过程中达到固定的目的。

抹片固定的目的有如下几点：①除去抹片的水分，涂抹材料能很好地贴附在玻片上，以免水洗时被冲掉；②使抹片易于着色或更好地着色，因为变性的蛋白质比非变性的蛋白质着色力更强；③可杀死抹片中的微生物。

必须注意，在抹片固定过程中，实际上并不能保证杀死全部细菌，也不能完全避免在染色水洗时部分待检材料会冲脱。因此，在制备烈性病原菌，特别是带芽孢的病原菌抹片时，应严格慎重处理染色用过的残液和抹片本身，以免引起病原菌的散播。

三、常用的染色方法

根据细菌个体形态观察的不同要求，可将染色分为三种方法，即简单染色（如碱式亚甲蓝染色、瑞氏染色、吉姆萨染色等）、鉴别染色（如革兰氏染色、抗酸染色）和特殊染色（如荚膜染色、鞭毛染色、芽孢染色等）。

1. 简单染色

（1）瑞氏染色

1）染色原理。瑞氏染液中的酸性伊红和碱式亚甲蓝混合经化学作用后，变成中性的伊红-亚甲蓝，久置后，经氧化而含有天青。此三种染料分别与细胞核及细胞浆中的 NH_3^+ 和 COO^- 等结合，使细胞核及胞浆着色。由于此染料为中性染料，又有缓冲液调节酸碱度，所以细胞受染后，红蓝等颜色都较适中，核质、胞浆及其中的颗粒显色较为清楚。

2）染色方法。涂片自然干燥，滴加瑞氏染液经 1～3min，可使标本被染液中的甲醇固定；滴加等量蒸馏水轻轻晃动玻片或用洗耳球吹打，使其与染料混匀，经 5～10min后，水洗（不可先倾去染液）；制片经干燥后用油镜观察。菌体呈蓝色。

（2）吉姆萨染色

1）染色原理。吉姆萨染液由天青、伊红及亚甲蓝组成。染色原理和结果与瑞氏染色基本相同。嗜酸性颗粒为碱性蛋白质，与酸性染料伊红结合，染为粉红色，称为嗜酸性物质；细胞核蛋白和淋巴细胞胞浆为酸性，与碱性染料亚甲蓝或天青结合，染为紫蓝色，称为嗜碱性物质；中性颗粒呈等电状态与伊红和亚甲蓝均可结合，染为淡紫色，称为中性物质。

2）染色方法。加吉姆萨染液 10 滴于 10mL 蒸馏水中，配成工作液；抹片自然干燥，滴加甲醇经 3~5min 固定；干后将抹片浸于染缸中，染色 30min 至数小时或过夜；水洗干燥后镜检。呈蓝色或紫色。

（3）碱性（吕氏）亚甲蓝染色

1）染色原理。可用于检查细菌形态特征，如组织片中巴氏杆菌的两极浓染；用于异染颗粒的染色，染色后菌体呈深蓝色，异染颗粒呈淡红色；炭疽杆菌荚膜的染色，菌体呈蓝色，荚膜呈淡红色。

2）染色方法。制作细菌涂片，自然干燥固定，于涂片上滴加碱性亚甲蓝染液，经 2~3min，用自来水冲洗至无色为止；制片干燥后用油镜观察。菌体呈蓝色。

2. 鉴别染色

（1）革兰氏染色

1）染色原理。革兰氏染色由丹麦病理学家 C. Gram 在 1884 年创立。此法可将所有细菌区分为革兰氏阳性菌（G^+）和革兰氏阴性菌（G^-）两大类，是细菌学最常用的鉴别染色法，有着重要的理论和实践意义。其染色过程是先用草酸铵结晶紫进行初染，再加媒染剂——革兰氏碘液，以增加染料和细胞的亲和力，使结晶紫和碘在细胞膜上形成相对分子质量较大的复合物，然后用脱色剂——乙醇脱色，最后用番红液复染。

凡细菌不被脱色而保留初染剂的颜色（紫色）者即为 G^+ 菌，反之，脱色后染上复染剂颜色（红色）者即为 G^- 菌。其原理是利用细菌细胞壁组成成分和结构的不同，通过染色加以鉴别。革兰氏阳性菌的细胞壁肽聚糖层厚，交联而成的肽聚糖网状结构致密，且类脂质含量少，经乙醇处理发生脱水作用后反而使其孔径缩小，通透性降低，结晶紫-碘形成的复合物保留在细胞内而不被脱色，结果细胞呈现紫色。而革兰氏阴性菌的肽聚糖层薄，网状结构交联少，而且类脂质含量较高，经乙醇处理后，细胞壁孔径变大，通透性增加，结晶紫与碘的复合物被溶出细胞壁，结果细菌被脱色，再经番红液复染后呈现红色。

2）染色方法。

初染：将细菌涂片置于染色架上，加草酸铵结晶紫溶液（以覆盖涂抹面为宜），染 1~2min，倒去染液，水洗。

媒染：加革兰氏碘液，染 1~2min，水洗。

脱色：加 95% 乙醇，将载玻片轻摇几下即倾去乙醇，如此重复几次，直至乙醇液不呈现紫色时停止，作用 20~60s，立即水洗。

复染：滴加番红液，染 1~2min，水洗；将染色好的载玻片夹入滤纸本中，吸去水分。滴加香柏油后油镜观察。

（2）抗酸染色——齐-内染色

1）染液原理。分枝杆菌等抗酸菌的细胞壁内含有大量的脂质，包围在肽聚糖的外面，所以一般不易着色，要经过加热和延长染色时间来促使其着色。抗酸菌细胞壁中的分枝杆菌酸与染料结合后，就很难被酸性脱色剂脱色，故名抗酸染色。

2）染色方法。用结核杆菌培养物（痰液或病灶内容物）涂片，火焰固定；滴加石炭酸复红染液于玻片上，滴满为宜，火焰加温至出现蒸汽（不能出现气泡）3～5min，避免染液干涸，随时补充，充分水洗；用3%的盐酸乙醇液脱色30～60s，水洗；用碱性亚甲蓝复染1～2min，水洗。吸水纸吸去水分，干燥镜检。抗酸菌呈红色（结核杆菌），非抗酸菌呈蓝色。

3．特殊染色

（1）芽孢染色法

1）染色原理。细菌芽孢由于壁厚，通透性低而不易着色。一般染色法只能使菌体着色而芽孢不着色。根据芽孢的特点，除了用着色力强的染料，还需通过加热促进芽孢着色。当染芽孢时，菌体也会着色，通过水洗，芽孢上的颜色难以渗出，而菌体会脱色，然后再用对比度强的染料对菌体复染，使菌体和芽孢着不同颜色，便于观察。

2）染色方法。芽孢染色操作流程常会选择孔雀绿-番红染色法和复红亚甲蓝染色法两种方法。

A．孔雀绿-番红染色法：此法染色时会有两种不同的操作方式。

操作一：涂片干燥固定后滴加3～5滴5%孔雀绿溶液，并用试管夹夹住载玻片在火焰上用微火加热，自载玻片上出现蒸汽时起开始计时，加热4～5min。加热过程中切勿使染料蒸干，必要时可添加少许染料；倾去染液，待玻片冷却后，用自来水冲洗至孔雀绿不再褪色为止；用0.5%番红液（或0.05%碱性复红）复染1min，水洗。涂片干燥后用油镜观察。芽孢呈绿色，菌体呈红色。

操作二：加1～2滴自来水于小试管中，用接种环从斜面上挑取待检菌菌苔于试管中，并充分混匀打散，制成浓稠的菌液；加5%孔雀绿水溶液2～3滴于小试管中，用接种环搅拌使染料与菌液充分混合。将此试管浸于沸水浴（烧杯）中，加热15～20min；用接种环从试管底部挑数环菌于洁净的载玻片上，并涂成薄膜，将涂片通过微火3次固定。水洗，至流出的水中无孔雀绿颜色为止；加番红液，染2～3min后，倾去染液，不用水洗，直接用吸水纸吸干。干燥后用油镜观察。芽孢呈绿色，菌体呈红色。

B．复红亚甲蓝染色法：涂片经火焰固定后，滴加石炭酸复红，加温染色3～5min，为避免染液干涸，随时补充，水洗；用95%的乙醇脱色2min，水洗；用碱性亚甲蓝染液复染30～60s，水洗；干燥镜检。芽孢呈红色，菌体呈蓝色。

（2）荚膜染色法

1）染色原理。荚膜是包围在细菌细胞外面的一层黏液性物质，其主要成分是多糖类，不易被染色，故常用衬托染色法，即将菌体和背景着色，而把不着色且透明的荚膜衬托出来。荚膜很薄，易变形，因此，制片时一般不用热固定。

2）染色方法。

方法一：碱性亚甲蓝染色法。

方法二：瑞氏染色法或吉姆萨染色法。

方法三：黑斯（Hiss）染色法。抹片自然干燥后置甲醇中处理，随即取出，在火焰上烧去甲醇。以草酸铵结晶紫染液染色30s，立刻用10%的硫酸铜溶液冲洗，干燥后镜检。背景呈淡蓝色，菌体呈蓝紫色，荚膜无色。

方法四：墨汁染色法。用蒸馏水将绘图墨汁稀释1～2倍，流通蒸汽消毒后静置数日，待其中粗粒沉淀后，用接种环轻轻从上部取2环于玻片上与细菌混合，做成涂片。干燥后用任何一种普通染色液染色，冲洗时小心勿将材料冲去，也勿用纸吸干，令其自然干燥后镜检。黑色背景上有染色的细菌，细菌周围有无色透明的空隙，即为未被染上的荚膜。

（3）鞭毛染色法

1）染色原理。鞭毛直径为 5~20nm，在普通光学显微镜下看不到，用特殊染色法在染料中加入明矾与鞣酸作为媒染剂，让染料附着于鞭毛上，人为加粗鞭毛便于观察，染色时间越长，鞭毛越粗。

2）染色方法。

方法一：利夫森（Leifson）鞭毛荚膜染色法。涂片自然干燥，滴加染液经 10~15min，用水轻轻冲洗，自然干燥后镜检。鞭毛菌体呈红色。如需复染，用复染液染色 10min，水洗干燥后镜检。菌体呈蓝色，鞭毛、荚膜呈红色。

方法二：刘荣标氏鞭毛染色法。幼龄培养物制片，自然干燥及固定后染色 2~3min，水洗，干燥后镜检。菌体与鞭毛均呈紫色。

方法三：卡-吉二氏（Casares-Gill）鞭毛染色法。制片自然干燥后，将媒染剂作 1：4 稀释，滤纸过滤后滴于涂片上染 2min，水洗后加石炭酸复红液染 5min，水洗，自然干燥后镜检。菌体与鞭毛均呈红色。

四、常用染液的配制

1. 革兰氏染色液的配制

（1）第 1 液：草酸铵结晶紫溶液

A 液：结晶紫饱和乙醇溶液：

结晶紫	13.87g
95%乙醇	100mL

B 液：1%草酸铵水溶液 80mL。

将结晶紫研细后，加入 95%乙醇，使其充分溶解，配成 A 液；将草酸铵溶于蒸馏水，配成 B 液。取 A 液 2mL，加蒸馏水 18mL 稀释 10 倍，再与 B 液混合即可。

（2）第 2 液：革兰氏碘液

碘化钾	2g
碘	1g
蒸馏水	300mL

先将碘化钾溶于少量蒸馏水中，再将碘溶于碘化钾溶液中，溶解时可稍加热，最后补足蒸馏水量。

（3）第 3 液：脱色剂

脱色剂有单纯脱色剂和混合脱色剂两种，均可用于革兰氏染色时的脱色过程。

A. 单纯脱色剂：95%乙醇。

B. 混合脱色剂：

丙酮乙醇溶液	100mL
95%乙醇	70mL
丙酮	30mL

（4）第4液：番红液

2.5%番红的95%乙醇溶液	10mL
蒸馏水	90mL

2. 吉姆萨染色液的配制

吉姆萨染料	0.6g
甘油	50mL
甲醇	50mL

取染料粉末加入甘油内，置于55~60℃水浴2h后加入甲醇，静置1d以上，滤过即成原液。临染色前，于每毫升中性或微碱性蒸馏水中加入1滴原液即成吉姆萨染色液。若蒸馏水偏酸，可于每10mL左右加入1%碳酸钾溶液1滴，使其变成碱性。

3. 瑞氏染色液的配制

瑞氏染料	0.1g
中性甲醇	60mL

将染料置于研钵中，徐徐加入甲醇，研磨促其完全溶解。将溶液倾入棕色瓶中，并数次以甲醇洗涤研钵，亦倾入瓶中，最后使全量为60mL即可。保存于暗处。

4. 孔雀绿-番红染色液的配制

（1）第1液：5%孔雀绿水溶液　孔雀绿5g溶于100mL水中。

（2）第2液：0.5%番红液　番红0.5g溶于100mL水中。

5. 碱性亚甲蓝染色液的配制

亚甲蓝	0.3g
95%乙醇	300mL
0.01%氢氧化钾	100mL

将氢氧化钾溶液预先配成1%的基础溶液，用时稀释100倍。

6. 齐-内染色液的配制

（1）第1液：石炭酸复红染液

3%碱性复红乙醇溶液	10mL
5%苯酚水溶液	90mL

（2）第2液：3%盐酸乙醇脱色液

浓盐酸	3mL
95%乙醇	97mL

（3）第3液：碱性亚甲蓝染液　见碱性亚甲蓝染色。

7. 复红亚甲蓝染色液的配制

（1）第1液：石炭酸复红染液　见齐-内染色液的配置。

（2）第2液：碱性亚甲蓝染液　见碱性亚甲蓝染色液的配置。

8. 莱氏（Leifson）鞭毛荚膜染色液的配制

（1）第1液：染液

5%钾明矾水溶液	10mL
20%鞣酸水溶液	10mL

1%碱性复红乙醇溶液	10mL

将上述溶液按次序混合配成，如发生沉淀用其上清液，可保存一周。

（2）第 2 液：复染液

亚甲蓝	0.1g
硼砂	1.0g
蒸馏水	100mL

9. 刘荣标氏鞭毛染色液的配制

（1）第 1 液

5%苯酚溶液	10mL
鞣酸粉末	2g
饱和钾明矾水溶液	10mL

（2）第 2 液：结晶紫饱和乙醇溶液　　见革兰氏染色液的配制。

用时取第 1 液 10 份和第 2 液 1 份混合。冰箱中保存 7 月以上。

10. 卡-吉二氏鞭毛染色液的配制

鞣酸	10g
氯化铅	18g
氯化锌	10g
盐酸玫瑰色素或碱性复红	1.5g
60%乙醇	40mL

先倒入 60%乙醇 10mL 于研钵中，再以上述次序将各物置研钵中研磨，再徐徐加入剩余乙醇。室温下保存数年。

第四节　培养基制备

微生物同其他生物一样，有独立的生命活动，涉及复杂的新陈代谢。人工培养微生物，首先需给微生物提供充足的营养物质，即满足其对碳源、氮源、能源、生长因子、无机盐和水的需求，其次还需满足微生物对酸碱度及渗透压的需求。

培养基就是用人工方法将多种物质按照各类微生物生长的需要配制而成的一种混合营养基质，主要用于微生物的分离、培养及保存。由于微生物的种类繁多及代谢类型的多样性，故用于培养微生物的培养基种类也很多。培养基配方及配制方法虽各有差异，但培养基的配制步骤却大致相同。即先按照配方称取药品，再用少量水溶解各成分，待完全溶解后补足水至所需量，调整适宜 pH，然后将培养基分装于合适的容器中，经灭菌后使用或备用。

一、制作培养基的要求

1）培养基必须含有微生物生长所需要的营养物质，且营养物质的浓度与配比要合适。

2）培养基的材料和盛培养基的容器应没有抑制细菌生长的物质，适宜用玻璃器皿，不宜用铁铝容器。

3）培养基的酸碱度和渗透压应符合微生物生长的要求。多数细菌适宜在弱碱性环境中生长，酵母菌和霉菌适宜偏酸性。

4）所制备的培养基应均质透明，以便观察细菌的生长性状和其他代谢活动所产生的变化。

5）必须彻底灭菌，不得含有任何活细菌、霉菌及其芽孢和孢子。做无菌检查后方可使用。

二、培养基的种类和作用

培养基的种类繁多，可从不同角度进行分类。

根据所培养微生物的类群与营养类型区分，分别有细菌、放线菌、酵母菌、霉菌培养基和自养微生物、异养微生物培养基。

根据培养基的物理状态来区分，分为固体培养基、半固体培养基和液体培养基。固体培养基是在液体培养基中加入凝固剂琼脂（含量约 2%）或明胶（5%～12%）配制而成的。琼脂的融化温度约为 96℃，凝固温度约为 40℃，透明、黏着力强，经过高压蒸汽灭菌也不被破坏。正是由于这一优良特性，琼脂取代了早期使用的明胶而成了制备固体培养基时的首选凝固剂。多数微生物在琼脂培养基表面能很好地生长，尤其是生长在琼脂平板上的微生物常形成明显可见、界限清楚的分离菌落，所以琼脂平板在微生物学中应用极广。半固体培养基是在液体培养基中加 0.5%或更低浓度的琼脂而制成的柔软呈胶冻状的培养基，它们用于微好氧细菌的培养或细菌运动能力的确定。液体培养基在实验室中主要用于细菌生理、代谢研究和获得大量菌体。

根据培养基的功能来区分，则可分为基础培养基［如普通营养肉汤培养基、普通琼脂（营养琼脂）培养基等］、加富培养基（如血液琼脂培养基、血清琼脂平板培养基、血清肉汤培养基等）、选择性培养基（如麦康凯培养基、分离真菌用的马丁氏培养基等）和鉴别培养基（如伊红-亚甲蓝培养基、沙门-志贺培养基、麦康凯培养基等）。

三、微生物实验常用几种培养基的制备

1. 普通营养肉汤培养基

（1）配方

牛肉膏	0.5g
蛋白胨	1g
氯化钠	0.5g
磷酸氢二钾	0.1g
蒸馏水	100mL

（2）制法　　按以上剂量称取各种试剂（先称取盐类再称蛋白胨及牛肉膏），置于蒸馏水中加热溶解。

（3）pH 的校正

1）试纸法：初配好的牛肉膏蛋白胨培养液是偏酸性的，故要用 1mol/L NaOH 调 pH 为 7.4～7.6。为避免过碱，应缓慢加入 NaOH，边加边搅拌，并不时用 pH 试纸测试，直

至达到所需 pH。也可取培养基 5mL 于干净试管中，逐滴加入 NaOH 调 pH 至 7.4～7.6，并记录 NaOH 的用量，再换算出培养基总体积中须加入 NaOH 的量，即可调至所需的 pH 范围。

2）标准比色法：待已配好的培养基冷至 50℃左右时，调该溶液的 pH 为 7.4～7.6。

校正 pH 的方法：取两支与标准比色管（pH 7.4～7.8）相同的空比色管，加入欲测的肉汤培养基 5mL，其中一管内加 0.02%酚红指示剂 0.25mL，摇匀；举起比色架，对光观察。若滴定管色调较淡或为黄色，即表示培养基偏酸性，需滴加 0.1mol/L NaOH 校正；若呈深红色，即表示偏碱性，应滴加 0.1mol/L HCl 校正；使之与标准比色管色泽相同为止。

通常未校正前的肉汤均呈酸性。记录用去的 NaOH（或 HCl）溶液量，由此计算出校正全量培养基时所需 1mol/L NaOH（或 HCl）溶液的量。计算公式如下：

所需 1mol/L NaOH 量＝（培养基量×校正时用去 0.1mol/L NaOH 量)/（5×10）

（4）培养基分装　　按需求将培养基分装至锥形瓶或试管中，塞上棉塞或透气胶塞，用包装纸扎好瓶口（或管口），121℃灭菌 15～20min 后备用。

（5）用途　　普通营养肉汤培养基是供一般细菌生长的液体培养基，可检查细菌的生长表现，是制备固体培养基的基础。

2. 普通琼脂（营养琼脂）培养基

（1）配方

牛肉膏	0.5g
蛋白胨	1g
琼脂	2g
氯化钠	0.5g
磷酸氢二钾	0.1g
蒸馏水	100mL

（2）制法　　按以上剂量称取各种试剂（先称取盐类再称蛋白胨及牛肉膏）置于蒸馏水中加热溶解，调 pH 为 7.4～7.6，加入琼脂，加塞，包扎后 121℃灭菌 15～20min，再无菌分装至无菌的平皿或试管中，制成普通琼脂平板或摆成普通琼脂斜面，冷藏备用。制备普通斜面时，每管分装量为 4～5mL，趁热将试管摆放成一定坡度，凝固后即成普通琼脂斜面。制备普通平板时，每副平皿倒入 15～20mL（以铺满皿底为宜），盖上皿盖，凝固后即成普通琼脂平板。

3. 血液琼脂培养基　　部分细菌对营养要求较高，需在培养基中加入营养因子如血液、血清等方可良好生长。

将已融化的灭菌普通琼脂培养基冷却至 50℃左右，无菌操作加入无菌的脱纤维蛋白绵羊或家兔鲜血 5%（即每 100mL 普通琼脂加入鲜血 5～6mL），混匀后，分装于灭菌试管立即摆成斜面，或倾注于灭菌平皿（如果琼脂温度过高，鲜血加入后则呈紫褐色；温度过低，则鲜血加入琼脂易凝固而不易混匀。注意，混匀时切勿产生气泡）。待凝固后，置 37℃培养 24h，无菌检验合格方可应用。

20 世纪 60 年代后期，随着微生物实验技术的发展，商品化的干燥培养基出现，它不仅大大节省了配制培养基的时间，还具有操作简便、携带方便、规格标准、实验结果稳定且可重复等优点，因此得以被广泛使用。使用时按瓶签上的配制说明，按需称取、溶解、分装、灭菌后即可制成各种用途的培养基。

四、培养基在制备过程中的注意事项

1）称取药品的药匙不能混用，若用同一把药匙，则在每次称取完一种药品后及时清洗擦净后再称取下一种药品。称完药品后及时盖紧瓶盖，避免易吸潮的物品如蛋白胨等吸潮变质，影响使用。

2）调节 pH 时，宜使用高浓度碱溶液。低浓度碱液会人为加大溶剂体积，影响培养基质量。

3）配制好的培养基应根据其成分的耐热程度选择合适的灭菌方法。采用高压蒸汽灭菌时，每高压蒸汽灭菌一次，培养基的 pH 下降 0.2，因此要尽量减少灭菌次数。

第五节　细菌运动力的观察

鞭毛是细菌的一种特殊结构，是细菌的运动器官。细菌是否具有鞭毛是细菌分类鉴定中的重要特征之一。检测细菌是否具有运动能力，可间接判断该菌是否具有鞭毛。活菌和死菌采用不同的检测方法。

一、采用不染色活菌标本检查其形态和运动性

1. 悬滴检查法

（1）制备不染色标本片　　取一洁净盖玻片，于其中央滴上一滴（适量）生理盐水，用接种环取少量固体检材混匀其中，若为液体检材，可直接用接种环取菌液于盖玻片中央，再在盖玻片四角滴加少量蒸馏水，然后将有凹孔的载玻片（即凹玻片）凹面朝下覆盖在盖玻片上，使液滴对准凹孔中央，翻转后即可进行显微镜观察。盖玻片四角的蒸馏水起到黏附（使凹玻片和盖玻片紧密吸附）、防止液滴干燥的作用。

（2）镜检　　因细菌无色透明，与背景无明显的色差，故在观察时视野要稍暗。

2. 压滴检查法　　此法比较简便，常用于短时观察，也较适用于浑浊或浓厚液体检材（如血液、渗出液、脓汁、稀粪便等）的观察。

（1）制片　　取一块洁净的普通载玻片，于其中央滴上一滴（可以稍大些）生理盐水，以接种环取少量固体检材混匀其中。如为液体检材，可以直接滴在载玻片上，然后取一个洁净的盖玻片，轻轻盖压在液滴上，要注意避免产生气泡。

（2）镜检　　同悬滴检查法。

3. 培养检查法　　具有鞭毛的细菌可以运动，可根据培养过程中细菌在培养基的变化间接判断细菌是否具有鞭毛。

（1）半固体培养基穿刺培养法　　穿刺接种培养后，有运动力的细菌向四周扩散生长，使周围的培养基变浑浊；无运动力的细菌仅能沿穿刺线生长，周围的培养基仍然保持澄清。

（2）平板挖沟培养法　　预先制备好血液琼脂平板，以无菌操作在平板中央挖去一条1cm 宽的琼脂条，形成一条小沟，放置一条 4cm×0.5cm 的无菌滤纸横跨于两边培养基上，使其与小沟相垂直。在滤纸条的一端接种待检细菌的纯培养物，置 37℃恒温培养箱中培养 7d，每天观察生长情况，如接种端的隔沟对边亦生长同样细菌，表示该菌有运动力。

二、采用染色标本来检查其形态

1. 特殊染色法——鞭毛染色　　细菌的鞭毛极细，直径一般为 5～20nm，只有用电子显微镜才可观察到。但采用特殊的染色法染色后可在普通光学显微镜下观察到。鞭毛染色的方法有很多，但基本原理相似，即在染色前先经媒染剂处理，使其沉积于鞭毛上，导致鞭毛直径加粗，然后再进行染色。常用的媒染剂由鞣酸、氯化铁或硫酸铝钾等配制而成。常用的染色法有银染色法、利夫森（Leifson）鞭毛染色法及刘荣标氏鞭毛染色法等。通过染色后可观察到细菌鞭毛的形态、着生位置和数目。

2. 电子显微镜（电镜）检查法　　电子显微镜是利用电子流来观察细微结构的显微装置，具有高分辨率、高放大倍率等特点。细菌的鞭毛长短、数目和生长位置是鉴定菌种的重要形态标准，用光学显微镜（光镜）很难确切判别，而借助电子显微镜（电镜）则可清晰观察。

第六节　微生物数量的测定

在微生物实验中，根据不同的实验目的，需确定不同样本中所含微生物的数量，如对土壤、水、空气及食品、饲料等环境中微生物的数量进行测定，可以评估被测环境受污染的性质和程度，对于传染病预防与控制及环境的卫生学监督与保护均具有重要的意义。在病原菌毒力的测定、药物敏感性实验中也要进行细菌数量的测定，再进一步确定病原菌的浓度。微生物数量测定常用的方法有显微镜直接计数法、平板菌落计数法及比浊计数法等。

一、显微镜直接计数法

1. 基本原理　　显微镜直接计数法是将少量待测样品的悬浮液置于一种特别的具有确定面积和容积的载玻片上（又称计菌器），于显微镜下直接计数的一种简便、快速、直观的方法。

目前国内外常用的计菌器有血细胞计数板、彼得罗夫·霍泽（Peteroff-Hauser）计菌器及霍克斯利（Hawksley）计菌器等，它们都可用于酵母、细菌、霉菌孢子等悬浮液的计数，基本原理相同。后两种计菌器由于盖上盖玻片后，总容积为 $0.02mm^3$，而且盖玻片和载玻片之间的距离只有 0.02mm，因此可用油浸物镜对细菌等较小的细胞进行观察和计数。

除用这些计菌器外，还有在显微镜下直接观察涂片面积与视野面积之比的估算法，此法一般用于牛乳的细菌学检查。

显微镜直接计数法的优点是直观、快速、操作简单。但此法的缺点是所测得的结果通常是死菌体和活菌体的总和。目前已有一些方法可以克服这一缺点，如结合活菌染色微室培养（短时间）及添加细胞分裂抑制剂等方法来达到只计数活菌体的目的。微生物实验过程中常以血细胞计数板进行显微镜直接计数，是需要学生了解和掌握的一种计数方法。另外两种计菌器的使用方法可参看各厂商的说明书。

2. 计数方法　　用血细胞计数板在显微镜下直接计数是一种常用的微生物计数方法。该计数板是一块特制的载玻片，其上由四条槽构成三个平台：中间较宽的平台又被一短横槽隔成两半，每一边的平台上各列有一个方格网，每个方格网共分为 9 个大方格，中间的大方格即为计数室。计数室的刻度一般有两种规格，一种是一个大方格分成 25 个中方格，而每个中方格又分成 16 个小方格；另一种是一个大方格分成 16 个中方格，而每个中方格又分成 25 个小方格。但无论是哪一种规格的计数板，每一个大方格中的小方格都是 400 个。每一个大方格边长为 1mm，则每一个大方格的面积为 $1mm^2$，盖上盖玻片后，盖玻片与载玻片之间的高度为 0.1mm，所以计数室的容积为 $0.1mm^3$（1/10 000mL）。计数时，通常数 5 个中方格的总菌数，然后求得每个中方格的平均值，再乘上 25 或 16，就得出一个大方格中的总菌数，然后再换算成 1mL 菌液中的总菌数。设 5 个中方格中的总菌数为 A，菌液稀释倍数为 B，如果是 25 个中方格的计数板，则 1mL 菌液中的总菌数 $=A/5 \times 25 \times 10^4 \times B = 50000A \cdot B$（个）。同理，如果是 16 个中方格的计数板，1mL 菌液中的总菌数 $=A/5 \times 16 \times 10^4 \times B = 32000A \cdot B$（个）。每个样品重复计数 2～3 次（每次数值不应相差过大，否则应重新操作），求出每一个小格中的细胞平均数（n），按公式计算出每毫升（克）菌液所含酵母菌细胞的数量。测数完毕，取下盖玻片，用水将血细胞计数板冲洗干净，切勿用硬物洗刷或抹擦，以免损坏网格刻度。洗净后自行晾干或用吹风机吹干，放入盒内保存。

二、平板菌落计数法

平板菌落计数法是将待测样品经适当稀释之后，其中的微生物充分分散成单个细菌，取一定量的稀释样液接种到平板上，经过培养，由每个单细菌生长繁殖而形成肉眼可见的菌落，即一个单菌落应代表原样品中的一个单细菌。统计菌落数，根据其稀释倍数和取样接种量即可换算出样品中的含菌数。但是，由于待测样品往往不易完全分散成单个细菌，因此，长成的一个单菌落也可能来自样品中的 2～3 个或更多个细胞。因此平板菌落计数的结果往往偏低。

为了清楚地阐述平板菌落计数的结果，现在已倾向使用集落形成单位（colony-forming unit，CFU），而不以绝对菌落数来表示样品的活菌含量。平板菌落计数法虽然操作较繁琐，需要培养一段时间才能取得结果，而且测定结果易受多种因素的影响，但是，该计数方法的最大优点是可以获得活菌的信息，因此被广泛用于生物制品检验（如活菌制剂）及食品、饮料和水（包括水源水）等的含菌指数或污染程度的检测。

三、比浊计数法

比浊计数法通常先将细菌配制成菌悬液，当光线通过细菌悬液时，菌体的散射及吸收作用使光线的透过量降低。在一定的范围内，细菌细胞浓度与透光度成反比，与光密度成正比，而光密度或透光度可以由分光光度计精确测出。因此，可用一系列已知菌数的菌悬液测定光密度，作出光密度-菌数标准曲线。然后，根据样品液所测得的光密度，从标准曲线中查出对应的菌数。制作标准曲线时，菌体计数可采用血细胞计数板计数、平板菌落计数等方法。比浊计数法的优点是简便、迅速，可以连续测定，适合于自动控制。但是，光密度或透光度除受菌体浓度影响之外，还受细菌大小、形态、培养液成分及所采用的光波长等因素的影响。因此，对于不同微生物的菌悬液进行光电比浊计数应采用相同的菌株和培养条件制作标准曲线。光波的选择通常在 400～700nm，具体到某种微生物采用多少还需要经过最大吸收波长及稳定性实验来确定。另外，对于颜色太深的样品或在样品中还含有其他干扰物质的悬液不适合用此法进行测定。

第七节　细菌的分离培养与移植

在自然状态下，各种微生物一般都是混杂在一起的。分离培养的目的就是在含有多种细菌的病料或培养物中挑选出目的菌，是细菌学诊断中不可缺少的一环。通常可采用平板划线接种法、稀释分离法、利用化学药品分离法及实验动物分离法等达到分离的目的。在分离培养时应注意：选择适合于所分离细菌生长的培养基、培养温度、气体条件等。同时应严格按无菌操作程序进行实验，并做好标记。

分离纯化后的目的菌根据需要可转接至不同的培养基，用来做后续的实验研究。如在测定致病菌毒力大小时，可将分离纯化的目的菌转接至营养肉汤，获得菌培养物后再接种至实验动物；若需短时间内保存菌种，则可将目的菌转接至普通斜面培养基。

一、细菌的分离

1. 平板划线接种法　　通过在琼脂平板上划线，将混杂的细菌在琼脂平板表面充分地分散开，使单个细菌能固定在一点上生长繁殖，形成单个菌落，以达到分离纯种的目的。若需从平板上获取纯种，则挑取单个菌落作纯培养。可用于分离纯种细菌。

（1）操作方法（三区划线法）

1）右手持接种环，烧灼冷却后，勾取菌种。

2）左手抓握平板（让皿盖留于桌上），在酒精灯火焰左前上方，使平板面向火焰，以免空气中杂菌落入，右手将已沾菌的接种环在琼脂表面密集而不重叠地来回划线，面积约占整个平板的 1/2，此为第一区。划线时接种环与琼脂呈 30°～40°轻轻接触，利用腕力滑动，切忌划破琼脂。

3）接种环上多余的细菌可烧灼（每划完一个区域是否需要烧灼灭菌视标本中含菌量多少而定），待冷却后，在划线末端重复 2～3 根线后，再划下一区域（约占整个平板面积的 1/4），此为第二区。

4）第二区划完后可不烧灼接种环，用同样方法划第三区，划满整个平板。

5）划线完毕，将皿盖盖住平板并做好标记，置 37℃恒温培养箱孵育 18～24h，观察琼脂表面菌落的分布情况，注意是否分离出单个菌落，并记录菌落特征（如大小、形状、透明度、色素等）。

平板划线接种的方法甚多，可按各人的习惯选择应用，其目的都是使被检材料适当地稀释，以求获得单个菌落，防止发育成菌苔，以致不易鉴别其菌落性状。

（2）划线培养时须注意 ①整个操作过程中应严格无菌操作；②划线前先将接种环稍弯曲，这样易和平皿内琼脂面平行，不易划破培养基；③划线中不宜过多地重复旧线，以免形成菌苔；④接种完毕后在皿底做好菌名、日期和接种者等标记，平皿倒置于37℃恒温培养箱中。

2. 稀释分离法 也称稀释平板分离法，有倾注培养法和涂布培养法两种。

（1）倾注培养法 先在无菌平皿中加一定量的菌液，然后再加入培养基，快速混匀，培养基凝固后，放入培养箱中培养。

（2）涂布培养法 是指分离土壤微生物或其他检样中微生物并获得微生物单菌落的一种培养方法。先将已融化的培养基倒入无菌平皿，冷却后制成无菌平板。再将一定量的某一稀释度的样品悬液滴在平板表面，再用无菌涂布棒（玻璃刮刀）将菌液均匀分散至整个平板表面，然后将平板倒置于合适的温度下培养，待长出单菌落后，进行进一步的分离与培养。平板涂布培养法还可用于微生物菌种的纯化及药物的抑菌实验等。

3. 利用化学药品分离法 利用化学药品分离细菌的基本原理主要是利用化学药品对细菌的抑菌作用、杀菌作用和鉴别作用，对细菌进行分离鉴定。

（1）抑菌作用 有些化学药品对某些细菌有极强的抑制作用，而对另一些细菌则无效，故可利用此种特性来进行细菌的分离。例如，通常在培养基中加入结晶紫或青霉素抑制革兰氏阳性菌的生长，以分离革兰氏阴性菌。

（2）杀菌作用 将病料（如结核病病料）加入15%硫酸溶液中处理，其他杂菌皆被杀死，结核菌因具有抗酸活性而存活。

（3）鉴别作用 根据细菌对某种糖的分解能力，通过培养基中指示剂的变化来鉴别某种细菌。

4. 实验动物分离法 当分离某种病原菌时，可将被检材料注射于敏感性高的实验动物体内，如将含结核杆菌的检材注射于豚鼠体内，杂菌不生长，而豚鼠最终患慢性结核病而死。实验动物死后，取心血或脏器用以分离细菌，有时甚至可得到纯培养。

二、细菌的培养

1. 需氧性细菌的培养 根据细菌的生长特性给予合适的生长环境，大多数嗜体温菌为人及温血动物的病原菌，能在37℃下良好生长。

2. 厌氧性细菌的培养 厌氧性细菌需有较低的氧化-还原势能才能生长（如破伤风梭状芽孢杆菌需氧化-还原电势降低至0.1V时才开始生长），在有氧的环境下，培养基的氧化-还原电势较高，不适于厌氧菌的生长。为使培养基降低电势，降低培养环境的氧分压是十分必要的。现有的厌氧培养法甚多，主要有生物学法、化学法和物理学法3种，可根据各实验室的具体情况而选用。

（1）生物学法 培养基中含有植物组织（如马铃薯、燕麦、发芽谷物等）或动物组织（如新鲜无菌的小块组织或加热杀菌的肌肉、心、脑等），其呼吸作用或组织中的可氧化物质因氧化而消耗氧气（如肌肉或脑组织中不饱和脂肪酸的氧化能消耗氧气，碎肉培养基的应用就是根据这个原理），从而使氧化-还原电势下降。组织中所含的还原性化合物如谷胱甘肽也可以使氧化-还原电势下降。

　　另外，将厌氧菌与需氧菌共同培养在一个平皿内，需氧菌将氧消耗后，厌氧菌可生长。其方法是将平皿的一半接种吸收氧气能力强的需氧菌（如枯草杆菌），另一半接种厌氧菌，接种后将平皿倒扣在一块玻璃板上，并用石蜡密封，置 37℃恒温培养箱中培养 2～3d 后，即可观察到需氧菌和厌氧菌均先后生长。

　　（2）化学法　　利用还原作用强的化学物质，将环境或培养基内的氧气吸收，或用还原氧化型物质，降低氧化-还原电势。

　　李伏夫（B. M. JIbbob）法是用连二亚硫酸钠（也称保险粉）和碳酸钠吸收空气中氧气，其反应式如下：

$$Na_2S_2O_4 + Na_2CO_3 + O_2 \longrightarrow Na_2SO_4 + Na_2SO_3 + CO_2$$

　　取一有盖的玻璃罐，罐底垫一薄层棉花，将接种好的平皿重叠正放于罐内（如系液体培养基，则直立于罐内），最上端加一空平皿，保留可容纳 1～2 个平皿的空间（视玻璃罐的体积而定）。按玻璃罐的体积每 1000cm³ 空间用连二亚硫酸钠及碳酸钠各 30g，在纸上混匀后，盛于上面的空平皿中，加水少许使混合物潮湿，但不可过湿，以免罐内水分过多。若用无盖玻璃罐，则可将平皿重叠正放在浅底容器上，以无盖玻璃罐罩于皿上，罐口周围用胶泥或水银封闭。

　　（3）物理学法　　利用加热、密封、抽气等物理学方法，以驱除或隔绝环境及培养基中的氧气，使其形成厌氧状态，有利于厌氧菌的生长发育。

　　常用的厌氧罐有布鲁尔（Brewer）氏罐、布罗恩（Broen）氏罐和麦景图-菲尔德斯（McIntosh-Fildes）二氏罐。将接种好的厌氧菌平皿依次放于厌氧罐中，先抽去部分空气，代以氢气至大气压。通电，使罐中残存的氧与氢经铂或钯的催化而化合成水，进而使罐内氧气全部消失。将整个厌氧罐放入恒温培养箱培养。本法适用于大量的厌氧菌培养。

三、细菌的移植

　　将划线接种经 37℃培养 24h 的平板从恒温培养箱中取出，挑取单个菌落，经染色镜检，证明不含杂菌，再挑取单个菌落，无菌移植于琼脂斜面培养上，得到纯培养物，做后续实验项目。

　　细菌移植根据实验需要可在任何培养基间进行。普通斜面间的移植、平板移植到普通斜面或营养肉汤、斜面移植到液体培养基、液体培养基移植到液体培养基、液体培养基移植到斜面和半固体培养基间的移植等都是实验室常见的细菌移植方法。

　　1. 普通斜面间的移植　　左手斜持菌种管和待接种管，使管口互相并齐，管底部放在拇指和食指之间，松动两管塞子，以便接种时容易拔出。右手持接种环，在火焰上灭菌后，用右手小指和无名指并齐同时拔出两管塞子，将管口靠近火焰进行烧灼灭菌。将接种环伸入菌种管内，先在管口处冷却，再挑取少许细菌后移出接种环随即伸入待接种管内，勿碰及斜面和管壁，直达斜面底部。从斜面底部开始划曲线，向上至斜面顶端为止，管口再次火焰灭菌后，塞好塞子，接种完毕。再次灭菌接种环。最后在接种管壁上注明菌名、日期和接种者，置 37℃恒温培养箱中培养。

　　2. 斜面移植到液体培养基　　将已取有菌种的接种环伸入液体培养基中，并使接种

环在液体与管壁接触的部位轻轻摩擦，使菌体分散于液体中。接种后塞上塞子，将液体
培养基轻轻晃动，使菌体均匀分布于液体中，以利生长。

3. 平板移植到普通斜面或营养肉汤　　从平板上选取可疑菌落移植到琼脂斜面上做
纯培养时，则用右手执接种环，火焰灭菌，左手打开平皿盖，挑取可疑菌落，随即盖上
平皿盖后放回台面，另取斜面或肉汤管，按上述方法进行接种、培养。

4. 液体培养基移植到液体培养基　　需用无菌移液器、移液管或吸管等。无菌吸取
菌液，转接到待接种的液体培养基内，烧灼管口，塞好塞子，进行培养。

5. 液体培养基移植到斜面　　方法同 1. 或用移液枪加样。

6. 半固体培养基间的移植　　移植时采用穿刺法，方法基本上与纯培养接种相同，
用接种针挑取菌落，垂直刺入培养基内。要从培养基表面的中部一直刺入管底，然后按
原方向退出即可。

第八节　无菌操作技术

防止微生物进入机体或其他物品的操作方法称为无菌操作，即接种操作的空间、使
用的器皿和工具、操作者的衣着和手，不能沾染任何活的微生物，以保证接种材料不沾
染杂菌。这也是菌种分离、转扩中的重要技术环节之一。其具体操作如下所述。

一、接种前

1. 做好实验计划和准备　　在开始实验前要制定好实验计划和操作程序，有关数据
的计算要事先做好。根据实验要求，准备各种所需器材和物品，清点无误后将其放置操
作场所（培养室、超净台）内，然后开始消毒。这可以避免开始实验后，因物品不全往
返拿取而增加污染机会。

2. 环境和用具消毒　　无菌培养室每天都要用 0.2%的新洁尔灭拖地一次（拖布要
专用），紫外线照射消毒 30～50min。超净工作台台面每次实验前要用 75%乙醇擦洗，紫
外线消毒 30min。消毒时工作台面上用品不要过多或重叠放置，否则会遮挡射线，降低
消毒效果。一些操作用具如移液器、废液缸、污物盒、试管架等用 75%乙醇擦洗后置于
工作台面上再用紫外线消毒。

3. 个人防护　　接种人员在操作前穿上无菌工作服、工作鞋，戴好口罩和工作帽，
若没有的也可以换一套清洁的衣服，用消毒液洗手，然后带菌种或分离物进入接种室
（箱）。

4. 接种前消毒　　接种操作前，用 70% 酒精棉球擦手、菌种容器表面、工作台面
及接种工具，再点燃酒精灯开始接种操作。

二、接种

操作时动作要准确敏捷，但又不必太快，以防空气流动，增加污染机会。不能用手
触及已消毒器皿，如已接触，要用火焰烧灼消毒或取备品更换。为拿取方便，工作台面
上的用品要有合理的布局，原则上应是右手使用的东西放置在右侧，左手用品放置在左

侧，酒精灯置于中央。工作由始至终要保持一定的顺序性。

接种时应紧靠酒精灯，烧灼灭菌接种工具，接种前后均需烧灼灭菌瓶（管）口，及时加塞。金属器械不能在火焰中烧得时间过长，以防退火。烧过的金属器械要待冷却后才能继续使用。吸取营养液、磷酸盐缓冲溶液（PB）、细胞悬液及其他各种用液时，均应分别使用不同吸管，不能混用，以防扩大污染或导致交叉污染。但要注意：吸取过营养液后的吸管不能再用火焰烧灼，因残留在吸管头中的营养液能被烧焦形成炭膜，再用时会把有害物带入营养液中。开启、关闭长有细胞的培养瓶时均要进行灭菌，但火焰灭菌时间要短，防止因温度过高烧死细胞。另外胶塞过火焰时也不能时间长，以免烧焦产生有毒气体，危害培养细胞。

工作中不能面向操作区域讲话或咳嗽，以免唾沫把细菌或支原体带入工作台面发生污染。

三、接种后

接种结束，及时搬出所有物品，收拾干净。若要连续使用，必须重新进行全面的消毒灭菌。

第九节　常用稀释方法

一、十倍递增稀释法

1. 目的　　微生物种类繁多、形态多样、数量庞大，且多混杂在一起。在进行微生物的分离鉴定时，要先对样本进行稀释，培养后才可获得单一菌落以便于鉴定。可根据检样性质和受污染程度预估检样中所含的菌量，确定适当的稀释倍数，确保单一菌落的形成。

2. 操作步骤　　取 1mL 待测样品溶液于 9mL 无菌生理盐水（或蒸馏水）中，充分混匀，制成 10^{-1} 的稀释液；无菌吸取 10^{-1} 稀释液 1mL，沿管壁加至 9mL 无菌生理盐水中（枪尖勿触及管内稀释液），振荡混匀，制成 10^{-2} 的稀释液；按上述操作方法做递增稀释，每个稀释度均需更换枪头或移液管。

二、二倍稀释法

1. 目的　　常用于最小抑菌浓度（MIC 值）测定药物的稀释、血清学实验中血清的稀释等。有常量稀释和微量稀释两种。

2. 操作步骤

（1）常量法-MIC 值测定　　取 9 支试管，每管分装营养肉汤 1mL，依次编号 1～9。在第 1 管内加入含一定浓度药物的肉汤 1mL，混匀后吸取 1mL 到第 2 管，混匀，再取 1mL 至第 3 管，依次类推至第 8 管。第 9 管不含药物作对照管，然后每管加入 0.1mL 一定浓度的菌液。每个稀释度需更换枪头或移液管。

（2）微量法-MIC 值测定　　在 96 孔板上进行，稀释方法同（1）。

第十节　细菌的生理生化实验

一、细菌生理生化实验的原理及作用

不同种类的细菌，由于其细胞内新陈代谢的酶系统不同，对营养物质的吸收利用、分解排泄及合成产物的产生等都有很大的差别，细菌的生理生化实验就是检测某种细菌能否利用某种（些）物质，确定细菌合成和分解代谢产物的特异性，借此来鉴定细菌的种类。

二、常见细菌生理生化实验

1. 糖发酵实验

（1）实验原理　　不同细菌对不同的糖、醇的分解能力及代谢产物不同，这与该菌是否含有分解某种糖、醇的酶密切相关，是受基因所决定的，是细菌的重要表型特征，有助于鉴定细菌。含糖培养基中加入溴甲酚紫指示剂后，酸碱度不同显示颜色不同，一般从pH 7.0（紫色）～pH 5.4（黄色）。若细菌分解糖则产酸或产酸产气，使培养基颜色改变，从而判断细菌是否分解某种糖或其他碳水化合物。可用于鉴别细菌，尤其是肠道细菌。

（2）实验方法　　无菌挑取菌培养物，接种于各种糖培养基，37℃培养 18～24h 后观察结果。

（3）结果判定　　①糖不分解，指示剂仍为紫色，记录为－；②糖分解（产酸不产气），指示剂变黄，发酵管中无气泡，记录为＋；③糖分解（产酸且产气），指示剂变黄，发酵管中有气泡，记录为⊕。

2. 甲基红（MR）实验/VP 实验

（1）实验原理　　细菌分解培养基中的葡萄糖产酸，当产酸量大，使培养基的 pH 降至 4.5 以下时，加入甲基红指示剂会变红。甲基红的变色范围为 pH 4.4（红色）～pH 6.2（黄色），此为甲基红实验。

细菌发酵葡萄糖产生丙酮酸，丙酮酸进一步生成乙酰甲基甲醇，乙酰甲基甲醇又生成 2,3-丁二烯醇，2,3-丁二烯醇在碱性条件下氧化成为二乙酰，二乙酰和蛋白胨中精氨酸胍基起作用产生粉红色的化合物，此为 VP 实验。

这两个实验密切相关，对一种细菌而言，二者只能取其一。

1）甲基红试剂。甲基红 0.02g，95%乙醇 60mL，蒸馏水 40mL。

2）VP 试剂。甲液：α-萘酚乙醇溶液（α-萘酚 5g，无水乙醇 100mL）；乙液：KOH 溶液（KOH 40g，蒸馏水 100mL）。配制好的溶液均保存于棕色瓶中。

试剂可现用现配，也可购买商品成品。

（2）实验方法　　取菌培养物，接种于葡萄糖蛋白胨水溶液中，37℃培养 18～24h 后观察结果。

（3）结果判定

1）MR 实验。取出后加甲基红试剂 3～5 滴，凡培养液呈红色者为阳性，以"＋"表示；橙色者为可疑，以"±"表示；黄色者为阴性，以"－"表示。

2）VP 实验。取出后在培养液中先加 VP 试剂甲液 0.6mL，再加乙液 0.2mL，充分混匀。静置在试管架上，15min 后培养液呈粉红色者为阳性，以"＋"表示；不变色者为阴性，以"－"表示，1h 后可出现假阳性。或者可以用等量的硫酸铜试剂于培养液中混合，静置，强阳性者约 5min 后就可产生粉红色反应。

3. 吲哚（靛基质）实验

（1）实验原理　各种细菌分解氨基酸的能力不同，借此可鉴别菌种。有些细菌（如大肠埃希菌、变形杆菌等）具有色氨酸分解酶，可分解蛋白胨中的色氨酸生成无色的吲哚（即靛基质），当加入靛基质试剂（对二甲基氨基苯甲醛），形成玫瑰红色吲哚，可用肉眼观察。

（2）实验方法　取菌培养物接种于蛋白胨水溶液中，37℃培养 18～24h 后观察结果。

（3）结果判定　取出培养物后，加入 2～3 滴乙醚，混匀静置（乙醚起到抽提吲哚的作用。抽提出的无色吲哚和乙醚一并上升至液体表面），再沿管壁加入 2～3 滴靛基质试剂于培养物表面，在两者接触面上呈玫瑰红色为阳性，以"＋"表示；不变色（黄色）为阴性，以"－"表示。

4. 枸橼酸盐利用实验

（1）实验原理　某些细菌以枸橼酸盐为唯一碳源，能在除枸橼酸盐外不含其他碳源的培养基上生长，分解枸橼酸盐产生碳酸盐，并分解培养基中的铵盐生成氨，使培养基变为碱性，指示剂溴麝香草酚蓝由草绿色变为深蓝色。

（2）实验方法　将菌培养物划线接种于枸橼酸盐琼脂斜面，37℃培养 18～24h 后观察结果。

（3）结果判定　培养基深蓝色为阳性，以"＋"表示；不变色（草绿色）为阴性，以"－"表示。

5. 脲酶实验

（1）实验原理　若细菌能分解尿素则产生两分子氨，使培养基 pH 升高，指示剂酚红显示出红色，即证明细菌有脲酶。

（2）实验方法　将菌培养物划线接种于尿素琼脂斜面，37℃培养 18～24h 后观察结果。

（3）结果判定　培养基深红色为阳性，以"＋"表示；不变色（粉红色）为阴性，以"－"表示。

6. 硝酸盐还原实验

（1）实验原理　部分细菌能从硝酸盐提出氧而将其还原为亚硝酸盐（偶尔还会形成 NH_3、N_2、NO、NO_2 和 NH_4OH 等其他产物），若向培养物中加入对氨基苯磺酸和 α-萘胺，会形成红色的重氮染料对磺胺苯-偶氮-α-萘胺（锌也可还原硝酸盐为亚硝酸盐，因此可用于区别假阴性反应和真阴性反应）。

硝酸盐还原试剂如下。甲液：α-萘胺 0.6g，5mol/L 冰醋酸 100mL，稍加热溶解，过滤后存放于棕瓶中。乙液：对氨基苯磺酸 0.8g，5mol/L 冰醋酸 100mL。先用 30mL 冰醋酸溶解对氨基苯磺酸，再定容至 100mL 并存放于棕瓶中。

（2）实验方法　把菌培养物接种到硝酸盐培养基中，37℃培养 18～24h 观察结果。

（3）结果判定　　取出后在培养液中加硝酸盐还原试剂甲、乙液各3～5滴，培养基变红为阳性，以"＋"表示；不变色（淡黄色）为阴性，以"－"表示。阴性者加入少量锌粉，若出现红色则为真正的阴性。

7. 半固体穿刺实验

（1）实验原理　　细菌具有鞭毛这种特殊构造时，则可表现为有运动能力。在琼脂含量为0.3%～0.5%的半固体培养基中，可自由运动。有运动力的细菌向四周扩散生长，无运动力的细菌仅能沿穿刺线生长。

（2）实验方法　　以无菌接种针蘸取菌培养物，从半固体培养基的琼脂柱中间垂直刺至管底，原路抽回接种针，37℃培养18～24h后观察结果。

（3）结果判定　　穿刺线及周围培养基变浑浊为阳性，以"＋"表示；仅穿刺线浑浊，周围的培养基仍然保持澄清为阴性，以"－"表示。

8. 三糖铁实验（TSI实验）

（1）实验原理　　细菌分解培养基中的糖（葡萄糖、乳糖及蔗糖）产酸，使pH下降，培养基内的酚红指示剂发生颜色变化。此外，细菌分解含硫氨基酸，产生H_2S，与培养基中的$FeSO_4$发生反应，形成黑色的硫化亚铁。

（2）实验方法　　用接种环取菌培养物，在三糖铁培养基斜面上先划线再从斜面中部穿刺至管底，37℃培养18～24h后观察结果。

（3）结果判定　　观察培养基颜色变化，气体和H_2S产生情况。用TSI反应模式表示。

$$TSI: \frac{斜面 / 底层}{产气：H_2S}，A为产酸（黄色），K为产碱（红色），＋为阳性，－为阴性。$$

第十一节　细菌对抗菌药物的敏感性实验

抗生素是某些微生物在生长、代谢过程中产生的一种能抑制或杀灭某些其他生物细胞的抗生物质，临床上常用来治疗细菌感染。抗生素的抗菌范围称为抗菌谱，不同的抗生素具有不同的抗菌谱。由于各种抗生素的抗菌机制不同，各种致病菌对抗生素的敏感性也不同，且在治疗过程中，细菌对药物的敏感性又常发生改变，产生耐药性，因此测定细菌对药物的敏感性，筛选出有效药物在临床治疗中具有重要意义。

药物敏感性（简称药敏）实验有纸片扩散法、稀释法、E-test法等多种方法。纸片扩散法只能定性，试管稀释法则可定量测定药物最低抑菌浓度或最低杀菌浓度。

一、纸片扩散法

1. 实验原理　　在已涂布被测细菌的培养基表面，平贴含有一定量抗菌药物的药敏纸片，由于平板中含大量的水分，因此抗菌药物很快溶解于培养基内，并向四周呈半球面扩散，药物在琼脂中的浓度随离开纸片的距离增加而降低。在药物浓度恰高于该药物对该细菌的最低抑菌浓度的琼脂中，该细菌的生长就受到抑制；而在药物浓度低于该药物对该细菌的最低抑菌浓度的琼脂中，细菌能够生长，所以培养后，在含药纸片的周围形成透明的抑菌环，测量该抑菌环的直径，即可测得该细菌对相应药物的敏感度。

2. 实验方法 采用美国临床和实验室标准化协会（Clinical and Laboratory Standards Institute，CLSI）药敏实验法规。实验菌株用 MH（Mueller-Hinton）肉汤作为培养基，进行 35℃、8h 增菌培养，也可直接从孵育 18～24h 的 MH 琼脂平板上挑取纯菌落制成肉汤或生理盐水悬液，并将细菌浓度调至 0.5 麦氏比浊度，相当于 $5 \times (10^7 \sim 10^8)$ CFU/mL；15min 内用无菌棉拭子蘸取已校正的菌液，然后涂布在 4mm 厚的 MH 琼脂平板表面，共 3 次，每次旋转 60°，以取得均匀接种，干燥平板 3min，但不得超过 15min；将不同药敏纸片紧贴在琼脂表面，各纸片中心距离至少为 24mm（纸片直径 6.25mm，厚滤纸片制作），35℃培养 16～18h；同时做质控菌株的敏感实验，质控菌株的实验结果应该符合要求。质控菌株为大肠杆菌 ATCC25922、金黄色葡萄球菌 ATCC25923、铜绿假单胞菌 ATCC27853 等，对照菌株的敏感度应落在表 1-2 规定的范围内。根据 CLSI 颁布的判定标准，分为耐药（R）、中介（I）、敏感（S）三个级别。

表 1-2 药物敏感性实验对照菌株 ATCC25923 对各种抗生素的敏感度

抗生素或磺胺	纸片含药量	抑菌环直径 （金黄色葡萄球菌 ATCC25923）/mm
青霉素 G	10IU	26～37
链霉素	10μg	14～22
红霉素	15μg	23～30
庆大霉素	10μg	19～27
先锋霉素 I	30μg	25～37
氨苄青霉素	10μg	24～35
磺胺＋TMP	25μg	24～32

二、稀释法

1. 实验原理 培养基内抗生素的含量按几何级数稀释并接种适量的细菌，经培养后，观察能引起抑菌作用的最低抗生素浓度，称最低抑菌浓度（MIC），为该菌对药物的敏感度。稀释法所获得的结果比较准确，常被用作校正其他方法的标准。

2. 实验方法

（1）试管稀释法 以水解酪蛋白（MH）液体培养基将抗生素做不同浓度的稀释，然后种入待检细菌。培养后，药物最高稀释管中无细菌生长者的药物浓度即为该菌对此药物的敏感度，即 MIC。

（2）琼脂稀释法 将不同浓度的抗菌药物，分别加入融化并冷却至 45℃的定量琼脂培养基中，混匀，倾注成无菌平板，即为含有系列药物浓度梯度的培养基。接种待检细菌于该培养基上，经培养后观察被检菌的生长情况，无细菌生长的最低含药平板中的剂量为该药对该菌的 MIC。培养基的选择应根据待检菌的特性而定，生长慢的细菌可接种于斜面培养基延长观察时间。

三、E-test 法

1. 实验原理　　　E-test 法是一种新型的检测细菌或真菌对抗菌药物敏感性的方法，是稀释法和纸片扩散法的结合。E-test 试纸条是一个 5mm×50mm 非活性的无孔塑料薄条，背面固定有一系列预先制备的干燥而稳定的呈指数分布的抗生素浓度梯度，正面标有以 μg/mL 为单位的 MIC 判读刻度。当 E-test 试纸条被放至一个已接种细菌的琼脂平板时，其载体上的药物立即且有效地释放入琼脂介质，从而在试纸条下方马上建立一个抗菌药物浓度的连续的指数梯度。经过孵育后，即可见一个以试纸条为中心的对称抑菌椭圆环。椭圆环边缘与试纸条的交界处的刻度即为该药物对该菌的 MIC。

2. 试验方法

1）取培养 18~24h 菌落数个，均匀混悬于生理盐水中，调整浓度至 0.5 麦氏比浊度。

2）以无菌棉拭子蘸取菌液后，沿管壁旋转挤去多余水分，涂布整个琼脂表面三次，每次旋转平板约 60° 以确保接种均匀。

3）平板置室温或恒温培养箱 10~15min，让琼脂表面菌液吸收，以保证加试纸条前琼脂表面完全干燥。

4）用无毒无菌镊子将 E-test 试纸条贴于琼脂表面（有刻度面朝上，浓度最大端靠近平板边缘）。

5）平板置恒温培养箱培养过夜后观察结果，抑菌椭圆环与试条交界处的刻度即为最小抑菌浓度 MIC。

第二章 兽医免疫学实验基本操作

第一节 动物实验在免疫学中的应用

在免疫学实验研究中，动物实验也是常用的技术之一。实验动物在免疫学研究中被广泛应用，可用来制备免疫血清、制备疫苗及各种免疫指标的测定等，是免疫学研究领域的重要载体，起着"活的天秤"和"活的化学试剂"的作用，它是人类的替身，是免疫学实验研究的支撑条件之一。常用的应用主要有接种、采血和解剖等方面，常用的实验动物有家兔、豚鼠、大白鼠、小白鼠、鸡、羊等。

一、接种

1. 皮下接种（注射）

（1）家兔　由助手将家兔俯卧或仰卧保定，于其背侧或腹侧皮下结缔组织疏松部位剪毛消毒，术者右手持注射器，左手拇指、食指和中指捏起皮肤呈三角皱褶，于其底部进针。注射时针头斜面朝上，斜刺入皮下，感到针头可随意拨动即表示插入皮下，缓缓注入接种物 0.1～0.2mL，当推入注射物时感到流利通畅也表示在皮下。拔出针头后用酒精棉球按住针孔并稍加按摩。

（2）小鼠　无须助手保定。术者在做好接种准备后，先用一只手抓住鼠尾，令其前爪抓住饲料罐的铁丝盖，然后用另一只手的拇指及食指捏住颈部皮肤，并翻转后使小鼠腹部朝上，将其尾巴夹在手掌与小指之间，小鼠身体呈直线。消毒术部，把持注射器，以针头稍微挑起皮肤插入皮下，注入时见有水泡微微鼓起即表示注入。接种部位多为腹侧皮下结缔组织疏松处。

（3）豚鼠　保定和操作同家兔。

2. 皮内接种　方法同皮下接种。接种者以左手拇指及食指夹起皮肤，右手持注射器，用针头插入拇指及食指之间的皮肤内，针头插入不宜过深，同时插入角度要小，注入时感到有阻力且注射完毕后皮肤上有硬泡即为注入皮肤。皮内接种要慢，以防止皮肤胀裂或自针头流出注射物而散播传染。针头平行刺入皮肤真皮内，挑起，注入接种物。注射时有明显的阻力，注射后局部出现硬泡即为注入皮肤。

3. 腹腔接种　小鼠腹腔接种：接种时稍抬高后躯，使其内脏倾向前腔，在股后侧面插入针头，先刺入皮肤，后进入腹腔，注射时应无阻力有落空的感觉，皮肤也无水泡隆起。

4. 肌内注射　注射部位选择后肢股部。术部消毒后，将针头刺入肌肉内，注射接种材料。

5. 静脉注射

（1）家兔　家兔静脉注射一般选择耳静脉。将家兔保定，选一侧耳边缘静脉，先用 70%酒精棉球涂擦兔耳或以手轻弹耳朵，使静脉努张。注射时，用左手拇指和食指拉紧兔耳，右手持注射器，使针头与静脉平行，向心脏方向刺入静脉内，注射时无阻力且有血向前流动即表示注入。注射完毕后用酒精棉球紧压针孔，以免流血和注射物溢出。

（2）小白鼠　　注射部位选择尾静脉。宜选 15～20g 体重的小鼠，注射前将尾部浸于温水中 1～2min 或用酒精棉球涂擦，使尾部血管扩张易于注射。用一烧杯扣住小鼠，露出尾部，用最小的针头刺入尾静脉，缓缓注入注射物，注射时无阻力，皮肤不变白、不隆起则表示注入。

二、采血

1. 家兔采血

（1）兔的心脏采血

1）家兔仰卧，四肢束于动物固定架上（或由助手抓住四肢固定）。

2）剪去兔左胸部绒毛，消毒皮肤。

3）触摸心脏搏动最强的部位，用注射剂对准部位刺入心脏，见血液回流即可抽血，一次可采 15～20mL。

（2）兔的颈动脉放血

1）家兔仰卧同上固定。头部略放低以暴露颈部，剃毛并消毒皮肤。

2）沿颈部中线纵向切开皮肤约 10cm，钝性分离皮下组织，直至暴露出气管两侧的胸锁乳突肌。

3）分离胸锁乳突肌与气管间的颈三角区疏松组织，暴露出颈总动脉后使其游离 3～4cm。

4）用止血钳或血管夹夹住游离段两端，阻断动脉血流。

5）用尖头小剪刀在阻断段的动脉壁上剪一小口，插入无菌塑料放血管。并用手术缝线固定住，以防放血管滑脱。

6）放开近心端止血钳或血管夹，血液沿塑料放血管流入事先准备好的灭菌容器中。一般一只家兔可放血 80～100mL。

（3）兔的静脉采血　　静脉采血方法基本与静脉接种相同，但采血时应向耳尖方向抽血，一般可采集 1～2mL。

2. 禽采血

（1）禽的心脏采血　　禽心脏采血时可由助手抓住禽的双翅和两腿，右侧卧位保定，在心脏搏动明显处（或胸骨脊前端至背部下凹处连线的 1/2 处）消毒后，垂直或稍向前方刺入 2～3cm，回抽有回血时，抽拉采血，一次可采 10～20mL。

（2）禽的翅静脉采血　　将禽侧卧保定，翅膀展开，露出腋窝部，拔去羽毛可见翅静脉。消毒采血部位，采血时左手拇指压迫静脉向心端，血管充盈后，右手取连有 5 号细针头的注射器，从无血管处向翅静脉刺入，见血液回流即可抽血。

3. 小鼠采血

（1）小鼠的眼眶后静脉丛采血

1）麻醉小鼠。

2）采血者左手拇指及食指压迫小鼠的颈部两侧，使眼球突出眼眶后静脉丛充血。也可以将小鼠放置在侧卧位，拇指与食指分别置于小鼠头顶和下颌，将皮肤向后及向下拉。抓握时要避免对气管施压，否则可能会影响小鼠呼吸。

3）将毛细采血管置于内侧眼角处，与鼻翼平面成 30°～45° 刺入，刺入 2～3mm，轻轻旋转采血管的同时施加压力，血液将通过毛细作用流入采血管。

4）采血结束后，立即松开手指对小鼠的压迫，使眼球复位，同时将采血器拔出，可用干棉球压住眼眶，确保止血。一般采血量可以达到 0.2～0.3mL。

（2）小鼠的断尾采血　　小鼠尾端消毒，用剪刀断尾少许，使血溢出，采血数滴，采血后用烧烙法止血或干棉球按压止血。

4. 羊采血　　羊的颈静脉采血为，将羊抵靠在墙角，助手半坐骑在羊背上，两手抓住耳朵（或角）保定。术者在其颈部上 1/3 处剪毛消毒，右手压在静脉沟下部使静脉弩张，对准部位刺入，见血液回流即可抽血。

三、解剖

微生物学实验较多使用小鼠作为实验动物。小鼠在解剖时，通常采用断颈法处死。攻毒后死亡（或处死）的小鼠需用消毒液浸渍消毒小白鼠体表，待消毒液充分浸透后，取出小鼠并稍沥干水分。将小白鼠仰卧固定于解剖板上，先用碘酒棉球消毒胸腹部皮肤，后用酒精棉球脱碘。解剖用具用酒精棉球擦拭或火焰烧灼灭菌后，无菌操作依次打开小鼠皮肤—腹膜—肌肉，暴露胸、腹腔观察各脏器的形态，可供后续采样、检查等操作。整个操作过程严格无菌。

第二节　抗原的制备

要制备优质免疫血清，抗原的质量是先决条件。抗原的免疫原性除与其分子量的大小有关外，还与其表面抗原决定簇的性质、位置、立体构型有密切的关系。一种抗原成分可刺激机体产生一种抗体，因此在免疫动物前应纯化抗原，抗原的用量也应根据抗原的性质、免疫动物的种类和需要的抗体的特性决定。

除完整的细胞可作为抗原外，各种不同的细胞内存在的各种分子量不同的物质，也都具有全抗原或半抗原的性质，某种抗原物质可能是某一类细胞所特有的，可作为这类细胞的一个标志。由于细胞存在着许多性质不同的抗原物质，有时要从这众多的物质中提取、纯化某种抗原物质，以供科学研究使用。

抗原的制备是一个十分细致的工作，制备工作涉及物理学、化学和生物学等许多领域的知识。分离、纯化方法分为两类：①利用混合物中几个组分分配率的差别将它们分配到可用机械方法分离的两个或几个物相中，如盐析、有机溶剂抽提、层析和结晶等；②把混合物置于单一物相中，通过物理力场的作用使各组分分配于不同的区域而达到分离的目的，如电泳、超速离心和超滤等。组织细胞内存在着许多分子结构和理化性质不同的抗原物质，其分离方法也不一样，就是同一类大分子物质，因选材不同，所使用的方法也有很大差别。因此很难有一个通用的标准方法供提取任何生物活性物质使用，所以在提取前必须针对准备提取的物质，充分查阅文献资料，选用合适的方法。

抗原物质的制备，大概要经过如下过程：①材料的选择和预处理；②细胞的粉碎（细胞器的分离）；③提取；④纯化；⑤浓缩或干燥后保存。现分别简述如下。

1. 材料的选择和预处理　　选择何种材料主要根据实验目的而定。通常选含量高、工艺简便、成本低的材料。材料选定后，通常要进行预处理，剔除结缔组织、脂肪组织等，把组织块剪碎。若取材后不立即进行提取，则应冷冻保存，动物组织更要超低温保存。某些容易失活的物质，一般宜采用新鲜材料。

2. 细胞的粉碎　　除提取体液和组织间液内的多肽、蛋白质、酶等不需粉碎细胞外，凡要提取组织内、细胞膜上及胞内的生物活性物质，都必须把组织和细胞粉碎，使活性物质充分释放到溶液内。不同的组织，细胞的破碎难易不一，因此所使用的粉碎方法也不完全相同。例如，脑、胰、肝等比较软嫩的组织，用高速组织捣碎机研磨就行，肌肉、心脏等则需绞碎后再进行匀浆。现将常用的细胞粉碎方法介绍如下。

（1）物理法

1）高速组织捣碎机。通常由调速器、支架、马达、带杆刀叶、有机玻璃筒等组成。把材料放于筒内（约占筒内容积的1/3），固定筒盖，开动马达，调速器由慢逐渐增至所需速度。此法适用于内脏组织。

2）玻璃匀浆器。由一个内壁经过磨砂的玻璃管和一根一端为球状（球面经过磨砂）的玻璃研杆组成。把绞碎的组织置于管内，加适量溶液，插入研杆，用手或电动转动研杆，并上下移动。用此法细胞的破碎程度比高速组织捣碎机高，对大分子的破坏也少。是粉碎少量软嫩材料（脑、胰、肝等）时常用的方法。

3）超声波处理法。多用于软嫩组织，根据不同组织采用不同频率，处理10～15min。超声波处理时溶液温度升高，使不耐热的物质失活。使用时为防止温度升高，除间歇开机外，还需人工降温，避免溶液内存在气泡。核酸及某些酶对超声波很敏感，要慎用。

4）反复冻融法。把待碎样品冷却到−20～−15℃，冻固后取出，缓慢解冻，如此反复操作，可使大部分动物性细胞及胞内的颗粒破碎，但也可使生物活性物质失活。

5）冷热交替法。把材料投入90℃左右的水中维持数分钟后取出冰浴，可使大部分细胞破碎。可用于提取蛋白质和核酸。

（2）化学和生物化学法

1）自溶法。将新鲜材料置于一定的pH和适宜的温度下，利用组织细胞自身的酶系统使组织破坏，细胞内容物被释放出来。动物材料的自溶温度选在0～4℃，需加少量防腐剂，自溶时间较长，不易控制，不常用。

2）溶菌酶处理法。多用于破坏大肠埃希菌等微生物的细胞壁。在每毫升含2亿个细胞的悬液中加100μg至1mg的溶菌酶，37℃，保温10min，细菌细胞壁即被破坏。此外，蜗牛酶、纤维素酶也被选作破碎细菌细胞所用。

3）表面活性剂处理法。较常用的有十二烷基磺酸钠、氯化十二烷基吡啶、去氧胆酸钠等。

3. 提取　　提取、抽提、萃取这3个词的含义基本相同。但一般说来，提取是指在分离纯化前期，将经过处理或粉碎了的细胞置于一定条件和溶剂中，让被提取物充分地释放出来的过程。而抽提则是贯穿于分离纯化的整个过程中，如在制备核酸的过程中，用氯仿反复提取蛋白液，用苯酚反复抽提分离 DNA 和 RNA。影响提取效果的因素主要来自被提取物在提取的溶剂中的溶解度大小及它由固相扩散到液相的难易程度。一个物质在某一溶剂中的溶解度大小与该物质的分子结构及使用的溶剂的理化性质有关。因此，在不同的抗原提取过程中，所选用的溶剂的性质、pH、离子强度、抽提温度、介电常数等是提取成败的重要因素。要达到分离提纯的目的，必须灵活地应用这些因素。

4. 纯化及保存

（1）微生物类抗原的纯化。对分离的株系或毒株进行生物化学、血清学、紫外吸收光谱、电镜观察等鉴定，扩繁培养并测其浓度。为确保抗原本身的稳定性和免疫原性，在进行微生物等抗原纯化的时候，必须熟悉材料的性质，了解材料的繁殖方法和掌握抗原的提纯方法，对工作环境所具备的提纯设备及其功能要心中有数。

（2）动植物（人体）器官组织内的各种蛋白质成分，如激素和酶等的纯化。需根据蛋白质或蛋白质复合体的理化性质，采用适当的生物化学实验技术，将它从器官和组织内分离，并保证其免疫原性。对于该抗原物质也要进行纯度鉴定，并要测定浓度。

纯化好的抗原通过蒸发法、冰冻法、吸收法及超滤法等方法浓缩后储存，如有必要可采用低温干燥（冻干法）来保存。

第三节　免疫血清的制备

具有免疫原性的抗原可刺激机体相应 B 细胞增殖、分化形成浆细胞并分泌特异性抗体。由于抗原分子表面的不同决定簇为不同特异性的 B 细胞克隆所识别，因此由某一抗原刺激机体后产生的抗体，实际上为针对该抗原分子表面不同决定簇的抗体混合物（即多克隆抗体）。

免疫血清是免疫学实验必不可少的生物制剂，免疫血清的质量直接影响实验的准确性、特异性和敏感性。具有抗原性的物质免疫动物可刺激动物机体产生特异性的抗体。因此，需根据抗原的性质选择合适的动物制定合理的免疫方案制备优良的血清。

一、免疫基本方法

1）根据抗原的性质选择免疫用实验动物（家兔、鸡等），制定免疫程序。

2）抗原的剂量决定于抗原的种类。免疫原性强的抗原剂量应相对较少，免疫原性弱的抗原剂量可相对较多。抗原的用量一般以体重计算。在使用佐剂的情况下，一次注入的总剂量以 0.5mg/kg 体重为宜。如不加佐剂时剂量可加大 10 倍。另外，免疫周期长者可少量多次注射，免疫周期短者可较大量少次注射。

3）免疫方法可采用多点注射法免疫动物。即于实验动物脊柱两旁选 4～6 点皮下注射制备好的抗原，每点注 0.2mL，间隔 2 周后再于上述部位选不同点同上注射，可产生高效价的免疫血清。

4）免疫用实验动物的抗体反应性个体差异较大，因此免疫时至少应选用两只动物。另外，不能使用妊娠动物。

二、采血

具体采血方法见第一节。

三、分离血清

将采集的血置 37℃恒温培养箱 1h，再置 4℃冰箱内 3～4h。待血液凝固、血块收缩后，用毛细滴管吸取血清。于 3000r/min 离心 15min，取上清加入防腐剂（0.01%硫柳汞或 0.02%叠氮钠，最终浓度），分装后置 4℃冰箱中保存备用。

四、结果鉴定

以双相琼脂扩散实验测定所获免疫血清的抗体效价，并用琼脂免疫电泳鉴定免疫血清中抗体的质量，应产生单一的沉淀弧线。鉴定方法的具体步骤参见本章第五节"沉淀反应"。

第四节 凝集反应

一、实验原理

抗原与相应的抗体结合后，在有电解质存在时，抗原颗粒互相凝集成肉眼可见的凝集小块，称为凝集反应。其机制是由于抗原与其相应抗体间存在着相对应的极性基，极性基的相互吸附使抗原外周的水化膜去除，抗原由亲水溶胶变为疏水溶胶。电解质具有降低电位的作用，使抗原颗粒间的排斥力消除，从而产生凝集现象。参与凝集反应的抗原称为凝集原，抗体称为凝集素。就免疫球蛋白的性质来说，主要为免疫球蛋白 M（IgM）和免疫球蛋白 G（IgG）。

二、应用

凝集反应分为直接凝集反应和间接凝集反应两种，前者主要用于新分离细菌的鉴定或分型，后者可用于可溶性抗原抗体系统的检测。

1. 直接凝集反应 即颗粒性抗原（细菌、细胞、血小板等）与相应抗体混合后，在电解质的参与下，经一定时间，抗原抗体复合物形成肉眼可见的凝集块。分为玻板凝集反应和试管凝集反应。

（1）**玻板凝集反应** 是一种快速、定性的实验室检测方法，一般用于诊断未知抗原，如用已知的免疫血清诊断未知的细菌和血型鉴定等。由于方法简便，并具有较高的敏感性和一定的特异性，迄今仍为各实验室所应用。常用于诊断布鲁氏菌病和鸡白痢等传染病。经典方法有鸡白痢沙门菌玻板凝集反应、虎红平板凝集反应等。

（2）**试管凝集反应** 是一种定量实验，用于测定被检测血清或其他体液中有无某种抗体及其效价，辅助临床诊断或做流行病学调查，常用于布鲁氏菌病和副伤寒流产等传染病的测定。经典方法有牛布氏杆菌试管凝集反应。

2. 间接凝集反应　　即可溶性抗原与抗体发生反应，形成的复合物较小、数量较少时，不易被肉眼所察觉，而将抗原或抗体结合在一种与免疫反应无关的载体颗粒上，在有电解质存在的情况下抗原抗体反应即可产生明显的凝集，显著提高了检测的敏感性。这种可见的凝集反应是通过凝集颗粒间接体现的，故称为间接凝集反应。常用的载体有聚苯乙烯乳胶颗粒、红细胞、炭粉等。因使用载体的不同，间接凝集反应也称为间接乳凝、间接血凝、间接炭凝等。

三、注意事项

1）每次试验均需做阳性和阴性对照。

2）试管凝集反应中，孵育 24h 后，从恒温培养箱中取出试管时避免剧烈晃动，以免影响结果的判定。

3）血凝反应中，所用致敏红细胞浓度对实验结果影响很大。一般说，红细胞浓度偏高，则终点效价低，反之红细胞浓度低，则终点效价相对提高，故制备诊断用的红细胞浓度力求准确稳定。稀释液中的正常兔血清需经 56℃灭活 30min，并用同批号的红细胞充分吸收，以除去非特异性凝集素。

第五节　沉　淀　反　应

一、实验原理

可溶性抗原（如细菌的外毒素、内毒素、菌体裂解液、病毒、组织浸出液等）与相应的抗体结合后，在适量电解质存在的条件下，形成肉眼可见的白色沉淀，称为沉淀反应。沉淀反应的抗原分子较小，单位体积内所含的量多，与抗体结合的面积大，故在做定性实验时易出现后带现象，故通常稀释抗原，并以抗原稀释度作为沉淀反应的效价。参与沉淀反应的抗原称为沉淀原，抗体称为沉淀素。

二、应用

沉淀反应广泛应用于病原微生物的诊断，根据沉淀反应介质和检测方法的不同，将其分为液相沉淀反应、凝胶扩散实验和凝胶免疫电泳实验三大基本类型。这些实验通常凭肉眼观察结果，故灵敏度较低。

1. 液相沉淀反应

（1）**絮状沉淀反应**　　抗原抗体在试管内混合，可形成浑浊沉淀或絮状沉淀的抗原抗体复合物。抗原抗体比例最适时，沉淀物出现最快，浊度最大；反之，则反应出现时间延迟，沉淀减少，甚至不出现沉淀，形成带现象。通常将抗原抗体同时稀释，以方阵法测定抗原抗体反应的最适比例。

（2）**环状沉淀反应**　　可在玻璃沉淀管或小试管中进行。因抗血清蛋白浓度高，相对密度较抗原大，所以两液交界处可形成清晰的沉淀线。本技术的敏感度为 3～20μg/mL 抗原量。环状沉淀反应中抗原、抗体溶液须澄清。此方法主要用于鉴定微量抗原，如鉴定炭疽的阿斯卡利实验（Ascoli's test）、法医学中鉴定血迹、流行病学中用于检查媒介昆虫体内的微量抗原等，亦可用于鉴定细菌多糖抗原。因该技术敏感度低，且不能做两种以上抗原的分析鉴别，现已少用。

（3）免疫浊度沉淀反应　是将现代光学测量仪器与自动分析检测系统相结合的一种沉淀实验，用于微量的抗原、抗体及其他生物活性物质的定量测定，包括透射比浊法、散射比浊法、免疫乳胶浊度测定法、速率抑制免疫比浊法等多种方法。免疫浊度沉淀反应已广泛应用于各种免疫球蛋白、补体成分、循环免疫复合物及其他血浆蛋白质如载脂蛋白、转铁蛋白、C 反应蛋白等的定量测定，以及临床治疗药物的监测。

2. 凝胶扩散实验　最常用的凝胶为琼脂或琼脂糖。由于凝胶内沉淀反应具有高度的敏感性和特异性，且设备简单、操作方便，因而得到广泛应用。该实验利用可溶性抗原和相应抗体在凝胶中扩散的特点，形成浓度梯度，在抗原与抗体浓度比例恰当的位置形成肉眼可见的沉淀线。适宜浓度的凝胶可视为一种固相的液体，水分占98%以上，凝胶形成网络，将水分固相化。抗原和抗体蛋白质在此凝胶内扩散，犹如在液体中自由运动。大分子（分子质量为 20 万 Da 以上）物质在凝胶中扩散较慢，可利用这点识别分子量的大小。另外，由于琼脂网孔有一定的限度，抗原抗体结合后，复合物的分子量至少应为百万，这种超大分子则被网络在琼脂中，生成沉淀不再继续扩散，眼观为白色的沉淀线或沉淀带。

（1）单向琼脂扩散实验　制备含抗体的琼脂凝胶板，在此板上打孔加入相应抗原，抗原扩散过程中自然形成浓度梯度，在抗原、抗体比例合适的部位，二者反应形成肉眼可见的复合物，即沉淀环。沉淀环的面积与抗原含量成正比，可进行定量分析。该方法用于临床免疫学，特别是血清中各类免疫球蛋白、补体成分和甲胎蛋白等的定量测定。

（2）双向琼脂扩散实验　制备琼脂凝胶板，打孔，在相对的孔中加入抗原或抗体，置室温或37℃条件下 18～24h 后，凝胶中各自扩散的抗原和抗体可在浓度比例适当处形成可见的沉淀线。此法常用于测定抗原或抗体，也可用于滴定免疫血清的效价。

3. 凝胶免疫电泳实验　免疫电泳技术实质上是在直流电场作用下的凝胶扩散实验。它的原理是将凝胶板于直流电场中，在一定的条件下，抗原及抗体离解成带正电或负电的电子，在电场中向异电荷的电极移动，所带净电荷量越多、颗粒越小，泳动速度越快，反之则慢。由于电流加速了抗原、抗体的运行速度，缩短了两者结合的时间，加快了沉淀现象的产生。当有多种带电荷的物质电泳时，由于所带电荷不同，而区分成不同区带，抗原决定簇不同的成分得以区分。有免疫电泳、火箭免疫电泳、对流免疫电泳 3 种方式。

（1）免疫电泳　是将蛋白质区带电泳和双向免疫扩散相结合的免疫分析技术。蛋白质为两性电解质，每种蛋白质都有其等电点，在 pH 大于其等电点的溶液中，羧基离解多，此时蛋白质带负电，向正极泳动；反之，在 pH 小于其等电点的溶液中，氨基离解多，此时蛋白质带正电，向负极泳动。pH 离等电点越远，所带净电荷越多，泳动速度也越快。基于此特性，可将抗原样本中不同蛋白质成分分离，从而形成区带，然后沿电泳方向挖一个与其平行的抗体槽加入特异性抗体做双向扩散。各区带中抗原分别在不同位置与相应抗体相遇，在适宜比例处形成沉淀弧。根据沉淀弧的位置、数量和形状，与已知标准抗原比较来分析样本中的抗原成分及其性质。该法主要用于血清蛋白的组分分析，也常用于抗原、抗体提纯物纯度的初步鉴定。

（2）**火箭免疫电泳**　　是将单向扩散和电泳技术相结合而形成的沉淀反应技术。由于抗原在 pH 8.6 的电解质环境下多带负电荷，在电场作用下，抗原在含抗血清的凝胶中由负极向正极移动。移动过程中，随着抗原、抗体比例的变化，将生成类似火箭形状的锥形可见沉淀线。在一定浓度范围内，此锥形可见沉淀线峰的高度与抗原量呈正相关，可进行定量检测。

（3）**对流免疫电泳**　　是双向免疫扩散和电泳技术相结合而形成的沉淀反应技术。大多数蛋白质抗原在碱性溶液中带负电荷，因此在电泳时从负极向正极移动；而抗体或免疫球蛋白的等电点较高，加上分子较大，移动缓慢，电泳速度小于电渗速度，因而随着电渗方向由正极向负极移动。实验中，将抗原加入负极端，抗体加入正极端，在电场作用下，抗原、抗体相向移动，在合适比例处形成白色沉淀线。此实验在临床上常用于各类蛋白质的定性、半定量测定和某些传染病和寄生虫病抗原或抗体的测定，如 HBsAg（乙肝表面抗原）的检测，血吸虫、包虫病等的抗体测定。本实验还可用于抗血清效价的测定。

三、注意事项

1）单向琼脂扩散实验中，应对实验条件如抗原、抗体的合适稀释度预先摸索选择。

2）双向琼脂扩散实验中，扩散时间要适当，时间不足，反应形成的沉淀线没有出现，时间过长会使沉淀线扩散而出现假象。扩散时，琼脂平板应水平放在密闭容器中，容器底垫以湿的纱布，以维持空间的水蒸气饱和度。为防止霉菌生长，可在凝胶内加入 0.02% 的硫柳汞或 0.02%～0.05% 叠氮钠。

3）制作凝胶板时，琼脂浓度要适宜。琼脂浓度过高，则反应出现慢，沉淀线细；琼脂浓度过低，则扩散快，沉淀线粗。加样时，不能溢出孔外，以免影响结果。

第六节　血凝和血凝抑制反应

一、实验原理

部分病毒具有凝集某种（些）动物，如鸡、鹅、豚鼠和人的红细胞的能力，利用这种特性设计的实验称为血凝（HA）反应实验，以此来推测被检材料中有无病毒存在，此实验是非特异性的。而这种凝集性又可被相应的特异性抗体所抑制，即血凝抑制（HI）反应，此实验具有特异性。正黏病毒和副黏病毒是最主要的红细胞凝集性病毒，其他病毒，包括披膜病毒、细小病毒、某些肠道病毒和腺病毒等也具有凝集红细胞的能力，但反应条件比较严格，如一定的 pH 域等。

二、应用

通过 HA 和 HI 反应，可检测病毒的有无和含量的多少（血凝价的高低）、未知血清中病毒抗体的有无和血凝抑制效价的高低。HI 反应还可用来检测病毒的保护性抗体，这些针对病毒包膜上糖蛋白受体的血凝素的抗体是病毒的中和抗体，而 HI 反应趋向于作为病毒中和实验的替代实验，操作简便，结果快。

三、注意事项

1）各种病毒的血凝素性质不尽相同，设置反应条件时应考虑 pH、温度、红细胞种类等因素。

2）实验血清中会出现非特异性红细胞凝集素和病毒凝集素的抑制物，易造成假阳性反应，实验前应去除待检血清中的非特异性血凝抑制物质。各种动物血清中的非特异性抑制物质的性质不同，应采用不同方法处理。

第三章　兽医传染病学实验基本操作

第一节　消　毒

消毒是指利用物理、化学和生物学的方法清除或杀灭停留在传播途径上（外环境中）的病原微生物及其他有害微生物，以切断传播途径，阻止疫病的继续蔓延。采取及时和恰当的消毒方法可以有效地切断动物疫病传播途径，阻止其蔓延与扩散，是动物传染病综合性防疫措施之一，也是消毒的目的。消毒是贯彻"预防为主"方针的一项非常重要的措施。我国已制定了多种有关动物传染病消毒技术规范的国家标准与地方标准。

一、消毒器械和消毒剂

1. 消毒器械

（1）高压蒸汽灭菌器　　是实验室消毒常用的器具。其构造、原理和应用，在兽医微生物学实验基本操作部分已详细说明。

（2）喷雾器　　是用于喷洒消毒液的器具。喷雾器有手动喷雾器和机动喷雾器两种。手动喷雾器有背携式和手压式两种，常用于少量消毒或实验室地面消毒；机动喷雾器有背携式和担架式两种，常用于畜舍、运动场或外环境的大面积消毒。

消毒液装入喷雾器之前，应先在一个木制或铁制的桶内充分溶解、过滤，以免有些固体消毒剂不清洁，或存有残渣堵塞喷雾器喷嘴，影响消毒工作的进行。喷雾器应经常注意维修保养，以延长使用期限。

（3）火焰喷灯　　是利用汽油或煤油作为燃料的一种工业用喷灯。因喷出的火焰具有很高的温度，所以在兽医临床实践中常用于消毒各种被病原体污染了的金属制品，如管理家畜的用具，金属制的鼠笼、兔笼、鸡笼、猪栏等。但在消毒时不要喷烧过久，以免将被消毒物品烧坏，在消毒时还应有一定的次序，以免发生遗漏。此外，火焰喷灯常用于消毒被病原微生物污染的畜禽养殖场的墙体、地面及运输动物或动物产品的车、船等。

2. 消毒剂

（1）化学消毒剂的种类

1）根据化学消毒剂对蛋白质的作用分类：主要有凝固蛋白质类的化学消毒剂、溶解蛋白质类的化学消毒剂、氧化蛋白质类的化学消毒剂、阳离子表面活性消毒剂、致细胞脱水的化学消毒剂、与巯基作用的化学消毒剂、与核酸作用的碱性染料和醛类及其他消毒剂。

2）根据化学消毒剂的不同结构分类。

酚类消毒剂：如苯酚等，能使菌体蛋白质变性、凝固而呈现杀菌作用。

醇类消毒剂：如70%乙醇等，能使菌体蛋白质凝固和脱水，而且有溶脂的特点，能渗入细菌体内发挥杀菌作用。

酸类消毒剂：如硼酸、盐酸等，能抑制细菌细胞膜的通透性，影响细菌的物质代谢。乳酸可使菌体蛋白质变性和水解。

碱类消毒剂：如氢氧化钠，能水解菌体蛋白质和核蛋白，使细菌膜和酶受损害而死亡。

氧化剂：如过氧化氢、过氧乙酸等，一遇有机酸即释放出初生态氧，破坏菌体蛋白质和酶蛋白，呈现杀菌作用。

卤素类消毒剂：如漂白粉等容易渗入细菌细胞内，对原浆蛋白质产生卤化和氧化作用。

重金属类：如升汞等，能与菌体蛋白质结合，使蛋白质变性、沉淀而产生杀菌作用。

表面活性类：如新洁尔灭、洗必泰等，能吸附于细胞表面，溶解脂质，改变细胞膜通透性，使菌体内的酶和代谢中间产物流失。

染料类：如甲紫、利凡诺等，能改变细菌的氧化还原电位，破坏正常的离子交换机能，抑制酶的活性。

挥发性烷化剂：如甲醛等，能与菌体蛋白质和核酸的氨基、羟基、巯基发生反应，使蛋白质变性或核酸功能改变，发挥杀菌作用。

（2）兽医防疫方面常用的化学消毒剂

1）氢氧化钠（苛性钠、烧碱）：对细菌和病毒均有强大的杀灭力，且能溶解蛋白质。常配成 1%～2% 热水溶液消毒被细菌（巴氏杆菌、沙门菌等）或病毒（口蹄疫病毒、水疱病病毒、猪瘟病毒等）污染的畜舍、地面和用具等。1%～2% NaOH 液加入 5%～10% 食盐时，可增强其对炭疽杆菌的杀菌力。本品对金属物品有腐蚀性，消毒完毕要冲洗干净。对皮肤和黏膜有刺激性，消毒畜舍时，应驱出家畜，隔半天以清水冲洗饲槽地面后，方可让家畜进圈。

2）漂白粉：又称氯化石灰，是一种广泛应用的消毒剂。其主要成分为次氯酸钙，是用气体氯将石灰氯化而成的。漂白粉遇水产生极不稳定的次氯酸，易离解产生氧原子和氯原子，通过氧化和氯化作用，而呈现强大而迅速的杀菌作用。漂白粉的消毒作用，与有效氯含量有关。常用剂型有粉剂、乳剂和澄清液（溶液）。用于畜舍、地面、水沟、粪便、运输车船、水井等消毒。

3）过氧乙酸：纯品为无色透明液体，易溶于水。市售成品中有 40% 水溶液，性质不稳定，须密闭避光储存低温（3～4℃）处，有效期半年。本品为强氧化剂，消毒效果好，能杀死细菌、真菌、芽孢和病毒。除金属制品和橡胶外，用于消毒各种物品。本品稀释后不能久储（1% 溶液只能保效几天）。浓溶液能使皮肤烧伤，稀溶液对黏膜有刺激性，使用时应注意安全。

4）来苏尔：为钾皂制成的甲酚液（或称煤酚皂液），应含有不少于 47% 甲酚。皂化较好的来苏尔易溶于水，对一般病原菌具有良好的杀菌作用，但对芽孢和结核杆菌的作用小。常用浓度为 3%～5%，用于畜舍、护理用具、日常器械、洗手消毒。

5）新洁尔灭、洗必泰、消毒净、度米芬：都是季胺盐类阳离子表面活性消毒剂。新洁尔灭为胶状液体，其余为粉剂。均溶于水，溶解后降低液体的表面张力。其共同特性为：毒性低、无腐蚀性、性质稳定、能长期保存、消毒对象范围广、效力强、速度快。

使用上述消毒剂时，应注意避免与肥皂或碱类接触。因肥皂属于阳离子清洁剂，能对抗或减弱消毒剂抗菌效力，如已用过肥皂必须冲洗干净后再使用这些消毒剂。配制消毒剂的水质硬度过高时，应加大药物浓度 0.5～1 倍。

6）福尔马林：为甲醛水溶液，粗制的福尔马林为含有 36%甲醛（m/V）的水溶液。福尔马林的杀菌作用，一般认为是甲醛与微生物蛋白质的氨基结合，引起蛋白质变性。它具有很强的消毒作用。福尔马林对皮肤、黏膜刺激强烈，可引起湿疹样皮炎、支气管炎，甚至窒息，使用时应注意人畜安全。甲醛蒸汽消毒法：福尔马林 $25mL/m^3$＋高锰酸钾 $25g/m^3$＋水 $12.5mL/m^3$，密闭高热作用 12～24h，消毒完毕后通风。

二、实验室常用器材的消毒与处理

1. 玻璃器材的消毒与处理方法

（1）玻璃器材清洁的重要性　　兽医传染病学实验对玻璃器材（平皿、试管、吸管、玻璃注射器及采样管等）的清洁程度有较高的要求，各种玻璃器材不但要达到生物学清洁，还需达到化学清洁。器材如不能达到生物学清洁，则常发生各种污染，导致结果错误。若不能达到化学清洁，则常可影响培养基的 pH，甚至由于某些化学物质的存在可抑制微生物的生长，也可影响血清学反应的结果，如在 pH<3 时可发生酸凝集。

（2）处理方法　　新采购的玻璃器材先用自来水冲洗干净，然后用 0.1%～0.5%碱水煮沸 15min 后自来水冲洗干净，再放入洗液中浸泡 1d 以上，取出后用自来水冲洗 10 次左右，去离子水冲洗 3 次晾干后包装，160～170℃干热灭菌后备用。

已用过的玻璃器材，未被污染的与新采购的玻璃器材处理方式相同，被污染的需先进行消毒处理后再进行其他处理。

2. 金属器械的消毒与处理

（1）处理方法　　用过的未被病原微生物污染的刀、剪、镊子及连续注射器等用自来水冲洗干净，立即擦干，防止生锈。若急用，可于使用前浸泡于 95%乙醇内，用时取出并经过火焰，待器械上的乙醇自行燃烧完毕后即可使用。一般用高压蒸汽灭菌或煮沸消毒。

被病原微生物污染的金属器械可先煮沸 15min，然后按上述处理。器械上如带有动物组织碎屑，先在 5%苯酚中洗去碎屑，然后高压蒸汽或煮沸灭菌。临时急用，也可以乙醇烧灼灭菌。

（2）注意事项　　金属器械（包括注射用针头）尽量不要干烤灭菌，更不能在火焰上直接烧灼，否则易引起金属钝化，影响使用。

三、入场人员消毒

养殖场外来人员进入生产区时，要严格遵守养殖场内的防疫制度，在生产区入口消毒室内经喷雾消毒，并按指定的回字形路线行走。有条件的养殖场，还应在消毒后洗澡、更换灭菌衣物、统一着工作服、口罩、帽子及雨靴等，或着防护服，再经消毒后进入生产区。工作人员在接触畜禽、饲料、乳品及种蛋之前必须洗手，并用 1∶1000 的新洁尔灭溶液浸泡手，消毒 3～5min。

三、养殖场入口处消毒

养殖场大门入口处设消毒池，使用 2%氢氧化钠或 5%来苏尔溶液，消毒池两侧及顶部安装消毒液喷淋设施，供进出车辆消毒，注意定期更换消毒液。每隔 1～2 周，用 2%～3%氢氧化钠溶液喷洒消毒道路。

四、畜舍的消毒

动物畜舍消毒可分为预防消毒、随时消毒和终末消毒。消毒方法包括机械性清除、化学消毒液喷洒消毒和甲醛蒸汽消毒。

1. 畜舍的预防消毒

（1）消毒频次　　畜舍预防消毒在一般情况下，每年可进行两次（春秋各一次）。在进行畜舍预防消毒的同时，凡是家畜停留过的场所也需进行消毒。在采取"全进全出"管理方法的机械化养殖场，应在全出后进行消毒。产房的消毒，在产仔前应进行一次，产仔高峰时进行多次，产仔结束后再进行一次。动物房的消毒，应每月进行一次。

（2）消毒方法

1）机械性清除：是搞好畜舍环境卫生最基本的一种方法。实验证明，采用机械性清扫方法，可以使鸡舍内的细菌数减少 21.5%，如果清扫后再用清水冲洗，则鸡舍内细菌数可减少 54%～60%。清扫、冲洗后再用化学消毒液喷洒消毒，鸡舍内的细菌数即可减少 90%。

2）化学消毒液喷洒消毒：畜舍内消毒液的用量一般是每平方米用 1L 消毒剂。消毒的时候，先喷洒地面，然后墙壁，先由离门远处开始，喷完墙壁后再喷天花板，最后再将地面喷洒一遍，开门窗通风，用清水刷洗饲槽与饮水槽以消除消毒剂味，以免影响畜禽的饮食欲。此外，在进行畜舍消毒时也应将附近场院、畜禽运动场及病畜污染的地方和物品同时进行消毒。畜舍预防消毒时常用的消毒剂有 3%～4%的来苏尔、10%～20%的石灰乳和 10%的漂白粉溶液。

3）甲醛蒸汽消毒：按照畜舍面积计算所需用的福尔马林与高锰酸钾量，其比例为：每立方米的空间，使用福尔马林 25mL，水 12.5mL，高锰酸钾 25g（或以生石灰代替）。计算好用量以后将水与福尔马林混合。畜舍的室温不得低于正常的室温（15～18℃）。将畜舍内的管理用具、工作服等适当地打开，箱子和柜橱的门全部开放，使气体能够进入。将牲畜迁出后，再在畜舍内放置几个金属容器，然后把福尔马林与水的混合液倒入容器内，畜舍门窗密闭。操作者着工作服，戴口罩与乳胶手套，将高锰酸钾倒入后用木棒搅拌，经几秒钟即可见有浅蓝色刺激眼鼻的气体蒸发出来，此时应迅速离开畜舍，并保证门窗紧闭。经过 12～24h 后方可将门窗打开通风换气。倘若急需使用畜舍，则需用氨蒸气来中和甲醛气体。畜舍每 100m³ 取 500g 氯化铵、1kg 生石灰及 750mL 的水（加热到75℃）。将此混合液装于小桶内放入畜舍，或者用氨水来代替，即按每 100m³ 畜舍用 25%氨水 1250mL。中和 20～30min 后，打开畜舍门窗通风 20～30min，此后即可将家畜迁入。

2. 畜舍的随时消毒和终末消毒　　发生各种传染病时须进行随时消毒及终末消毒时，用来消毒的消毒剂随传染病的种类不同而异，一般选择 2～3 种敏感消毒剂交替进行，其目的就是防止残留病原体导致疫情复发。

（1）随时消毒　　发生疫情后，采取消毒措施越早、越快、越彻底，疫情防控效果越好。在病畜舍、隔离舍的出入口处应放置浸有消毒液的麻袋片或草垫，如为重要传染病（口蹄疫、猪瘟、新城疫、炭疽、结核等），则消毒液可用 10%～20%漂白粉、10%～20%氢氧化钠热溶液或其他强力消毒剂。若为性质温和，传染性不强的一般传染病，如鸡大肠埃希菌病、猪乙型脑炎等，可选用 5%漂白粉乳剂、1%～2%氢氧化钠热溶液或生石灰等每隔 1～2d 消毒一次。

（2）终末消毒　　是指疫情过后疫区内传染源消失，终止传染状态后，对疫区进行的一次彻底消毒，终末消毒需在动物疫病防控部门指导下由具备消毒知识的专业人员实施。

1）工作程序：消毒人员首先向疫区或疫点内有关人员做好防疫知识宣传，禁止无关人员进入消毒区域。消毒时，消毒人员脱掉外衣，换上工作服、胶鞋，戴上口罩、帽子，使用对黏膜有刺激性的消毒剂如醛类、过氧乙酸或含氧制剂时需戴防护眼镜。脱掉的外衣应放在清洁布袋中，切勿随意放在可能污染的环境中。仔细了解疫区动物及其圈舍、活动场所、排泄物、污染物存放地点、污水排放处，以及用过的物品、用具。据此确定消毒范围和对象，选择适宜的消毒方法。首先消毒各种通道，然后消毒圈舍和疫区环境。消毒前和消毒后一定时间内分别对不同消毒对象进行采样，做病原检测后进行消毒效果的评价。

2）消毒方法：首先分别测量圈舍、环境需消毒对象的面积（含地面、墙壁和天花板等），需对室内空气或污水消毒时还应计算其体积，据此计算消毒剂的用量，选择合适的消毒方法、消毒剂种类和浓度。一般大面积的地面、墙壁等常用 5%漂白粉乳剂、1%～2%氢氧化钠热溶液、生石灰等，舍内空气可用 0.5%的过氧乙酸喷雾或甲醛蒸汽熏蒸消毒。对室内地面、墙壁、用具和物品消毒时，应按照先上后下、先左后右、先里后外的方法依次进行消毒。浸泡消毒时，必须使消毒液浸透被消毒物品，擦拭消毒必须反复擦拭 2～3 次。对耐高温的消毒对象如金属笼具、圈栏等可用火焰消毒；对污染重、可燃烧的废弃物应彻底焚烧。同时对厕所、垃圾、下水道口、污水沟、树木花草、自来水龙头等也采用适当方法进行消毒，不留任何死角。最后，按照从里向外的顺序沿道路再次消毒至疫区（场区）出口处。消毒完毕，将消毒人员的工作服、胶靴等进行喷洒消毒后脱下，将衣物污染面向内卷在一起，放入专用容器中带回消毒。所用消毒工具表面用消毒剂进行擦洗消毒。详细填写终末消毒工作记录。到达规定的消毒作用时间时，由检验人员对不同消毒对象进行采样，并打开门窗通风，用清水冲洗饲槽、笼具、栏舍及物品用具等。

3）注意事项：消毒工具应齐全、无故障，并应尽量采用物理法消毒。采用化学法消毒时，消毒剂应充足，尽量选择对人和动物安全、消毒效果好、刺激性小、无残留的消毒剂。消毒过程中不得吸烟、饮食。注意自我保护，不得随便走出消毒区域。严格区分已消毒和未消毒的区域和物品，勿使已消毒者被再次污染。

五、带动物消毒

带动物消毒就是在舍内动物不移出的情况下，选用刺激性小的消毒剂均匀喷洒在舍内空间之中，起到消毒降尘、预防疾病的效果。该方法还可起到干燥时加湿、高温时降温的作用。在疫病流行时，可作为综合防控措施之一，对及时扑灭疫情具有重要作用。带动物消毒基本流程介绍如下。

（1）消毒前准备 清理粪便，打扫卫生，减少环境中的污物，为减少刺激，工作人员在消毒时应佩戴口罩。

（2）消毒剂的选择 选择刺激性小、消毒效果好、易溶于水、无腐蚀或腐蚀小的消毒剂。常用的有 0.1%新洁尔灭和 0.3%～0.5%过氧乙酸等。一般常将几种消毒剂交替使用。

（3）消毒剂的配制 一般每立方米空间需要用水 60～100mL，不同季节，消毒用水量应灵活掌握，在一定范围内，消毒剂的作用效果与温度成正比，消毒剂温度每提高 10℃，杀菌能力约增加一倍，但是最高不能超过 45℃，冬季配消毒剂时最好用温水。

（4）消毒顺序 一般按照从上至下，由里向外的顺序，如果采用纵向机械通风，前后顺序则相反，应从进风口向排风口顺着空气流动的方向消毒，对通风口与通风死角的消毒务必彻底。

（5）消毒时间 最好选在每天 11：00～14：00 进行，此时气温较高，根据舍内温度掌控消毒时间。舍温高时，人工喷雾应放慢移动速度，固定管网喷雾消毒应适当延长喷雾时间。舍温低时，适当加快速度，缩短喷雾时间，减小对动物的冷应激。

（6）消毒方法 消毒器喷口应在动物上方 50～100cm 处均匀喷洒，消毒液呈雾状均匀飘落在笼具、动物体表和地面，不可直接喷射动物体表。同时喷洒、冲洗天花板、房梁与通风口处。在闷热的夏季消毒后应增加通风，以降低湿度。

六、地面土壤的消毒

病畜的排泄物（粪、尿）和分泌物（鼻汁、唾液、乳汁等）内常含有病原微生物，可污染地面、土壤。因此，应对场地地面、土壤及动物圈舍周围环境、芽孢菌污染的地面和其他传染病污染的地面进行消毒，以防传染病继续发生和蔓延。

（1）场地地面的消毒 可用 2%～3%氢氧化钠溶液或 3%～5%的甲醛溶液或 0.5%的过氧乙酸溶液喷洒消毒。

（2）土壤表面的消毒 可用含 2.5%有效氯的漂白粉溶液、4%福尔马林或 10%氢氧化钠溶液喷洒消毒。

（3）动物圈舍周围环境的消毒 每2～3周用 2%氢氧化钠溶液消毒或在其地面上撒生石灰，养殖场周围及场内污水池、排粪坑、下水道出口，每月用漂白粉消毒一次。

（4）芽孢菌污染地面的消毒 停放过患芽孢杆菌所致传染病（如炭疽、气肿疽等）病畜尸体的场所，或是此种病畜倒毙的地方，应严格进行消毒处理，首先用含 10%～20%漂白粉乳剂或 5%～10%二氯异氰尿酸钠喷洒地面，然后将表层土壤掘起 30cm 左右，撒上干漂白粉并与土混合，将此表土运出掩埋或直接置于铺有稻草的钢筋上进行焚烧。在运输时应用不漏土的车辆以免沿途漏撒，如果无法将表土运出，则应增加干漂白粉的用量（5kg/m^2），将漂白粉与土混合，加水湿润后原地挖坑填埋。

（5）其他传染病污染的地面土壤消毒 如为水泥地，则用消毒液仔细刷洗，如为土地，则可翻地同时撒上干漂白粉（0.5kg/m^2），然后以水湿润、压平，翻地深度约为30cm。

（6）**放牧地区消毒** 若该地区被某种病原体污染，一般利用自然力（如阳光，种植某些对病原微生物起有害作用的植物，如黑麦、小麦、葱等）使土壤发生自净作用来消除病原微生物。但在牧场土壤自净之前，或是被接种疫苗的动物产生免疫之前，家畜不应再在这种地区放牧。如果污染的面积不大，则可使用化学药剂消毒。

七、粪便的消毒

1. 焚烧法 此方法是消灭一切病原微生物最有效的方法，故用于消毒最危险的传染病病畜的粪便（如炭疽等）。焚烧的方法是在地上挖一壕沟，深约 75cm，宽 5～100cm，在距壕底 40～50cm 处加一层铁梁（要比较密些，否则粪便容易落下），在铁梁下面放置木材等燃料，在铁梁上放置欲消毒的粪便。如果粪便太湿，可混合一些干草，以便迅速烧毁。应用此法的缺点为损失肥料，消耗较多燃料。故此法除非必要很少应用。

2. 化学药品消毒法 消毒粪便用的化学药品有含 2%～5%有效氯的漂白粉溶液、20%石灰乳。但此法操作麻烦，效果一般，故实践中不常用。

3. 掩埋法 将污染的粪便与漂白粉或新鲜的生石灰混合，然后深埋于地下，埋的深度应达 2m 左右，此法简单易行，实用。但操作不当时病原微生物可经地下水散布。

4. 生物热消毒法 最常用的是粪便消毒法。应用此法能使非芽孢病原微生物污染的粪便变为无害，且不丧失肥料的应用价值。粪便的生物热消毒法通常有发酵池法和堆粪法两种。

（1）**发酵池法** 此法适用于大型养殖场，多用于稀薄粪便（如牛、猪粪）的发酵。在距场区 200～250m 以外无居民区、河流、水井的场所挖筑两个或两个以上的发酵池（池的数量与大小取决于每天产生并运出的粪便数量）。发酵池可筑成方形或圆形，池的边缘与池底用砖砌后再抹以水泥，做防水处理。如果土质干涸、地下水位低，可以不必用砖和水泥。使用时先在池底倒一层干粪，然后将每天清除出的粪便、垫草等倒入池内，直到快满时，在粪便表面铺一层干粪或杂草，上面盖一层泥土封好，如条件许可，可用木板封盖，以利于发酵和保持卫生。粪便经上述方法处理后，1～3 个月即可掏出作肥料用。在此期间，每天所积的粪便可倒入另外的发酵池，如此轮换使用。

（2）**堆粪法** 此法适用于干固粪便（如马、羊、鸡粪等）的处理。在距场区 200～250m 以外场所设一堆粪场。堆粪方法如下：在地面挖一浅沟，深约 20cm，宽 1.5～2m，长度不限，随粪便多少而定。先将非传染性的粪便或秸秆等堆至 25cm 厚，其上堆放欲消毒的粪便、垫草等，高达 1～1.5m，然后在粪堆外面再铺上 10cm 厚的非传染性粪便或谷草，并覆盖 10cm 厚的沙子或土，最好是河泥，如此堆放三个星期到三个月，即可用以肥田。

当粪便较稀时，应加些杂草，太干时倒入稀粪或加水，使其不稀不干，以促其迅速发酵。通常处理牛粪时，因牛粪比较稀不易发酵，可以掺马粪或干草，其比例为四份牛粪加一份马粪或干草。

八、污水的消毒

兽医院、牧场、隔离室、病厩等场所，经常有病原体污染的污水排出，如果这种污水不经处理任意外流，很容易造成新的疫病流行，因此对污水的处理非常重要。

污水的处理方法有沉淀法、过滤法、化学药品处理法等。比较实用的是化学药品处理法。方法是先将污水处理池的出水管用一木闸门关闭，将污水引入污水处理池后，加入化学药品（如漂白粉或生石灰）进行消毒，消毒剂的用量视污水量而定（一般 1L 污水用 2～5g 漂白粉）。消毒后，污水池的闸门可以打开，使处理过的污水直接流入渗井或下水道。

九、皮革、毛、羽原料的消毒

患炭疽、口蹄疫、猪瘟、猪丹毒、马传染性贫血、传染性脑脊髓炎、布鲁氏菌病、羊痘及坏死杆菌病的家畜的皮革、毛、羽均应消毒。在发生炭疽、鼻疽、流行性淋巴管炎、气肿疽及牛瘟时，不应从尸体剥皮。在储存的原料中即使只发现一张炭疽患畜的皮，则整堆与它接触过的皮张均应加以消毒。

1. 福尔马林气体熏蒸消毒 是常用于皮毛消毒的传统方法，但此法易造成皮毛品质下降，且气体穿透力低，较深层的物品难以达到消毒的目的。

2. 环氧乙烷消毒 目前广泛利用环氧乙烷（C_2H_4O）气体来进行消毒。此法对细菌、病毒、立克次氏体及霉菌均有良好的消毒作用，对皮毛等畜产品中的炭疽芽孢也有较好的消毒效果。消毒时必须在密闭的专用消毒室或密闭良好的容器（常用聚乙烯或聚氯乙烯薄膜制成的篷布）内进行。环氧乙烷的用量因消毒对象的不同而有所差异，如消毒病原体繁殖型用量为 300～400g/m^3，作用 8h；消毒芽孢和霉菌用量为 700～950g/m^3，作用 24h。

环氧乙烷的消毒效果与湿度、温度等因素有关，一般认为，相对湿度为 30%～50%，温度在 18℃以上、38～54℃以下，最为适宜。环氧乙烷是一种化学活性很强的烷基类化合物，其沸点为 10.7℃，在沸点以下的温度中为易挥发的液体，遇明火易燃易爆，对人有中等毒性，应避免接触其液体和吸入气体。因此，使用环氧乙烷消毒时，应经过专门的培训，或在有经验的工作人员指导下进行。

3. 酸渍消毒 如皮张被炭疽菌污染，也可用酸渍消毒，即在专用消毒池内用含盐酸 2.5%和食盐 15%的溶液进行消毒。消毒时先将池内消毒液用热气管加温至 35℃。皮张称重后堆放于事先铺在池边地面的麻袋上。皮重应是全池溶液的 10%。向池内放皮张时应边放边压，最后连麻袋也放入池内一起消毒。此时池内温度应保持在 30℃，不可过高或过低，并随时加以翻动，20h 后将皮张大翻一次，滴定并补足池内溶液盐酸含量使其保持浓度为 2.5%，至 40h 消毒完毕。取出皮张，挂在特制的架上，待消毒液流净后，放入 1.5%～2%烧碱液中使其中和 1.5～2h，中和后用自来水冲洗 10～15min，即可送往加工厂加工，如欲储存，则须加盐。

消毒过程中补足溶液中盐酸含量的方法：吸取池内溶液 10mL，用 0.1mol/L 氢氧化钠（或氢氧化钾）滴定。设池内溶液量为 2000L，0.1mol/L 氢氧化钠滴入量为 50mL，应加工业盐酸的计算方法如下：

$$消毒溶液内含盐酸百分比 = \frac{50 \times 0.00365}{10} \times 100\% = 1.825\%$$

$$溶液中补足盐酸量 = 2000 \times (2.5\% - 1.825\%) = 13.5kg$$

$$应补足波美式 18.3°Bé 工业盐酸（1L 含盐酸 0.328kg）= 13.5 \div 0.328 = 41.2L$$

十、消毒质量的检查

为了验证消毒的效果，常对消毒对象进行细菌学检查。

1. 畜禽舍机械清除效果检查（平板沉降法）　　在检查房舍机械清除的质量时，检查地板、墙壁及房舍内所有设备的清洁程度。利用重力作用使空气中的微生物粒子自然沉降在普通琼脂或血液琼脂平板上。当采样的室内面积≤30m² 时，取对角线上 3 点，即中心一点、两端距墙 1m 处各取一点。当室内面积≥30m² 时，选 5 点，即分别于室内四角距墙 1m 处及中心点，高度为距地面 80～150cm。将平皿的盖打开，在采样点上暴露 15～20min，然后将盖盖好，标明日期、标本名称，置 37℃培养 24～48h，计算菌落数。消毒前和消毒后各采样一次，分别培养、检测细菌数，同时用未暴露的琼脂平板作为阴性对照。阴性对照若有细菌生长，说明所用培养基已被污染，实验无效，应更换后重新进行。根据消毒前后样品中细菌数量的变化来评价消毒效果，计算方法如下：

$$每立方米空气中细菌菌落总数（CFU/m^3）=50000N/AT$$

式中，A 为平皿面积（cm²）；T 为平皿暴露时间（min）；N 为平均菌落数（CFU/平皿）。

根据消毒前后细菌数量的变化按下式计算细菌消亡率：

$$消亡率=\frac{消毒前样本平均菌数-消毒后样本平均菌数}{消毒前样本平均菌数}\times100\%$$

除有特殊要求外，一般自然细菌消亡率≥90%为消毒合格。注意记录实验过程中的温度和相对湿度，以便分析对比。该法准确性稍差，但操作简便、经济，可反映降落到地面上的细菌数，适用于基层。

2. 圈舍墙壁、地面消毒效果检测

（1）采样方法　　在消毒后的地面、墙壁、墙角及饲槽上取样，用 5cm×5cm 的一次性标准灭菌规格板，放在被检物体表面，连续采样 4 处，采样总面积≥100cm²。于每个采样处用浸有中和剂的无菌棉拭子 1 支，在规格板内横竖往返均匀涂擦各 5 次，并随之转动棉拭子。剪去手持部位后，将棉拭子投入 10mL 含相应中和剂的无菌洗脱液试管内，待检。门把手等不规则物体表面用棉拭子直接涂擦采样。

（2）细菌总数检测　　将采样管在混匀器上振荡 20s 或用力振打 80 次，用无菌吸管吸取 1.0mL 待检样品接种于灭菌平皿,每一样本接种 2 个平皿,再加入熔化后冷却至 45～48℃ 的营养琼脂 15～25mL，边倾注边摇匀，待琼脂凝固，置 37℃恒温培养箱培养 48h,计数菌落数。

$$细菌总数（CFU/m^2）=\frac{平板上的菌落数\times稀释倍数}{采样面积（cm^2）}$$

小型物体表面的结果计算，单位用 CFU/件表示。

（3）致病菌检测　　致病菌依据污染情况进行相应指标的检测。中和剂是在微生物杀灭实验中，用以消除实验微生物与消毒剂的混悬液中和微生物表面残留的消毒剂，使其失去对微生物抑制和杀灭作用的试剂。

当以漂白粉作为消毒剂时，应用 10mL 的次亚硫酸盐进行中和；碱性溶液用 0.01% 乙酸 10mL 进行中和；福尔马林用氢氧铵（1%～2%）进行中和。当以克辽林、来苏尔及其他药剂消毒时，没有适当的中和剂，而是在灭菌水中洗涤 2 次，时间为 5～10min，依次将棉签从一个罐内移入另一个罐内。消毒结果判定：细菌总数≤15CFU/cm^2，并未检出致病菌为消毒合格。

3. 消毒剂选择正确性检查　　了解消毒工作记录表、消毒剂的种类、消毒剂的浓度、温度及其用量。检查消毒剂浓度时，可以从剩余未用完的消毒液中取样品进行化学检查（如测定含甲醛、活性氯的百分数）。

检查含氯制剂的消毒效果时，可应用碘淀粉法。即取玻璃瓶两个，第一瓶盛 3%碘化钾和 2%淀粉糊的混合液（加等量的 6%碘化钾和 4%淀粉糊即成 3%碘化钾和 2%淀粉糊的混合液。淀粉糊最好用可溶性淀粉配制）。第二瓶装上 3%次亚硫酸盐。已装溶液的这些瓶上应有标签，并保存在暗处。

检查方法如下：将棉签置入第一个瓶，蘸上碘化钾和淀粉糊的混合液。如果用浸湿了的棉签接触消毒过的表面，就可以看到在被检对象的表面上（即在与棉球接触过的地方）及在棉球上都呈现出一种特殊的蓝棕色，而着色的强度取决于游离氯的含量及被消毒表面的性质。在表面染上的颜色用另一个浸上次亚硫酸盐溶液的棉球擦其表面之后，则颜色即消失。此种检查可以在消毒之后的两昼夜内进行。

4. 消毒对象的细菌学检查　　消毒后由地板（在畜舍中家畜后脚停留的地方）、墙壁上、畜舍墙角及饲槽上取样品，用小解剖刀在上述各部位划出大小为 10cm×10cm 的正方形数块，每个正方形都用灭菌的湿棉签（干棉签的重量为 0.25～0.33g）擦拭 1～2min，将棉签置入中和剂（30mL）中并蘸上中和剂，然后压出、蘸上、压出，如此进行数次之后，再放入中和剂内 5～10min，用镊子将棉签拧干，然后把它移入装有灭菌水（30mL）的罐内。

送到实验室去的灭菌水中的样品当天将棉签拧干和将液体搅拌之后，将此洗液的样品接种在远藤培养基上（一般用于水中大肠埃希菌群的分离或确证。培养基配方：每 1000mL 培养基中含有蛋白胨 10g、磷酸氢二钾 2.5g、乳糖 10g、无水亚硫酸钠 3.3g、碱性复红 0.3g、琼脂粉 12.5g，pH 调至 7.4）。接种时可用灭菌的刻度吸管由小罐内吸取 0.3mL 的材料倾入琼脂平皿表面，并用灭菌的 L 型玻璃棒在琼脂平皿表面涂布，然后仍用此 L 型玻璃棒涂布第二个琼脂平皿表面。接种了的平皿置入 37℃恒温培养箱，24h 后检查初步结果，48h 后检查最后结果。如在远藤培养基上发现可疑菌落时，即用常规方法鉴别这些菌落。

在所取的样品中没有肠道杆菌培养物存在时，证明所进行的消毒质量是良好的，有肠道杆菌的生长，则说明消毒质量不良。

5. 粪便生物热消毒效果的检查　　常用下列两种方法检查。

（1）测温法　　应用装在金属套管内的温度计测定粪便的温度，根据规定时间内粪便的温度来确定消毒的效果。

（2）细菌学方法　　利用细菌学方法测定粪便中的微生物数量及大肠埃希菌菌价。方法为将样品称重，与砂土混合置研钵内研碎，然后加入 100mL 灭菌水稀释。将液体与沉淀从研钵移入含有玻珠的小烧瓶内，振荡 10min 后用灭菌纱布初过滤。将过滤液分别接种于普通琼脂平皿及远藤培养基上，置 37℃恒温培养箱培养 24h，然后在琼脂平皿上计算微生物的数量，在远藤培养基上测定大肠埃希菌菌价。

样品应当在粪便发热时（如温度升高到 60～70℃时）采取。因为粪便冷却后，渗入下部的微生物（如随雨水渗入的微生物），会重新散布到粪便内而改变微生物的数量和成分。为了方便对照，还应测定欲消毒粪便在消毒前的微生物数和大肠埃希菌菌价。

第二节　免　疫　接　种

利用疫苗（菌苗）、血清使机体主动产生或被动获得对传染病的特异性免疫称为免疫接种。有组织有计划地进行免疫接种是防治和控制畜禽传染病发生和流行的重要措施之一，在某些传染病（如猪瘟、鸡新城疫等病）的防治措施中，免疫接种更具有关键性的作用。免疫接种可刺激动物机体产生特异性抵抗力，使易感动物转化为不易感动物，应用时应根据疫病的流行规律和免疫效果，如疫（菌）苗接种后机体产生抗体的时间、抗体的水平和抗体的消长规律等，做好免疫接种计划，同时要根据机体的健康状况、畜禽体内母源抗体的情况采取科学的免疫程序。与此同时，应注意规范接种的操作，减少免疫造成的应激。使用高质量的疫苗，疫苗按要求贮运和使用，避免或减少造成免疫失败的一些因素。

一、免疫接种时应遵循的原则

1）仅接种健康动物，在恶劣气候条件下不宜进行畜禽免疫。

2）免疫接种前后应加强饲养管理，可将室温提高 1～2℃。

二、免疫接种的方法

免疫接种的方法很多，主要有注射免疫法、经口免疫法、气雾免疫法、翼翅刺种免疫法等数种。注射免疫法中又可分为皮下接种、皮内接种、肌肉接种及静脉接种等 4 种。

1. 皮下接种法

（1）接种部位　　马、牛等大家畜皮下接种时，一律采用颈侧部位；猪在耳根后方；家禽在胸部、大腿内侧。

（2）针头选择　　根据药液的浓度和家畜的大小而异，一般用 16～20 号针头，长 1.2～2.5cm。家禽则应采用针孔直径小于 20 号的针头。

（3）皮下接种的优缺点　　皮下接种的优点是操作简单，吸收较皮内接种快。缺点是使用剂量多。同一疫苗应用皮下接种时，其反应较皮内接种大。大部分常用的疫苗和免疫血清采用皮下接种。

2. 皮内接种法

（1）接种部位　　马的皮内接种采用颈侧、眼睑部位；牛、羊除颈侧外，也可在尾根或肩胛中央部位；猪大多在耳根后；鸡在肉髯接种。现仅有羊痘弱毒菌苗、猪瘟结晶紫疫苗等少数制品选择皮内接种，其他的均属于诊断液。

（2）针头选择　　一般使用专供皮内注射的注射器（容量 2～10mL），0.6～1.2cm

长的螺旋针头（针孔直径 19～25 号），也可使用蓝心注射器（容量 1mL）和相应的注射针头。

（3）皮内接种的优缺点　　皮内接种的优点是使用药液少。同样的疫苗皮内注射较皮下注射反应小。同时，真皮层的组织比较致密，神经末梢分布广泛，特别是猪的耳根皮部比其他部位容易保持清洁。同量药液皮内注射时所产生的免疫力较皮下注射为高。缺点是操作比较麻烦，对免疫接种人员的操作技术要求较高。

3. 肌肉接种法

（1）接种部位　　马、牛、猪、羊的肌肉接种，一律采用臀部和颈部两个部位；鸡可在胸肌部或腿部肌肉接种。现有兽医生物制品，除猪瘟弱毒疫苗、牛肺疫弱毒疫苗及在某些情况下接种血清采用肌肉接种外，其他生物制品一般都不应用此法进行接种。

（2）针头选择　　一般使用 16～20 号针头，长 2.5～3.7cm。

（3）肌肉接种的优缺点　　肌肉接种的优点是药液吸收快，注射方法也较简便。缺点是在一个部位不能大量注射。同时臀部接种如部位不当，易引起跛行。

4. 静脉接种法

（1）接种部位　　马、牛、羊的静脉接种部位，一律选择颈静脉；猪在耳静脉；鸡则在翼下静脉。现用兽医生物制品中的免疫血清，除皮下或肌肉接种外，亦可采用静脉接种，特别在急于治疗传染病患畜时。疫苗、菌苗、诊断液一般不作静脉注射。

（2）针头选择　　根据家畜的大小和注射剂量的多少，一般使用 14～20 号针头，长 2.5～3.7cm。猪静脉接种在耳朵正面下翼的两侧。一般使用 19～23 号针头，长 2.5～5cm。

（3）静脉接种的优缺点　　静脉接种的优点是可大剂量接种，奏效快，可以及时抢救病畜。缺点是手续比较麻烦，如设备与技术不完备时，难以进行。此外，如使用异种动物血清注射接种，可能引起过敏反应（血清病）。

5. 经口免疫法　　经口免疫时可分为饮水免疫和喂食免疫两种。

（1）饮水免疫　　是将可供口服的疫（菌）苗混于水中，畜禽通过饮水而获得免疫。

（2）喂食免疫　　是将可供口服的疫（菌）苗用冷的清水稀释后拌入饲料，畜禽通过进食而获得免疫。

经口免疫时，应按畜禽头数和每头畜禽平均饮水量或进食量，准确计算需用的疫（菌）苗剂量。

（3）注意事项　　免疫前，一般应停饮或停喂半天，以保证饮喂疫（菌）苗时，畜禽都能饮用一定量的水或进食足够的饲料。应当用冷的清水稀释疫（菌）苗，混有疫（菌）苗的饮水和饲料也要注意掌握温度，一般以不超过室温为宜。已经稀释的疫（菌）苗，应迅速饮喂。疫（菌）苗从混合在水或料内到进入动物体内的时间越短，效果越好。此法目前已用于猪肺疫弱毒菌苗和鸡新城疫弱毒菌苗的投喂等。

（4）经口免疫法的优缺点　　经口免疫的优点是省时、省力，适于大群畜禽的免疫。缺点是由于畜禽饮水量或进食量有多有少，因此进入每头动物体内的疫（菌）苗数量，不能像其他方法那样准确一致。

6. 气雾免疫法　　此法是用压缩空气将稀释疫（菌）苗通过气雾发生器喷射，使疫（菌）苗形成直径为 1～10μm 的雾化粒子，均匀浮游在空气之中，通过畜禽呼吸道吸入肺内，以达到免疫的效果。

雾化粒子大小与免疫效果有很大关系。一般粒子大小在 1～10μm 为有效粒子。气雾发生器的有效粒子在 70%以上者为合格。测定雾化粒子大小时，用一拭净的盖玻片，周围涂以凡士林油，在盖玻片中央滴一小滴机油，用拇指和食指转动盖玻片，使机油液面朝喷头，在距离喷头 10～30cm 处迅速通过，使雾化粒子吹于机油面上，然后将盖玻片液面朝下放于凹玻片上，在显微镜下观察，移动视野，用目镜测微尺测量其大小（方法与测量细菌大小同），并计算其有效粒子率。每次制成的气雾发生器或新使用的气雾发生器，都须进行粒子大小的测定。合格后方可使用。

（1）室内气雾免疫法　　此法需有一定的房舍设备。免疫时，菌苗用量主要根据房舍的大小而定，可按下列公式计算：

$$菌苗用量 = D \times A / (T \times V)$$

式中，D 为计划免疫剂量（亿个活菌数）；A 为免疫室容积（L）；T 为免疫时间（min）；V 为呼吸常数，即动物每分钟吸入的空气量（L/min）。

1）免疫方法：菌苗用量计算好以后，即可将需要免疫的动物赶入室内，关闭门窗。操作者将喷头由门窗缝伸入室内，使喷头保持与动物头部同高，向室内四面均匀喷射。喷射完毕后，让动物在室内停留 20～30min。操作人员要注意防护，戴上大而厚的口罩，如出现症状，应及时就医。

2）室内气雾免疫的优缺点。优点是省时、省力，适于大群畜禽的免疫。缺点是由于畜禽呼吸量不同，因此进入每头动物体内的疫（菌）苗数量不能像其他方法准确一致。

（2）野外气雾免疫法　　菌苗用量主要以动物的数量而定。以 1000 只羊为例，每只羊的免疫剂量为 50 亿活菌，1000 只则需 50 000 亿，如果每瓶菌苗含活菌 4000 亿，则需 12.5 瓶，用 500mL 灭菌生理盐水稀释。

1）免疫方法。实际应用时，菌苗用量往往要比计算用量略高一些。免疫时，如每群动物的数目较少，可二或三群合并，将畜群赶入四周有矮墙的圈内。操作人员手持喷头，站在畜群中，喷头与动物头部同高，朝动物头部方向喷射。操作人员要随时走动，使得每一动物都有吸入的机会。如遇微风，还须注意风向，操作者应站在上风，以免雾化粒子被风吹走。喷射完毕，让动物在圈内停留数分钟即可放出。

进行野外气雾免疫时，操作者更需注意个人防护，应穿工作衣裤和胶靴，戴大而厚的口罩，如出现症状应及时就医。

气雾免疫的效果主要受下列因素的影响。①雾化粒子：粒子过大，往往被鼻黏膜阻止，不能进入呼吸道；粒子过小，则吸入后往往因呼吸道绒毛运动而被排出，故最好在 1～10μm。②风力、风速：野外免疫时，如风力过大，风速过急，雾化粒子易被风吹走，动物不能吸入。③温度、湿度：温度过高，含菌粒子表面水分易于蒸发，使菌体失水，盐量增高，引起死亡；湿度过高、过低，由于菌体含水量改变亦易发生死亡。

2）野外气雾免疫的优缺点。优点是省时、省力，适于大群动物的免疫。缺点是需要的疫（菌）苗数量多。

7. 翼翅刺种免疫法　　多用于鸡痘及禽脑脊髓炎及鸡痘联苗（AE＋POX）接种，适用于各种年龄的家禽，为细胞免疫。

（1）**免疫方法** 将接种针充分插入疫苗溶液中，待针槽内抽满药液后，将针轻靠小瓶内壁，除去附在针上的多余药滴。轻轻展开鸡翅，将针插入鸡翅翼膜内侧。刺种针勿接触鸡羽。刺种时应小心拨开鸡羽，注意勿伤及肌肉、关节、血管、神经和骨头。2周龄以下小鸡接种时，最好每接种一瓶疫苗（500～1000 鸡）换一枚刺种针。勿用不合适的针接种疫苗，免疫后 7～10d 检查结节。免疫后 7～10d 无结节可能是免疫接种不当、鸡痘重复免疫接种或已感染野毒或强毒引起。

（2）**翼翅刺种免疫法的优缺点** 优点是确保每只鸡都能得到准确的疫苗量，达到快速免疫。适用于任何年龄的鸡只，操作简便、针对性较强。缺点是要求操作准确、劳动强度高。

三、免疫接种的注意事项

1. 接种前的注意事项 在对畜禽进行免疫接种时，必须注意畜禽的营养和健康状况，家畜饲养环境卫生良好时，可保证免疫接种结果的安全。相反，如饲养条件不良，患有内外寄生虫病或其他慢性病，则会引起畜禽死亡或引起并发症，甚至发生所要预防的传染病（如猪瘟）。为了接种的安全和保证接种的效果，应对所有预定接种的畜禽进行一系列的检查，包括体温检查。根据检查结果，将畜禽分成数组。

例如，在进行自动免疫接种时，各组应按下列处理：完全健康的畜禽可进行自动免疫接种；衰弱、妊娠后期的家畜不能进行自动免疫接种，而应注射免疫血清；疑似病畜和发热的病畜应注射治疗量的免疫血清。上述分组的规定，可根据传染病的特性和接种方法而变动。因此，在接种前要对动物进行健康检查，只有健康动物才能进行免疫接种，而衰弱动物、患病动物及妊娠后期动物暂不免疫接种。另外要结合流行病学调查制定出合理的免疫程序，并广泛进行宣传工作，取得饲养管理人员的支持与合作。

2. 接种时的注意事项

1）工作人员需穿着工作服及胶鞋，必要时戴口罩。事先须修短指甲，并经常保持手指清洁。手用消毒液消毒后方可接触接种器械。工作前后均应洗手消毒，工作中不应吸烟和饮食。

2）所用器械（如注射器、针头、镊子等），用毕后浸泡于消毒溶液内，时间至少 1h，洗净揩干分别包好保存。临用时煮沸消毒 15min，冷却后再在无菌条件下装配注射器，包以消毒纱布纳入消毒盒内待用。注射时每头家畜须调换一个针头，在针头不足的情况下，应每吸液一次调换一个针头。

3）生物制品的瓶塞上应固定一个消毒过的针头，上盖酒精棉花，吸液时必须充分振荡疫苗和菌苗，使其均匀混合。免疫血清则不应振荡（特别是静脉注射时），沉淀不应吸取，并须随吸随注射。

4）针筒排气溢出的药液，应吸于酒精棉花上，并将其收集于专用瓶内，用过的酒精棉花或碘酒棉花和吸入注射器内未用完的药液也注入专用瓶内，集中后烧毁。

5）生物制品的使用方法（如注射途径、次数、剂量等）应严格按说明书执行，不可随意更改。稀释后的疫苗在规定时间内用完，未用完的统一处理。

6）接种时应做好登记和统计工作。

　　7）进行免疫接种时的组织管理特别重要,组织管理可以决定全部措施的结果和成效。接种时的组织工作如下:①进行免疫接种时,应取得接种地区或农牧场领导的支持,并商请给以人力保证;②对饲养员、工人进行适当的兽医宣传,宣传内容包括有关接种工作的基本原理及其在防治动物传染病上的重要性、接种后动物的饲养管理条件等;③准备适当的场地和保定工具;④编定全部注射家畜的登记表册,并准备给动物编号的器具,以免错乱而造成重复注射。

3. 接种后的注意事项

　　（1）畜禽接种后的护理和观察　　经自动免疫的畜禽,由于接种疫苗后会发生暂时性的抵抗力降低现象,故应有较好的护理和管理条件,同时必须特别注意控制家畜的使役,以避免过度劳累而产生不良后果。此外,由于畜禽在接种疫苗后,有时会发生反应,故在接种以后,要进行详细的观察,观察期限一般为7~10d。如有反应,可根据情况给予适当的治疗（注射血清或对症治疗）。反应极为严重者,可予屠宰。将接种后的一切反应情况记载于专门的表册中。

　　（2）疫苗反应　　免疫接种过程中,多方面的原因,会引起动物体与生物制剂的相互作用,动物体会出现免疫反应。预防接种发生反应的原因是一个复杂的问题,是多方面的因素造成的。不良反应一般认为就是经预防接种后引起了持久的或不可逆的组织器官损害或功能障碍而致的后遗症。常见的疫苗反应有以下几种。

　　1）正常反应。是指制品本身的特性而引起的反应,其性质与反应强度随制品而异。某些制品有一定的毒性,接种后可以引起一定的局部或全身反应。有些制品是活菌苗或活疫苗,接种后实际上是一次轻度感染,也会发生某种局部反应或全身反应。随着免疫技术的发展、研究的进一步加强,改进疫（菌）苗质量和接种方法,可逐步改善和解决出现的正常反应。

　　2）严重反应。和正常反应在性质上没有区别,但程度较重或发生反应的动物数超过正常比例。引起严重反应的原因有以下几种:①某一批生物制品的质量较差;②使用方法不当,如接种剂量过大,接种技术不正确,接种途径错误;③个别动物对某种生物制品过敏。此类反应通过严格控制制品质量和遵守使用说明书可减少到最低限度,只有在个别特殊敏感动物中才会发生。

　　3）合并症。指与正常反应性质不同的反应。主要包括超敏感（血清病、过敏性休克、变态反应等）、扩散为全身感染（接种活疫苗后,防御机能不全或遭到破坏时可发生）和诱发潜伏感染（如鸡新城疫疫苗气雾免疫时可能诱发慢性呼吸道病等）。

　　4）偶发事故。生物制品中混有强毒或消毒不严,引起动物感染、死亡的现象。发现动物发生反应,特别是过敏反应可以用药物进行急救处理,如用肾上腺素、盐酸异丙嗪、苯海拉明等。若发生死亡事故,应查明原因,将详细情况记录上报,请有关部门配合解决。

4. 几种疫苗的联合使用

同一地区,同一畜禽品种,在同一季节往往可能有两种以上疫病流行。如果同时接种两种以上疫苗（使用多价制剂和联合免疫的方法）是否能达到预期的免疫效果?一般认为,当同时给动物接种两种以上疫苗时,这些疫苗可分别刺激机体产生多种抗体。一方面它们可能互不关联;另一方面可能彼此互相促进,有利于抗体产生,也可能互相抑制,使抗体的产生受到阻碍。同时还应考虑动物机体对疫苗刺激的反应有一定的限度。同时注入种类过多，机体不能忍受过多刺激时，不仅可能引起剧烈的注射反应，而且还可能减弱机体产生抗体的机能，从而减低预防接种的效果。

国内外经过大量实验研究，已试制成功多种多联疫苗：如猪瘟-猪丹毒-猪肺疫三联冻干疫苗，羊厌气菌五联菌苗（羊快疫、猝击、肠毒血症、羔羊痢疾和黑疫），鸡新城疫、鸡痘联合疫苗，鸡新城疫、传染性支气管炎联合疫苗，口蹄疫、钩端螺旋体病和布鲁氏菌病联合疫苗，牛传染性鼻气管炎、副流感、巴氏杆菌病联合疫苗，牛传染性鼻气管炎、病毒性腹泻联合疫苗，牛瘟、炭疽、立谷热联合疫苗等多种联合疫苗。

四、免疫接种用生物制品的保存、运送和用前检查

1. 兽医生物制品的保存　各种生物制品应保存在低温、阴暗及干燥的场所，死菌苗、致弱菌苗、类毒素、免疫血清等应保存在 2～15℃防止冻结；弱毒疫苗，如猪瘟兔化弱毒疫苗、鸡新城疫弱毒疫苗等，应置放在 0℃以下，冻结保存。

2. 兽医生物制品的运送　要求生物制品的包装完整，防止碰坏瓶子和散播活的弱毒病原体。运送途中避免日光直射和高温，并尽快送到保存地点或预防接种的场所。弱毒疫苗应放在装有冰块的疫苗箱内运送，以免其性能降低或丧失。

3. 兽医生物制品的用前检查　各种兽医生物制品在使用前，均需详细检查，如有下列情况之一者，不得使用：①没有瓶签或瓶签模糊不清，没有经过合格检查的；②过期失效的；③生物制品的质量与说明书不符者，如发生变色、沉淀有变化，制剂内有异物、发霉和有臭味的；④瓶塞不紧或玻璃破裂的；⑤没有按规定方法保存，加氢氧化铝的死菌苗经过冻结后，可引起被免疫动物产生的抗体效价水平降低。

经过检查，确实不能使用的生物制品，应立即废弃，不能与可用的生物制品混放在一起，决定废弃的弱毒生物制品应煮沸消毒或予以深埋。

五、影响疫苗免疫效果的因素

动物在接种疫苗后，免疫效果受多方面因素的影响，主要包括以下 7 方面。
1) 环境因素：体内的免疫功能受神经、体液和内分泌调节。
2) 疫苗的质量。
3) 免疫的剂量：弱毒苗接种后在体内有一个繁殖的过程。
4) 干扰作用：同时接种两种疫苗产生干扰现象。
5) 一种疫苗接种后产生干扰素影响另一种病毒的复制。
6) 两种病毒的受体相同或相似，产生竞争作用。
7) 应激因素高：如阉割。

六、免疫失败

在实际生产中，免疫程序不合理、免疫剂量不足、疫苗质量差、疫苗保存不当、野毒感染、种母畜持续感染带毒免疫耐受、其他疾病免疫干扰（HC、PRRS）、动物方面自身免疫抑制、营养缺乏性免疫抑制、毒物与毒素及药物的不当使用等原因常常导致畜禽免疫失败，使疫病发生和传播的现象非常普遍，现已成为困扰畜禽疫病防治工作的重要

问题之一。免疫失败的原因主要见于以下几个方面。

1. 疫苗因素

（1）假冒伪劣疫苗充斥市场　　当前制售未经国家批准的疫苗、贴假标签疫苗、质量不合格疫苗、自制疫苗等现象还比较严重，部分养殖户贪图便宜、省事，购买使用来路不明的疫苗，致使免疫效果无保障。

（2）疫苗保存和运输不当　　近年来，政府加大了畜禽疫苗的供应量，对畜禽的几种重大疫病的防控起到了一定作用，但由于疫苗在供应、防疫渠道中环节较多，冷链设施建设相对薄弱，疫苗在保存和运输过程中温度达不到要求，致使疫苗失效。

（3）疫苗使用不当　　免疫是一项对操作技术要求较高的工作，疫苗使用者责任心不强，文化水平较低，或免疫知识欠缺等原因，未严格按疫苗使用规范操作，致使免疫效果大打折扣。

（4）疫苗间相互干扰　　任何一种疫苗接种后机体都会产生干扰素，同时接种或几天内连续接种2种以上疫苗就会相互干扰，影响免疫效果。

2. 动物自身因素

（1）母源抗体干扰　　初乳与卵黄中的母源抗体能中和疫苗毒，首免时间选择较早时，会影响活苗的免疫效果。

（2）疾病原因　　发生免疫抑制病（如鸡传染性法氏囊病、马立克氏病、猪繁殖与呼吸综合征、猪肺炎支原体等），会影响所有疫苗的免疫效果。若大群畜禽正在发病、个体处于不健康状态或自身免疫系统不健全，体弱、多病、生长发育较差的动物注射疫苗后应答能力差，易发生不良反应；怀孕动物易发生早产、流产或影响胎儿发育等。动物在体格健壮、发育良好时，注射疫苗后产生免疫力较强。

（3）营养水平低下　　如氨基酸不平衡或必需氨基酸不足，维生素缺乏或不平衡，矿物质和微量元素缺乏或不平衡，必需微量元素如铁、锌、铜等缺乏均会导致免疫功能降低。

3. 环境因素

（1）环境污染严重　　畜禽舍内空气污浊，有害气体大量蓄积，常会刺激畜禽呼吸道、眼等黏膜系统，严重影响疫苗的局部黏膜免疫。外环境中的病原微生物过多，极易导致动物抵抗力下降，并引起接种感染。

（2）应激反应　　动物受到拥挤、寒冷、转群、运输、脱水、突然换料、噪音、惊吓等应激因素刺激时，血压升高，血液中肾上腺素增加，血浆中肾上腺皮质类固醇激素水平提高，胸腺、淋巴组织和法氏囊机能退化，此时接种疫苗，免疫器官对抗原刺激的应答能力下降。另外，动物机体为了抵抗不良应激，往往使防御机能处于一种疲劳状态，使疫苗不能产生有效免疫力。

（3）饲料发霉变质　　目前发现有十多种霉菌毒素，尤其是黄曲霉毒素，可抑制机体 IgG 和 IgA 的合成，使胸腺和法氏囊、脾脏萎缩，导致免疫抑制。饲料霉变现象在实际生产中是比较普遍的。

（4）化学元素　　如镉、铅、汞、砷等重金属，可增加机体对病毒和细菌的易感性，影响免疫效果。加漂白粉的自来水中，含有大量的氯离子，若用来稀释疫苗，会降低疫苗效果。

4. 血清型变异　如口蹄疫、禽流感、大肠埃希菌、猪繁殖与呼吸综合征等疫病，血清型在不断变异。使用疫苗的血清型若与当地或本场的流行毒（菌）株不一致，就起不到应有的免疫效果。

5. 药物作用　抗病毒类药物、消毒剂对疫苗毒有一定的杀灭作用。另外抗生素和活毒苗不能同时使用，它会改变疫苗稀释液的 pH 和渗透压，使病毒作用于细胞的靶位偏差，影响效果。抗生素（如氯霉素）、磺胺药、地塞米松、氨茶碱等对疫苗免疫均有影响。大剂量的链霉素抵制淋巴细胞的转化；新霉素对家禽传喉的免疫有明显的抑制；庆大霉素和卡那霉素对 T 细胞、B 细胞的转化有明显的抵制作用；饲料中如长期添加氨基糖苷类会削弱家禽免疫抗体的产生；土霉素气雾剂能影响新城疫疫苗抗体形成，并且 T 细胞是土霉素的靶细胞，应避免在饲料中长期添加土霉素。地塞米松可减少淋巴细胞的产生，使用剂量过大或长期使用会造成免疫抑制。

6. 免疫程序　免疫程序是畜禽整个生长过程中免疫成败的关键。免疫程序不合理致使免疫效果不理想的现象比较常见。

七、应对免疫失败的措施

1. 疫苗因素　选用经国家批准、信誉较好厂家的产品。严格按疫苗要求温度保存和冷链运输疫苗。有关行政执法部门应加大对假冒伪劣疫苗的查处力度。

2. 免疫操作　各级畜牧兽医业务部门应加强对动物防疫人员的业务技术培训，严格规范执行免疫操作程序。在疫苗的免疫过程中，以下环节需要特别关注。

（1）冻干苗　稀释疫苗常用生理盐水或蒸馏水，也可使用凉开水，水温不得超过20℃，不可使用含有氯消毒剂的自来水。不得使用金属器具。解冻、开启和稀释后的弱毒疫苗要立即使用，冬季在 2h 内、夏季在 30min 内用完，避免阳光直射、高温或开启后冻结再用。

（2）油乳剂灭活苗　用前充分摇匀，油乳剂苗出现分层时，下层水相层不能超过疫苗总量的 1/10。油乳剂苗用前从冰箱取出后应先预温（15～25℃），两种疫苗免疫要间隔 5～7d。

（3）免疫时间　最好在早晨或傍晚喂料前进行。免疫前后 48h 不可以使用抗病毒和抗菌药物，免疫前后 72h 内不可饮水消毒或带畜喷雾消毒。

（4）防止散毒　使用弱毒疫苗时，应避免外溢；未使用完的弱毒疫苗应做高温消毒或深埋处理。禁止使用化学药品消毒器械。使用一次性无菌塑料注射器时，要检查包装是否完好和是否在有效期内。家畜应一畜一针头，禽至少每 50 只更换一个针头。针头长短、粗细要适宜。免疫接种人员要做好自身消毒和个人防护。不同的动物采用相应的保定措施，便于免疫操作，以防免疫接种人员遭受伤害。

3. 接种动物　进行免疫接种的动物要求临床健康。幼龄和孕前期、孕后期不宜接种或暂缓接种疫苗。屠宰前 28d 内禁止注射油乳剂疫苗。可在免疫前后 3～5d 在饮水中添加速溶多维，或维生素 C、维生素 E 等以降低应激反应。免疫前后给动物提供营养丰富、均衡的优质饲料，以提高机体非特异免疫力。加强对免疫抑制病的防控，避免饲料霉变或加入有效的脱霉剂。

4. 接种疫苗后不良反应 免疫接种后，要观察免疫动物的饮食、精神等状况，并抽检体温。疫苗注射后出现短时间的精神不振或食欲减退等症状，属正常反应，一般可自行消退。若出现震颤、流涎、流产、瘙痒、皮肤丘疹，注射部位出现肿块、糜烂等综合症状，严重时可引起免疫动物急性死亡，需要及时救治。可采用抗休克、抗过敏、抗炎症、抗感染、强心补液、镇静解痉等急救措施，或用肾上腺素、地塞米松等药物脱敏抢救，对混合感染的病例用抗生素治疗。

5. 制定合理的免疫程序 免疫程序动态调整要考虑以下几方面的因素。

1）了解当地和购入地目前和曾经流行的疫病情况，并对受威胁畜禽加以预防。

2）首免日龄确定要慎重，幼畜禽免疫中枢不健全，应在监测母源抗体后制定免疫程序。

3）根据当地疫病发生情况选择疫苗的毒（菌）株血清型或亚型，合理安排活苗和灭活苗的使用时间，使用同一种疫苗其毒力应遵循先弱后强的原则。

八、常用畜禽参考免疫程序

1. 禽的免疫程序

（1）肉鸡的免疫程序 包括乌骨鸡、雉、鹌鹑、珍珠鸡。

1）1日龄：马立克氏病活疫苗（CVt988或HVT），皮下注射。

2）8～10日龄：新城疫（Ⅳ系或克隆30）、鸡传染性支气管炎（H120）二联弱毒疫苗，滴眼鼻或气雾免疫；新城疫-禽流感（H9）二联灭活疫苗颈部皮下注射0.3mL。

3）13～15日龄：鸡传染性法氏囊病弱毒疫苗，饮水（2倍量）。

4）20～21日龄：新城疫（Ⅳ系或克隆30）弱毒疫苗，滴鼻眼。

5）28～30日龄：鸡传染性支气管炎（Hs2）弱毒疫苗、传染性囊病弱毒疫苗，饮水（2倍量）。

（2）蛋鸡的免疫程序

1）1日龄：马立克氏病双价苗颈部皮下注射0.2mL。

2）7日龄：预防新城疫，用Ⅳ系苗1羽份滴鼻点眼。

3）10日龄：预防鸡传染性支气管炎，用鸡传染性支气管炎（H120）1羽份滴口、滴鼻。

4）14日龄：预防法氏囊炎，用中毒株疫苗饮水。

5）18日龄：预防鸡传染性支气管炎，用呼吸型、肾型、腺胃型鸡传染性支气管炎油乳剂灭活苗0.3mL，肌肉注射。

6）22日龄：预防法氏囊炎，用中毒株法氏囊炎疫苗2倍量饮水。

7）27日龄：新城疫活苗2羽份饮水，新城疫油乳剂苗0.2mL肌肉注射。鸡痘苗于翅膀下穿刺接种。

8）50日龄：鸡传染性喉气管炎活疫苗滴鼻、滴口、滴眼。

9）60日龄：新城疫-传染性支气管炎油乳剂灭活苗（小二联）0.5mL，肌肉注射。

10）90日龄：鸡大肠埃希菌灭活苗1mL肌肉注射。

11）120日龄：新城疫-鸡传染性支气管炎-减蛋综合征油乳剂灭活苗（大三联）0.5mL，肌肉注射。

2．猪的免疫程序

（1）生长育肥猪的免疫程序

1）1 日龄：猪瘟常发于猪场，猪瘟弱毒苗超前免疫，即仔猪生后在未采食初乳前，先肌肉注射 1 头份猪瘟弱毒苗，隔 1～2h 后再让仔猪吃初乳。

2）3 日龄：鼻内接种猪伪狂犬病弱毒疫苗。

3）7～15 日龄：肌肉注射猪气喘病灭活菌苗、猪蓝耳病弱毒苗。

4）20 日龄：肌肉注射猪瘟-猪丹毒二联苗（或猪瘟-猪肺疫-猪丹毒三联苗）。

5）25～30 日龄：肌肉注射猪伪狂犬病弱毒疫苗。

6）30 日龄：肌肉或皮下注射猪传染性萎缩性鼻炎疫苗。

7）30 日龄：肌肉注射仔猪水肿病菌苗。

8）35～40 日龄：仔猪副伤寒菌苗，口服或肌肉注射（在疫区首免后，隔 3～4 周再二免）。

9）60 日龄：猪瘟-猪肺疫-猪丹毒三联苗，2 倍量肌肉注射。

10）生长育肥期肌肉注射两次猪口蹄疫疫苗。

（2）后备公、母猪的免疫程序

1）配种前 1 个月：肌肉注射猪细小病毒病疫苗、猪乙型脑炎疫苗。

2）配种前 20～30 天：肌肉注射猪瘟-猪丹毒二联苗（或猪瘟-猪肺疫-猪丹毒三联苗）。

3）配种前 1 个月：肌肉注射猪伪狂犬病弱毒苗、猪口蹄疫灭活菌、猪蓝耳病弱毒苗。

（3）经产母猪的免疫程序

1）空怀期：肌肉注射猪瘟-猪丹毒二联苗（或猪瘟-猪肺疫-猪丹毒三联苗），4 倍量肌肉注射。

2）初产猪：肌肉注射 1 次猪细小病毒病灭活苗，以后可不注。

3）头三年（被选择为种用母猪初次怀孕向后延续三年）：每年 3～4 月肌肉注射 1 次猪乙型脑炎疫苗，3 年后可不注。每年肌肉注射 3～4 次猪伪狂犬病弱毒疫苗。

4）产前 45 天、前 15 天：分别注射 K88、K99、987p 大肠杆菌腹泻菌苗。

5）产前 45 天：肌肉注射猪传染性胃肠炎-猪流行性腹泻-猪轮状病毒三联疫苗。

6）产前 35 天：皮下注射猪传染性萎缩性鼻炎灭活苗。

7）产前 30 天：肌肉注射仔猪红痢疫苗。

8）产前 25 天：肌肉注射猪传染性胃肠炎-猪流行性腹泻-猪轮状病毒三联疫苗。

9）产前 16 天：肌肉注射仔猪经痢疫苗。

（4）配种公猪的免疫程序

1）每年春、秋：各注射 1 次猪瘟-猪丹毒二联苗（或猪瘟-猪肺疫-猪丹毒三联苗）。

2）每年 3～4 月：肌肉注射 1 次猪乙型脑炎疫苗。

3）每年：肌肉注射 2 次猪气喘病灭活菌苗。

4）每年：肌肉注射 3～4 次猪伪狂犬病弱毒疫苗。

3．奶牛的免疫程序

（1）90 日龄犊牛　　每头注射 O 型-亚洲 I 型口蹄疫疫苗 0.5 头份；间隔 1 个月再注射 O 型-亚洲 I 型口蹄疫疫苗 1 头份强化免疫，以后每隔 4～6 个月免疫 1 次，配种前 1 个月再注射 1 次；经产奶牛在配种前 1 个月和配种后第 5～6 个月时各注射 1 次，每次每头注射 1 头份。每隔 4～6 个月免疫 1 次。

（2）80～90 日龄犊牛　用口蹄疫 A 型灭活疫苗 0.5 头份首免，间隔 1 个月进行 1 次强化免疫，以后每隔 4 个月进行常规免疫。

（3）春秋两季　用产气荚膜梭菌病多价浓缩苗（猝死症疫苗）于春秋两季各注 1 次，成牛 2mL，犊牛 1.5mL，皮下注射。

（4）分娩前 2 个月　皮下注射乳房炎疫苗 5mL，15d 后再注射 5mL，每年补强免疫。

4. 羊的免疫程序

（1）春秋两季　成年羊每年春、秋各皮下/肌肉注射 5mL 羊五联苗（羊快疫、痢疾、猝疽、黑疫、肠毒血症）1 次。

（2）每年 2～3 月　不论羊只大小，一律皮下注射 0.5mL 山羊痘弱毒疫苗或羊痘鸡胚化弱毒疫苗 1 次，6～10d 产生免疫力，免疫期为 1 年。

（3）每年　口腔黏膜内注射 0.2mL 羊口疮弱毒细胞冻干苗 1 次。

（4）3～4 月、9～10 月　按说明书各免疫羊链球菌氢氧化铝菌苗 1 次，免疫期 6 个月。

（5）怀孕母羊产前 1 个月　后臀部肌肉注射破伤风类毒素，1 个月产生免疫力，免疫期为 1 年。

（6）每年 2 月下旬至 3 月上旬　成羊或羔羊都按说明注射或成羊增加 0.2 倍量羊三联四防疫苗（或五联苗），10～14d 产生免疫力，免疫期为 6 个月。

（7）怀孕母羊产前 20～30d　按说明书免疫，首次免疫后间隔 10～14d 再免疫 1 次，10～14d 产生抗体，羔羊获得母羊抗体。

第三节　病料的采集、包装、保存与寄送

为了查明病因，做出正确诊断，需在检查或剖检的同时选取合适组织，送实验室或相关检验部门进行详细检查。正确的病料采集、保存、记录、包装和运送方法，是准确诊断的基本保障。

一、病料采集

1. 解剖前检查　凡发现患畜（包括马、牛、羊及猪等）急性死亡，未解剖之前，必须用显微镜检查其末梢血液抹片中是否有炭疽杆菌存在。如怀疑是炭疽时，则不可随意解剖检查。只有在排除炭疽后，方可进行剖检。解剖时，采取病变脏器或组织送往实验室，以便查明其病因。

2. 取材时间　内脏病料的采取，须于患畜死后立即进行，最好不超过 6h，时间过长，细菌由肠内侵入其他组织，致使尸体出现死后变化（如腐败等），有碍于病原菌的检出。

3. 严格消毒　病料采集使用的刀、剪、镊等用具可煮沸消毒 30min，使用前，最好用乙醇擦拭，并在火焰上烧一下。器皿（玻璃制、陶制及珐琅制等）在高压蒸汽灭菌器内或干烤箱内灭菌，或放于 0.5%～1% 的碳酸氢钠溶液中煮沸；软木塞和橡皮塞置于 0.5% 苯酚溶液中煮沸 10min；载玻片应在 1%～2% 的碳酸氢钠水中煮沸 10～15min，水

洗后，再用清洁纱布擦干，将其保存于乙醇中备用。注射器和针头放于清洁水中煮沸30min即可。

采取一种病料，使用一套器械与容器，不可用其再采其他病料或容纳其他脏器材料。

4. 各种脏器及组织材料的采取　　应根据传染病的不同，采取相应脏器或内容物作为病料。在无法估计是哪种传染病时，可进行全面采取。为避免污染杂菌，检查病变应待取材完毕后再进行。

（1）脓汁　　用灭菌注射器或吸管抽取或吸出脓肿深部的脓汁，置于灭菌试管中。若为开口的化脓灶或鼻腔时，则用无菌棉签浸蘸后，放在灭菌试管中。

（2）淋巴结及内脏　　采取 1～2cm³ 小方块的淋巴结、肺、肝、脾及肾等病变部位，分别置于灭菌试管或平皿中。若为病理组织切片的材料，应将典型病变部分及相连的健康组织一并切取，组织块的大小约为边长 2cm 左右的正方体，同时要避免使用金属容器，尤其是当病料供色素检查时（如马传贫、马脑炎及焦虫病等），更应注意。

（3）血液

1）血清：无菌操作吸取血液 10mL，置于灭菌试管中，待血液凝固（1～2d）析出血清后，吸出血清置于另一灭菌试管内，如供血清学反应时，可于每毫升血清中加入 5%苯酚水溶液 1～2 滴。

2）全血：采取 10mL 牛血，立即注入盛有 5%柠檬酸钠 1mL 的灭菌试管中，试管来回颠倒几次后即可。

3）心血：心血通常在右心房处采取，先用烧红的刀片或铁片烙烫心肌表面，然后用灭菌的尖刃外科刀自烙烫处刺一小孔，再用灭菌吸管或注射器吸出血液，盛于灭菌试管中。

（4）乳汁　　乳房先用消毒剂洗净（取乳者的手亦应事先消毒），并把乳房附近的毛刷湿，最初所挤的 3～4 股乳汁弃去，然后再采集 10mL 左右乳汁于灭菌试管中。若仅供显微镜直接染色检查，则可于其中加入 0.5%的福尔马林溶液。

（5）胆汁　　先用烧红的刀片或铁片烙烫胆囊表面，再用灭菌吸管或注射器刺入胆囊内吸取胆汁，盛于灭菌试管中。

（6）肠　　用烧红的刀片或铁片将欲采取的肠表面烙烫后穿一小孔，持灭菌棉签插入肠内，以便采取肠管黏膜或其内容物，亦可用线扎紧一段肠道（约 6cm）两端，然后将两端切断，置于灭菌器皿内。

（7）皮肤　　取大小 10cm×10cm 的皮肤一块，保存于 30%甘油缓冲溶液或 10%饱和食盐水溶液或 10%福尔马林溶液中。

（8）胎儿　　将流产后的整个胎儿，用塑料薄膜、油布或数层不透水的油纸包紧，装入木箱内，立即送往实验室。

（9）小家畜及家禽　　将整个尸体包入不透水的塑料薄膜、油纸或油布中，装入木箱内，送往实验室。

（10）骨头　　需要完整的骨头标本时，应将附着的肌肉和韧带等全部除去，表面撒上食盐，然后包于浸过 5%苯酚水或 0.1%升汞液的纱布或麻布中，装于木箱内送到实验室。

（11）脑、脊髓　　　如采取脑、脊髓做病毒检查，可将脑、脊髓浸入 50%甘油盐溶液中或将整个头部割下。包于浸过 0.1%升汞液的纱布或油布中，装入木箱或铁桶中送检。

（12）供显微镜检查用的脓、血液及黏液抹片　　　先将材料置玻片上，再用一灭菌玻璃棒均匀涂抹或另用一玻片抹匀。组织块、致密结节及脓汁等亦可压在两张玻片中间，然后沿水平面向两端推移。用组织块做触片时，持小镊将组织块的游离面在玻片上轻轻涂抹即可。

做成的抹片、触片包扎，玻片上应注明号码，并另附说明。

二、病料保存

欲使实验诊断得出正确结果，除采取适当的病料外，尚需使病料保持在新鲜或接近新鲜状态，以免病料送达实验室时已失去原来状态而影响工作。必须熟悉各种保存药剂的性状、用途及配制方法，才能较好地保存检验材料。

1.常用的保存剂

（1）病理组织材料　　　常用 10%福尔马林溶液，亦可用 95%～100%乙醇等，上述任何一种保存液的用量均需标本体积的 10 倍。如用 10%福尔马林溶液固定组织时，经 24h 应重换新鲜液一次。

神经系统组织（脑、脊髓等），需固定于 10%中性福尔马林溶液内。

在寒冷季节，为了避免病料冻结，在运送前，可将预先用福尔马林固定过的病料置于含有 30%～50%甘油的 10%福尔马林溶液中。

（2）细菌检验材料　　　一般用灭菌的液体石蜡、30%甘油缓冲盐水或饱和氯化钠溶液。供细菌检验的液体，可用封闭的巴斯德毛细玻璃管或试管运送。寄送肠道时，先清除肠内粪团，用灭菌盐水清洗后，置于盛有上述保存剂的试管中即可。生前由直肠中采取的粪便，可移入灭菌容器中寄送。

（3）病毒检验材料　　　一般用灭菌的 50%甘油缓冲盐水或鸡蛋生理盐水溶液。

（4）血清学检验材料　　　固体材料（如小块肠、耳、脾、肝、肾及皮肤等）可用硼酸或食盐处理，液体材料（如血清等）可在每毫升中加 3%～5%苯酚溶液 1～2 滴。

2.几种保存剂的配制方法

（1）30%甘油缓冲盐水溶液

中性甘油	30mL
氯化钠	0.5g
碱性磷酸钠	1.0g
0.02%酚红	1.5mL
中性蒸馏水加至	100mL

混合后，在高压蒸汽灭菌器中灭菌 30min。

（2）50%甘油缓冲盐水溶液

中性甘油	150mL
氯化钠	2.5g

酸性磷酸钠	0.46g
碱性磷酸钠	10.74g
中性蒸馏水	50mL

混合分装后，在高压蒸汽灭菌器内灭菌 30min。

（3）10%福尔马林溶液　　取福尔马林 10mL 加入蒸馏水 90mL 即成。

（4）饱和氯化钠溶液　　取一定量的蒸馏水加入氯化钠，不断搅拌至不能溶解为止（一般为 38%～39%），然后用滤纸过滤。

（5）鸡蛋生理盐水溶液　　先将新鲜鸡蛋的表面用碘酒消毒，然后打开鸡蛋将内容物倾入灭菌的锥形瓶中，加灭菌盐水（占总量的 10%），摇匀后，用无菌纱布过滤，然后加热至 56～58℃，保持 30min，第二天及第三天按上法再加热一次，即可应用。

三、病料的记录、包装和运送方法

1. 病料送检单　　病料送往检验室时，应附病料送检单，一式三份，一份存根，两份寄往检验室，待检查完毕后，退回一份。不同单位送检单格式稍有不同，但均应包含以下基本信息：送检单位信息、病畜基本信息（病畜种类、发病时间、死亡时间、取材时间等）、主要变化（疫病流行情况、主要临床症状、主要剖检变化等）、主要检查（做过何种治疗、微生物学检查、血清学检查、病理组织学检查等）、送检目的、送检方式及检验结果等。

2. 病料的包装和运送

1）液体病料（如黏液、渗出物、尿及胆汁等）最好收集在灭菌的细玻璃管中，管口用火焰封闭，封闭时，注意勿使管内病料受热。

将封闭的玻璃管用废纸或棉花包裹，装入较大的试管中，再装在木盒中运送。用棉签蘸取的鼻液及脓汁等物，可置于灭菌试管内，剪取多余的签柄，严密加塞，用蜡密封管口，再装在木盒内寄送。

2）装盛组织或脏器的玻璃制容器，包装时力求细致而结实，最好用双重容器。将盛材料的器皿加塞用蜡封口后，置于内容器中，内容器中可衬垫缓冲物（如废纸）。

当气候温暖时，须加冰块，但需避免病料标本直接与冰块接触，以免冻结。将内容器置于外容器中，外容器内应置以废纸、木屑及石灰粉等，再将外容器密封好。内、外容器中所加废纸等物的量，以盛病料的容器万一破碎时，能完全吸收其液体的量为准。

外容器上需注明上下方向，最好以箭头注明，并写明"病理材料""小心玻璃"等标记。也可用广口热水瓶装盛病料寄送。最好在保温瓶内放一些氯化铵，冰块置于氯化铵之上。如此可使冰块维持 48h 而不融化。如无冰块，可在保温瓶内放入氯化铵 450～500g，加水 1500mL，也可使保温瓶内温度保持在 0℃达 24h。

当怀疑为危险传染病（炭疽、口蹄疫等）的病料时，应将盛病料的器皿置于金属匣内，将匣焊封加印后装入木匣寄送。

3）病料装于容器内至到达检验部门的时间，应越短越好。运送途中，须避免病料接触高温及日光，以免材料腐败或病原体死亡。

第四节　传染病病畜尸体的处理

传染病病畜尸体是一种特殊的传播媒介，因此要对其进行及时、正确地处理，以防治传染病和维护公共卫生。

尸体的处理方法有多种，各具优缺点，在实际工作中应根据具体情况和条件加以选择。

一、尸体的运送

尸体运送前，所有参加人员均应穿戴工作服、口罩、风镜、胶鞋及手套。运送尸体应用特制的运尸车（此车内壁衬钉有铁皮，可以防止漏水）运送。装车前应将尸体各天然孔用蘸有消毒剂的湿纱布、棉花严密填塞，以免流出粪便、分泌物、血液等污染周围环境。在尸体躺过的地方应铲去表层土，连同尸体一起运走，并以消毒剂喷洒消毒。运送过尸体的用具、车辆应严加消毒，工作人员被污染的手套、衣物、胶鞋等亦应进行消毒。

二、处理尸体的方法

1. 掩埋法　　此法操作简单易行，在实际工作中较常应用。在进行尸体掩埋时，分为下面几个步骤。

（1）墓地的选择　　选择远离住宅、农牧场、水源、草原及道路的僻静地方；土质宜干而多孔（砂土最好），这可加快尸体腐败分解；地势高，地下水位低，并避开山洪的冲刷；墓地应筑有 2m 高的围墙，墙内挖一个 4m 深的围沟，设有大门，平时落锁。

（2）挖坑　　坑长度和宽度能容纳侧卧尸体即可，从坑沿到尸体表面为 1.5~2m。

（3）掩埋　　坑底铺以 2~5cm 厚的石灰，将尸体放入，使其侧卧，并将污染的土层、捆尸体的绳索一起抛入坑内，然后再铺 2~5cm 厚的石灰，填土夯实。也可先在坑内放一层 0.5m 厚的蒿草（干树枝、木柴或木屑等亦可），将其点燃，趁火旺时抛入尸体，待火熄灭时，填土夯实。

2. 焚烧法　　焚烧法是处理尸体最彻底的方法，但由于耗费较大不常应用。焚烧应在焚尸坑或焚尸炉中进行。焚尸坑有以下几种。

（1）十字坑　　按十字形挖两条沟，沟长 2.6m、宽 0.6m、深 0.5m。在两沟交叉处坑底堆放干草和木柴，沟沿横向架数条粗湿木棍，将尸体放在架上，在尸体的周围及上面再放上木柴，然后在木柴上倒以煤油，并压以砖瓦或铁皮，从下面点火，直到把尸体烧成黑炭为止，并把它掩埋在坑内。

（2）单坑　　挖一长 2.5m、宽 1.5m、深 0.7m 的坑，将取出的土堵在坑沿外两侧。坑内用木柴架满，坑沿横向架数条粗湿木棍，将尸体放在架上，以后处理如上法。

（3）双层坑　　先挖一长、宽各 2m，深 0.75m 的大沟，在沟的底部再挖一长 2m、宽 1m、深 0.75m 的小沟，在小沟沟底铺以干草和木柴，两端各留出 18~20cm 的空隙，以便吸入空气，在小沟沟沿横向架数条粗湿木棍，将尸体放在架上，以后处理如上法。

3. 化制法　　尸体的化制法是处理尸体较好的一种方法，因它不仅对尸体做到无害处理，而且保留了许多有价值的畜产品，如工业用油脂及骨、肉粉，但进行尸体化制时要求有一定设备条件，所以未能普遍应用。

尸体化制应在化制厂进行。修建化制厂的原则和要求是：所出产品保证无病原菌；化制厂人员在工作中没有传染危险；化制厂不致成为周围地区发生传染病的源泉，对尸体做到最合理的加工利用，化制厂应建筑在远离住宅、农牧场、水源、草原及道路的僻静地方，生产车间应为不透水的地面（水泥地或水磨石地最好）和墙壁（可在普通墙壁上涂以油漆），这样便于洗刷消毒。生产中的污水应进行无害处理，排水管应避免漏水。

化制尸体时，对烈性传染病，如鼻疽、炭疽、气肿疽、绵羊快疫等病畜尸体可用高压蒸汽灭菌，对于普通传染病可先切成4～5kg的肉块，然后在锅中煮沸2～3h。

在小城市及农牧区可建立设备简单的废物利用场，处理普通病畜尸体，应尽量做到合乎兽医卫生和公共卫生的要求。

4. 发酵法　　尸体的发酵处理就是将尸体抛入专门的尸体坑内，利用生物热的方法将尸体发酵分解达到消毒的目的。这种专门的尸坑是贝卡里氏设计出来的，所以叫作贝卡里氏坑。这种方法最初用于城市垃圾处理使垃圾转变为混合肥料，后来也用以处理尸体。

建筑贝卡里氏坑应选择远离住宅、农牧场、草原、水源及道路的僻静地方。尸坑为圆井形，坑深9～10m，直径3m，坑壁及坑底用不透水材料做成（可用水泥或涂以防腐油的木料）。坑口高出地面约30cm，坑口有盖，盖上有小的活门，平时落锁，坑内有通气管。如果条件许可，坑上修一小屋更好。坑内尸体可以堆到距坑口1.5m处，经3～5个月后，尸体完全腐败分解，此时可以挖出作肥料。

如果土质干硬，地下水位又低，加之条件限制，可以不用任何材料，直接按上述尺寸挖一深坑即可，然而需在距坑口1m处用砖或石头向上砌一层坑缘，上盖木盖，坑口应高出地面30cm，以免雨水流入。

第四章　兽医寄生虫学实验基本操作

第一节　常用寄生虫学检查法

很多寄生虫病（如蠕虫病包括吸虫病、线虫病、绦虫病和棘头虫病四大类）的临床表现缺少特异性，仅依靠临床症状很难对家畜蠕虫病做出准确的诊断，因此蠕虫病的检查很大程度上依赖于实验室检查。

根据不同蠕虫的生活史及其寄生生活特征，实验室检查方法也各有不同。例如，大多数寄生性蠕虫的虫卵、幼虫或节片能随宿主粪便排出体外，所以通过粪便检查可以确定是否感染寄生虫和感染寄生虫的种类及感染强度，做出生前诊断。而原虫是单细胞动物，常用的实验室检查方法为涂片染色镜检法。常用的寄生虫学检查法有以下几种。

一、粪便检查法

1. 直接涂片法　　是一种最为广泛应用的粪便检查法，可用于各种蠕虫卵的检查。

基本操作：取一清洁的载玻片，在载玻片中央滴 1～2 滴水或 50%的甘油水溶液（加入甘油可使标本清晰，防止水滴过快蒸发变干），用火柴棒取少许粪便与水滴混匀，并去除粗渣，使涂片的厚薄能隐约可见下面纸上的字迹为宜，然后加上盖玻片，置于显微镜下检查。此法可发现各种蠕虫卵和幼虫，但检出率较低，因此只能作为辅助的检查方法，每次须检查 8～10 张涂片。

此法简便、易行、快速，适合于虫卵量大的粪便检查，但对虫卵含量低的粪便检出率不高。

2. 费勒鹏氏法　　又称为饱和食盐水漂浮法，其原理是密度高于虫卵的饱和溶液，使粪便中的虫卵与粪渣分离而浮集于溶液表面，形成一层虫卵液膜，然后用盖玻片蘸取液膜，进行镜检。

基本操作：在 1000mL 沸水中加入 380g 食盐，或逐渐加入食盐到析出结晶为止，然后将溶液用纱布过滤后备用。此溶液即为饱和食盐水，其相对密度应为 1.180。取 5～10g 粪便于杯中，加少许饱和食盐水，用镊子或玻璃棒将粪便搅碎，再加 10～20 倍的饱和食盐水混匀，用粪筛或纱布过滤于杯中，静置 0.5～1h，用直径 0.5～1cm 的铁丝圈触及液面，就会有一层含蠕虫卵的薄膜积于铁丝圈中，将此薄膜触于载玻片上，取不同部位的几处薄膜于载玻片上，加盖玻片后即可镜检。

为了提高费勒鹏氏法的效果，可用硫代硫酸钠、硝酸钠、硫酸镁、硫酸锌和糖饱和溶液来代替饱和食盐水，操作方法相同。但须注意溶液的相对密度加大，漂浮到液面的杂质更多，虫卵浮起的速度减慢。饱和食盐水应保存于不低于 13℃ 的条件下，才能保持溶液较高的相对密度。

费勒鹏氏法操作简便而且效果良好，在兽医工作中广泛应用。通常用于诊断各种动物的蛔虫病、圆线虫病、圆叶目绦虫病及其他蠕虫病。

3. 沉淀法　又称为彻底洗净法，其原理是虫卵的相对密度略重于水，粪便中的虫卵可在水中自然沉淀于容器底部，收集之后可进行检查。

基本操作：取 5g 粪便于杯中，加少量水，用镊子或玻璃棒搅碎，再加 10 倍清水，混匀，用粪筛或纱布过滤于另一杯中，静置 20min 左右，倒去上层液体，再加清水，混匀，如此反复多次，直至上层液体透明为止，然后弃去其上层液体，吸取沉淀涂片，加上盖玻片检查。

此法可用离心机来加速沉淀，以节省时间。

4. 尼龙筛淘洗法　取 5～10g 粪便于杯中，加少量水，用镊子或玻璃棒搅碎，再次加水至杯口，注意不要溢出，后混匀，用上层为 40～80 孔/寸的铜筛、下层为 260 孔/寸的尼龙筛进行过滤，然后取出铜筛，将尼龙筛依次浸在两只盛水的杯或盆内，用光滑圆头的玻璃棒反复搅拌筛内粪渣，直至粪便中的有色杂质干净为止，最后用清水洗筛壁四周与玻璃棒，使粪渣集中于筛底，用吸管吸取粪便渣，涂片后加盖玻片镜检。

此法操作迅速简便，检出率高，适用于较大虫卵的检查，如肝片吸虫卵。

5. 虫卵计数法　虫卵计数法主要是用于了解畜禽感染寄生虫的强度及判定驱虫的效果。方法有多种，常用方法有麦克马斯特氏法和简易计数法。

（1）麦克马斯特氏法　麦克马斯特氏法主要用麦氏计数板进行计数，计数板由两片特制的载玻片组成，其中一片较窄，在其上有两个 1cm×1cm 的正方形刻度区，每个正方形刻度区又被平分为 6 个长方格。两个载玻片之间垫有几个厚度为 1.5mm 的玻璃条，以树脂胶黏合。这样就形成了两个计数室，每个计数室的容积为 0.15mL（0.15cm³）。

基本操作：准确称取 2g 粪便，先加入 2mL 饱和食盐水，用镊子或玻璃棒搅碎，再加入 58mL 饱和食盐水，充分混匀。用铜筛过滤至杯中后用吸管迅速在滤液中部吸液布于麦氏计数板中，静置 2min 后低倍镜检。将计数板中的虫卵数全部数完，两个计数室的结果取平均值，再将得数乘以 200，即为每克粪便中的虫卵数（克粪便虫卵数：EPG）。

（2）简易计数法　基本操作：取 1g 粪便于杯中，加少量饱和食盐水，用镊子或玻璃棒搅碎，加约 1 离心管（试管）的饱和食盐水，混匀，用粪筛或纱布过滤，将滤液倒入离心管中，用滴管加盐水至管口，覆以盖玻片，经 30min，取下盖玻片放于载玻片上镜检，分别计数各种虫卵，至少检查三片，其总和即为 1g 粪便的虫卵数（EPG）。

此法适用于线虫卵、绦虫卵和球虫卵囊的计数。也可用此来推算某种寄生虫的感染强度和检查驱虫的效果。

6. 测微尺的使用　在显微镜下测量虫卵、幼虫和虫体的长度，经常使用目镜测微尺，目镜测微尺上刻有 50 或 100 个的小格，但小格上无单位，在测量虫卵、幼虫和虫体前，须先用物镜测微尺来确定目镜测微尺每一小格的单位。物镜测微尺上刻有长度为 1mm 被分为 100 等分的小格，每一小格为 0.01mm（10μm）。确定目镜测微尺每小格单位时，先将目镜测微尺装入目镜内，将有刻度线的一面朝下放置，再将物镜测微尺放在载物台上，进行观察，使两个测微尺左边的划线相重合，然后向右边观察，直到最远的两划线重合处，此时检查目镜测微尺上的小格等于物镜测微尺上的多少小格，求出目镜测微尺每小格的单位。例如，目镜测微尺 25 小格等于物镜测微尺 40 小格，则目镜测微尺每小格＝40×0.01÷25＝0.016mm。物镜转换，视野中的物镜测微尺刻度随之发生变化，因此，同一台显微镜，必须用物镜测微尺标定出目镜测微尺不同放大倍率下的每小格单位，这样正式测量时，只使用目镜测微尺即可进行测量。

7．贝尔曼氏法　　　主要用于诊断反刍兽的肺线虫病。其原理是多数线虫幼虫受重力作用不能移动，在一个没有表面张力的水体内会逐渐下沉。该方法还可用于分离和浓集粪便、组织碎片和土壤样品中的线虫幼虫。

基本操作：从动物直肠中采粪便 15～20g，放在直径 10～15cm 漏斗里的金属筛或纱布上，漏斗下端套以 10～15cm 的橡皮管，用金属夹夹住橡皮管，并放置在漏斗架上，然后加 37～40℃的温水于漏斗中，直到淹没粪便为止，静置 1h 或更久，幼虫从粪便中游出，沉于管底，开动夹子放出底部的液体于离心管中，离心 1min，用吸管吸去上层液体，再吸取沉淀物于载玻片上镜检。无离心机时，在管中静置 20～30min 亦可。

为了简化上述方法，可在橡皮管的游离端装一短小的试管，除去止水夹装置，直接取小试管底部的沉淀镜检即可。

8．线虫幼虫培养法　　　因为各种圆线虫的虫卵在形态和构造上很相似，难以鉴别，所以需要在外界一定温度和湿度条件下将虫卵培养至第三期幼虫，然后根据幼虫的形态特征进行种类鉴定，从而达到确诊或进行科学研究的目的。此法主要用于诊断圆线虫病。

基本操作：将供检查的新鲜粪便放入平皿中捣碎，加少量水拌湿混匀，于平皿中央将粪便堆成半球状，使球顶略高于平皿，然后加盖使其接触粪便，把平皿放入 25～30℃的恒温培养箱或相应温度的地方培养，每天观察粪便是何状态，并注意经常加少量水，以保持一定的湿度。经 7～10d 后就可孵出第三期幼虫，幼虫多聚集在平皿上的蒸气水滴或粪球四周的水中，用吸管吸取水滴在显微镜下检查，或用贝尔曼氏法处理更佳。

二、原虫检查方法

原虫个体微小，多寄生于血细胞中，制作良好的血涂片是正确诊断血液原虫病的基础。因此须用清洁，表面无油脂、酸、碱等物质的玻片，而且玻片表面要平滑，无划纹，边缘要平整无缺。

1．采血与血涂片　　　通常采取耳静脉血，在采血部位用 70%酒精棉球消毒，再以干棉花擦干或自然干燥，用消毒针刺出的第一滴血液中虫体最多，用盖玻片或载玻片一端蘸取血液，放在另一张载玻片距一端约半寸的地方，使血液均匀散布在该载玻片接触处，然后以 30°～45°角平衡地向另一端推，使血液形成一层薄的血膜，将血片放置晾干。

2．固定与染色　　　做好的血片最好立即固定、染色，以使标本着色好。血片最好用吉姆萨（Giemsa）染色，也可用瑞氏（Wright's）染色，这里仅介绍吉姆萨染色法。

原液的配制：吉姆萨染色粉 0.5g，中性甘油 33.0mL，甲醇 33.0mL。

先将吉姆萨染色粉放入研钵内，加入少许甘油研磨，边加边磨直至溶解，倒入瓶内置于 55～60℃水浴锅约 2h，使其充分溶解，再加甲醇混合均匀，24h 后，过滤于暗色瓶中保存。

染色法：血片先用甲醇固定 3～5min，用中性蒸馏水冲洗，浸于中性蒸馏水：原液为 10∶1 的新鲜配制的稀释液中染色半小时或更久。为了阻止沉淀物附着于血膜上，可将血片直立染色。用蒸馏水冲洗，待干后用油镜检查，染好的标本，肉眼观察时呈蓝色，透光观察时呈淡红色，在显微镜下时，红细胞为玫瑰色，淋巴细胞呈蓝色。无中性蒸馏水时可用 pH 7.0 的磷酸盐缓冲液代替，其配制方法如下：称取磷酸二氢钾 4.752g，磷酸二氢钠 5.447g，于研钵内研细，装入洁净瓶内密封，使用时称取 1g 粉末于 2000mL 的新鲜蒸馏水中溶解即成。

三、绦虫检查法

绦虫检查时，可用虫卵镜检法，并可检查绦虫的中间宿主——地螨。

1. 绦虫节片检查法　诊断绦虫病，一般用虫卵镜检法，但亦常用节片检查法，用肉眼即可看到家畜粪便中较大的节片，较小的节片可用以下方法检查。

基本操作：将粪便置于搪瓷盘中，加水捣碎，反复加水洗数次，然后将沉淀倒入黑色容器（或黑布）中，使粪便呈一薄层，用肉眼观察检查。

检查羔羊群的莫尼茨绦虫病时，应于清晨在羊圈内检查新鲜粪便，会在粪便中发现大量圆柱形、黄白色、长达 1cm 左右、厚 2～3mm 的节片。压片于显微镜下可发现大量的虫卵，即可确定羔羊群中有莫尼茨绦虫病的存在，这种方法在生产实践中很适用。

2. 地螨收集法　采集地螨以早晨日出前为佳。剪牧草时注意不要脚踏牧草，自草根贴地处剪草样，直至剪完样本范围内的牧草为止，装在塑料袋或其他容器带回。分离地螨可采用振荡法。

基本操作：分离之前最好先晾干牧草，地螨易于分离。取少量牧草于筛内，筛下放一张白纸，用木棒或手搅动牧草 1～3min，地螨因受振动呈假死状态，从牧草上落于纸上，倒去牧草，再以同样的方法分离所有的牧草样本，然后用毛刷扫集纸上的地螨与沙土，装于容器内。检查地螨时，将容器内的地螨与少量沙土倒入平皿内，片刻后，沙土中的地螨多爬在表面，将平皿放在解剖镜下，用解剖针浸水后蘸取地螨，保存于阿氏液内。

阿氏液配方为：70%乙醇 87 份，甘油 5 份，乙酸 8 份。

感染似囊尾蚴的地螨可投入 100%乳酸中透明 1～3d，便可清楚地观察到其内部情况。也可蘸取地螨放于载玻片上，滴一滴生理盐水，加盖玻片，用针头轻压，使地螨体表破裂，内含物外流，就可在显微镜下检查是否有似囊尾蚴。

四、旋毛虫压片镜检法

旋毛虫病是重要的人、畜共患寄生虫病，它是毛形科的旋毛形线虫成虫寄生于肠管，幼虫寄生于横纹肌所引起的。该病流行于哺乳类动物间，鸟类亦可感染。人若摄食了生的或未煮熟的含旋毛虫包囊的猪肉可感染旋毛虫导致旋毛虫病，主要临床表现为胃肠道症状、发热、肌痛、水肿和血液嗜酸性粒细胞增多等，严重者可以导致死亡，故肉品卫生检验中将旋毛虫列为首要项目。旋毛虫病的肉品检验是生猪屠宰检疫中的一项重要内容，通过该项检验可以检出感染旋毛虫的猪只，对于杜绝病猪肉流入肉品市场有着重要的作用。

1. 基本操作

（1）样品采集　自胴体两侧横膈膜的膈肌脚处各采取一份样品，每份样品不少于 20g。

（2）**肉眼检查**　　撕去样品表面肌膜，在良好的光线下检查样品表面是否有可疑的旋毛虫病灶（未钙化的包囊呈露滴状，半透明，细针尖大小，较肌肉的色泽淡；随着包囊形成时间的增加，色泽逐步变深而为乳白色、灰白色或黄白色。若见可疑病灶时，做好记录且告知总检将可疑肉尸隔离，待压片镜检后做出处理决定）。

（3）**制片**　　如有可疑病灶时，用镊子夹住肉样顺着肌纤维方向将可疑部分剪下放于载玻片上。如无可疑病灶，顺着肌纤维方向在肉块的不同部位剪取 12 个麦粒大小的肉粒（2 块肉样共剪取 24 个小肉粒）依次均匀地附贴于载玻片上且排成 2 行，每行 6 粒。再取一载玻片盖在放有肉片的载玻片上，并用力适度捏住两端轻轻加压，把肉粒压成很薄的薄片，以能通过肉片标本看清下面报纸上的小字为标准。

（4）**镜检**　　将制作好的压片标本置于显微镜下放大 40 倍，从压片的一端处开始检察，顺着肌纤维的方向依次检查。

2．结果判定

1）没有形成包囊的幼虫，在肌纤维之间呈直杆状或逐渐蜷曲状态，但有时因标本压得太紧，可使虫体挤入压出的肌浆中。

2）包囊形成期的旋毛虫，在淡黄色背景上，可看到发光透明的圆形或椭圆形物。包囊的内外两层主要由均质透明的蛋白质和结缔组织组成，囊中央是蜷曲的虫体。成熟的包囊位于相邻肌细胞所形成的梭形肌腔内。

3）发生机化现象的旋毛虫，虫体未形成包囊以前，包围虫体的肉芽组织逐渐增厚、变大，形成纺锤形、椭圆形或圆形的肉芽肿。被包围的虫体有的结构完整，有的破碎甚至完全消失。虫体形成包囊后的机化灶透明度较差，需用 50%甘油水溶液作透明处理（在肉粒上滴加数滴 50%甘油水溶液，数分钟后，肉片变得透明，再覆盖上玻片压紧观察）。

4）钙化的旋毛虫，可在包囊内有数量不等、浓淡不均的黑色钙化物，包囊周围有大量结缔组织增生。

第二节　寄生虫学完全剖检技术

寄生虫学完全剖检技术是对死亡或患病的动物进行剖检，检查各系统、器官、组织的寄生虫，收集剖检过程中发现的全部寄生虫并进行鉴定和计数，确定动物感染的寄生虫病原，了解感染强度和感染率。寄生虫学完全剖检技术对寄生虫病的诊断和了解寄生虫病的流行有重要意义。

根据检查内容和实际工作需要,研究寄生虫学剖检法可分为全身性寄生虫学剖检法、局部性寄生虫学剖检法。对所有要进行寄生虫学剖检的动物都应在登记表上详细填写动物种类、品种、年龄、性别、编号、临床症状等。全身性寄生虫学剖检法一般是先检查动物体表有无寄生虫，然后将皮剥下，检查皮下组织，再剖开腹腔和胸腔，分离出各个器官，按消化器官、呼吸器官、泌尿器官、生殖器官及其他的顺序分别进行检查。

一、全身性寄生虫学剖检法

应用此法可发现家畜的全部寄生虫，可查明生前粪便检查法不能查出的寄生虫，做到寄生虫的精确计数和种类鉴别，若再加以其他相关的调查，就可为制定防治寄生虫病的措施提供可靠的基础材料。

1.哺乳动物的全身性寄生虫学剖检法　　先检查动物体表有无寄生虫并对发现的寄生虫进行收集。然后将皮剥下，检查皮下组织，再剖开腹腔和胸腔，分别结扎食道、胃、小肠和大肠，摘除全部消化器官、呼吸器官、泌尿器官、生殖器官、心脏和相连的大血管。同时仔细检查胸腔和腹腔（尤其是腹腔），并收集其中的液体。取下头部、膈肌供检查。

（1）消化器官

1）食道：将食道纵向剪开，检查黏膜表面、黏膜下和肌肉层有无虫体，尤其应注意筒线虫、皮蝇幼虫和肉孢子虫。

2）胃：放在搪瓷盆内沿大弯剪开，用生理盐水冲洗胃壁上的虫体，必要时刮取黏膜进行检查，胃内容物加生理盐水稀释，搅匀，沉淀数分钟，倒去上层液体，再加满生理盐水，搅匀沉淀 30min 左右。如此反复多次，直至上层液体透明为止。最后将沉淀物分若干次倒入玻璃平皿中检查，挑出所有虫体，并分类计数。

3）反刍兽的第四胃照上述方法检查。第二、三胃一般不检查，第一胃剪开，检查胃壁黏膜上有无同盘吸虫。

4）小肠和大肠：应分别进行检查，先用生理盐水在盆内将肠管冲洗后剪开。其内容物用反复沉淀法检查，必要时须刮取肠黏膜进行检查。

5）肝：先剥离胆囊，放在平皿内单独检查，肝组织用手撕成小块，用反复沉淀法检查。

6）胰和脾：胰与肝的检查方法相同。脾用肉眼观察，先观其表面，然后用手撕开看有无虫体。

（2）呼吸器官　　用剪刀剪开喉、气管和支气管，先用肉眼观察，然后刮取黏膜检查，并将肺组织撕成小块，以反复沉淀法检查。

（3）泌尿器官　　切开肾脏，先用肉眼观察肾盂，再用搔刮法检查，然后将肾组织切成小薄片，压于两玻片之间，在低倍镜下检查。

输尿管和膀胱放于搪瓷盘中，并用搔刮法检查黏膜，用反复沉淀法检查尿液。

（4）生殖器官　　先剪开检查有无虫体，然后剥取黏膜压片检查。

（5）头部　　剪开鼻腔，检查鼻腔和鼻窦内有无蝇蛆、疥癣虫等寄生虫；检查口腔内有无蝇蛆、囊尾蚴等寄生虫。检查眼部时首先肉眼观察有无寄生虫，然后将眼睑结膜和球结膜放在水中用搔刮法刮取表层，水洗沉淀后检查沉淀物中有无寄生虫，最后剖开眼球收集眼房水，观察是否有囊尾蚴、吸吮属线虫等。打开颅腔先肉眼检查有无脑多头蚴寄生，然后切成薄片，做压片后进行镜检。

（6）心脏及大血管　　置于盐水中剖检，其内容物用反复沉淀法检查，心脏先用肉眼观察，后切成薄片检查。压片镜检心肌，检查有无住肉孢子虫。

（7）血液及其他液体　　先涂片染色镜检，然后用反复沉淀法检查。

（8）膈肌脚　　检查有无旋毛虫，先用肉眼或放大镜观察有无小白点状可疑病变，取下病变部，两玻片间压薄，在低倍镜下检查。

（9）淋巴结　先切开用手挤压检查有无虫体，然后触片染色镜检。

（10）肌肉　切开用肉眼观察。

各器官内容物量多，不能在短时间内检查完毕，可在反复沉淀之后，于沉淀物中加入甲醛，使其成3%的浓度，保存以后检查。

2. 禽的全身性寄生虫剖检法　先检查禽的体表有无寄生虫寄生，并收集发现的寄生虫。然后拔除羽毛检查皮肤，剖开皮肤检查皮下组织。随后打开胸腔和腹腔，分离出所有的消化器官、呼吸器官、泌尿生殖器官、法氏囊、心脏，依次进行检查。

（1）**体表与皮下组织检查**　先检查体表有无寄生虫寄生，有则收集。然后拔除羽毛检查皮肤是否有赘生物、结节及肿胀等。随后剖开皮肤，检查皮下组织。最后检查眼和结膜囊。

（2）**内脏的检查**

1）呼吸系统：用剪刀剪开鼻腔、喉头、气管，首先肉眼观察有无寄生虫，然后用放大镜检查刮取的黏液。

2）消化系统：分离出肝和胰腺。将食道、嗉囊、肌胃、腺胃、小肠、盲肠、直肠分段做二重结扎后分离。剖开嗉囊，先把内容物取出，眼观检查，然后把囊壁拉紧透光检查。剖开食道，检查有无寄生虫。用解剖刀刮取食道黏膜，压片镜检。切开肌胃胃壁，取出内容物做一般眼观检查，然后剥离角质膜进一步检查。将小肠分为十二指肠、空肠、回肠三段，大肠分为盲肠、结肠、直肠三段，分别检查。先将内容物取出放在容器中，用1%的盐水清洗肠黏膜，仔细检查有无寄生虫。洗下物和内容物用反复沉淀法处理后检查沉淀物中是否有寄生虫。

3）生殖系统：检查输卵管和法氏囊的方法与检查肠道的方法相同。

二、局部性寄生虫学剖检法

局部性寄生虫学剖检法分为两种。有时为了了解某一器官的寄生虫感染情况，仅做该器官的寄生虫学完全剖检；或是为了调查某种寄生虫的寄生状况或考核某一药品对某种寄生虫的驱虫效果，对其所寄生的一个器官或几个器官进行寄生虫学检查，而对其他器官组织不进行检查。

1. 个别器官的完全剖检法　检查个别器官或组织的寄生虫和数量，找出其中所有的寄生虫，而对其他器官不进行检查，此法称为个别器官的完全剖检法。

2. 个别寄生虫的完全剖检法　检查动物器官或组织中某一种寄生虫，以调查其感染率和感染强度，这种方法称为个别寄生虫的完全剖检法。

三、寄生虫的保存方法

寄生虫学剖检所获得的或畜体自然排出的虫体，当时能鉴定的就当时鉴定。特别是新鲜线虫结构较为清晰，将其放在载玻片上，滴加适量生理盐水并覆以盖玻片，就可进行观察鉴定。难以鉴定的虫体要及时清洗，用70%的乙醇或巴氏液（3%福尔马林与生理盐水）固定。吸虫和绦虫为了将来做鉴定，需在固定之前，进行压薄加工。即把吸虫和选择出的绦虫节片（头节、成熟节片、孕卵节片）放于两张载玻片之间，适当加以压力，两端用线或橡皮绳扎住，投入固定液中固定。

活体寄生虫难以保存，将采集的寄生虫分别置于不同的容器内，按照有关各寄生虫标本处理方法和要求进行保存处理，利于观察其形态学结构和后续制作标本，以便于长时间保存。

采集的虫体，如附有杂物或不干净，可将虫体装入生理盐水的瓶中加以摇晃洗涤，有些线虫口囊发达，常附有杂物，妨碍检查口囊内部的构造，因此，在固定之前用毛笔把口囊内的杂物先刷出去。

线虫常用巴氏液固定，其配方为：福尔马林 3mL，食盐 0.75g，蒸馏水 100mL。固定时，巴氏液加热到 60～80℃，可使虫体伸展。固定后仍保存在此液内。

吸虫、绦虫和棘头虫用 70%的乙醇固定保存，在固定之前要将虫体浸泡于自来水中，并放置于冰箱中 12h 使其死亡，这样可以使虫体的组织松弛。

为了使吸虫或绦虫的组织较快松弛，还可以把它们放入 0.5%薄荷脑热水中。松弛后的虫体，为了以后制作玻片标本方便，可将虫体压于两玻片之间，两端用线绳扎上，加压时间依虫体大小而定，为 0.5～12h。此后将虫体取出，装入 70%乙醇中保存。无翅的蜘蛛昆虫一般用 70%的乙醇保存。

四、寄生虫学剖检时的记录工作

当进行寄生虫学剖检时，为了避免产生混乱和错误，应当及时地用铅笔在硬纸上记录如下。

正面写动物种类、性别、年龄、解剖编号、虫体寄生部位和初步鉴定结果，反面写地点、解剖日期、解剖者姓名、虫体数量，然后投入保存的标本瓶中。

所有标签中记载的内容，均须登记于专用的"寄生虫学剖检登记簿"内，以便日后查阅。特别需要强调的是，标签和登记是十分重要的，尤其是在科学研究工作中，如调查某地区寄生虫时，就具有更加突出的意义。

五、标本的运送

病理标本可装入有 10%福尔马林溶液的标本缸内，固定 2～7d，然后取出装入塑料袋内，放入木箱中运送。

寄生虫标本可放入封固很牢的瓶中，再装入垫有软草或纸的木箱中运送。

第三节 寄生虫标本制作方法

为了便于在显微镜下鉴定蠕虫，须将虫体染色制成永久性的玻璃片标本。此种标本除便于鉴定外，还可长期保存。

吸虫、绦虫的装片、制片主要分为虫体的采集、固定、染色、脱水、透明和封片 6 个步骤，采集的过程注意保持虫体的完整性，对采集到的虫体进行清洗，然后进行固定。固定使虫体内的蛋白质、脂肪、糖类等凝固，保持虫体原有的形态，使虫体死亡后不会腐烂和自溶，使虫体内部的结构保持完整，易于着色。

一、吸虫标本制作

制作吸虫玻片标本可分为固定、染色、脱水、透明和封片 5 个步骤。

1. 固定 药液使虫体细胞内物质成为不溶性的物质，使其硬化，保存虫体的原有形态，显示细胞与组织的结构，便于着色，以利于鉴定。

固定液一般分为单纯固定液和复合固定液。常用的单纯固定液有 70%乙醇和 10%甲醛液，虫体未加压固定的，应加压固定。虫体在上述固定液内的时间，视虫体大小和温度而异。室温下需要 24h 至数日，固定液为虫体体积的 25~30 倍。复合固定液有劳氏液、乙醇-甲醛-乙酸固定液等。

2. 染色 染色是用染料使虫体组织、细胞着色，以显现出各种不同的结构，便于观察。

（1）盐酸卡红染色法 染液（卡红粉 4g，盐酸 2mL，蒸馏水 15mL，85%乙醇 95mL）的配制方法：先将盐酸加入蒸馏水中，然后将卡红粉倒入煮沸使其溶解，再加入 85%乙醇 95mL 加热待用，加氨水数滴与其中和，待冷却后过滤。

染色方法：先将少数染液倒入平皿内，将固定（保存）于 70%乙醇中的标本，移入染液中染色数分钟至 24h，待虫体呈深红色为止，然后移入盐酸乙醇（100mL 70%乙醇加 2mL 的盐酸）内褪色，至标本内部构造清晰（浅的鲜红色）为止，最后移入 70%乙醇中换洗两次，然后脱水、透明、封片。

（2）苏木紫染色法 染液（苏木紫 1g，无水乙醇 10mL，铵明矾 15~20g）的配制方法：先配置 100mL 饱和铵明矾液（即 10~25g 铵明矾加入蒸馏水至 100mL），再将苏木紫-乙醇混合液徐徐加入至饱和铵明矾液中，将瓶口塞紧，将此混合液放在日光下经 2~4 周苏木紫成熟后（呈深红色）备用。加入 25mL 甘油与 25mL 甲醇，再置 3~4d 后过滤即可，用时以蒸馏水稀释 10~20 倍便可使用。

染色方法：取保存于 70%乙醇中的标本，依次置于 50%、30%乙醇中各 0.5h，置于蒸馏水内约 0.5h，置于苏木紫染液内染色 24h，用蒸馏水换洗 2 次，依次置于 30%、50%、70%乙醇中各 0.5h，用酸乙醇退色，至虫体清晰为止，用 70%乙醇换洗 2 次，然后脱水、透明、封片。

3. 脱水 将虫体组织内的水分逐渐脱净，以便透明。组织内有水分时，透明剂便不能渗入组织内而呈不透明现象，不利于观察。

乙醇为广泛使用的脱水剂，虫体经递增浓度（80%、90%、95%、100%）的乙醇后，可将组织内的水分脱净，脱水时间 15min 至 1h，视虫体大小而异。

4. 透明 常用的透明剂有冬青油或二甲苯。

虫体脱水后，先移入无水乙醇与冬青油或二甲苯各半的混合液中约半小时，再移入冬青油或二甲苯内，至虫体开始沉入透明液时，即应开始封片，透明时间过久，虫体会变硬变脆。

5. 封片 封固剂常用加拿大树胶，先用二甲苯使其溶解后备用。

取干净的载玻片，加树胶 2~3 滴，将透明的虫体放在上面，如树胶不够再添加。然后用镊子取盖玻片，由左徐徐盖下即可，如有气泡，小心压出。树胶不够，还可从盖玻片边缘添加。然后放于无尘、无光的干燥处（或干燥箱内）待干燥后，经过鉴定贴上标签。

二、绦虫标本制作

头节、成熟节片及囊尾蚴的制片，通用盐酸卡红染色，其方法与吸虫相同。孕卵节片的染色法介绍如下。

将 70%乙醇中的节片，依次置于 50%、30%乙醇内各 10~30min，置于蒸馏水内 2 次，各 0.5h，用最小号针头及注射器取墨汁或其他染色液（如卡红等），以左手食指托住孕卵节片，右手持注射器由节片的一端中部插入子宫内徐徐注射，待子宫各分枝部分被染料所充满，将针头拔出，用水洗去节片外所污染的染料，置于 30%、50%、70%乙醇内各 10~30min，用两张载玻片夹住节片以细线捆上，浸入 70%乙醇中 1~2d，拆线取出节片仍浸入 70%乙醇内 2~4h，然后脱水、透明、封片。

卡红-苏木紫双重染色法：节片经盐酸卡红染色法褪色后，置于 70%乙醇中洗 2 次，各 30~60min，依次置于 50%、30%乙醇中各 20min，换入蒸馏水内 0.5h，置于苏木紫染液中约 24h，用蒸馏水洗 2 次，依次置于 30%、50%、70%乙醇中各 0.5h，用酸乙醇褪色，至节片内部构造清晰为止，以 70%乙醇洗 2 次，每次 30~60min，然后脱水、透明、封片。

三、线虫标本制作

经固定保存的标本一般不透明，欲进行线虫的形态鉴定，须先透明，但为了能从不同的侧面对虫体进行观察，通常不制成永久性的标本。

1. 甘油乙醇加热透明法　将虫体放入含 5%甘油的 70%乙醇内，加热或放入恒温培养箱内，不断加少许甘油，直到乙醇挥发殆尽。此时，虫体已透明，即可检查。

2. 乳酸透明法　将虫体放入乳酸液中数小时至 3d，方可检查。刚放入乳酸不久的虫体，因虫体皱缩而不能检查，须等乳酸浸透虫体而重新具有原来的形态，此时虫体已透明，方可检查。虫体在乳酸中不能长久保存，因此检查后应将虫体在水中洗涤数小时，再放回巴氏液中保存。

3. 乳酚液透明法　乳酚液由甘油、乳酸、苯酚和蒸馏水混合而成，其比例为 2∶2∶1∶1，虫体取出后先置于乳酚液与水等量混合的液体中，半小时后再置于乳酚液中，虫体透明后即可检查。

为了教学等方便，线虫也可染色制成永久性玻片标本，但沉淀只能保持其固定位置，而其他位置的构造看不清楚，不便于鉴定，在此不加介绍。

第四节　动物寄生虫病的其他检查方法

寄生虫病应是在流行病学资料调查研究的基础上，通过各种有效的方法（临床症状、实验室检查、寄生虫学剖检、分子生物学诊断、免疫学诊断等）来确诊的。其中病原体检查是寄生虫病最可靠的诊断方法。但近年来，寄生虫免疫学诊断技术和分子生物学技术在寄生虫学中的应用越来越广泛。寄生虫免疫学诊断技术具有操作简单、检出率高、影响因素少等优点，在寄生虫病的诊断中发挥着重要的作用，对于只有解剖动物或检查活组织才能发现病原的寄生虫，如猪囊尾蚴病、旋毛虫病等，免疫学诊断是一种较有效的方法，有着不可替代的优越性。另外，一些在形态学上难以鉴定的寄生虫可以通过分子生物学技术对其特定的基因进行检查与序列分析，从而做出准确诊断。

一、酶联免疫吸附实验

酶联免疫吸附实验简称酶联实验，具有特异性、敏感性、经济、快速、可自动化等优点，并且此法简易快速，便于推广。目前已广泛用于多种寄生虫病的诊断和监测，如弓形虫病、包虫病、囊虫病、旋毛虫病、泰勒虫病等。

酶联实验的方法根据所用载体、酶底物系统、观察反应结果等的不同而有很大差别。目前最常用的固相载体为聚苯乙烯微量滴定板，其具有需样少、敏感、重演性好、使用方便等优点。酶底物系统也有多种，常用的有辣根过氧化物酶-邻苯二胺（HRP-OPD）、碱性磷酸酯酶-硝酚磷酸盐（AKP-PNP）等，具有较好的生物放大效应。其中 HRP 由于价廉、易得而被广泛应用。

1. 基本操作

（1）抗原包被　　96 孔酶标板上每孔用 100μL 泰勒虫抗原包被，抗原用包被缓冲液（50mmol/L 碳酸盐缓冲液，碳酸氢盐缓冲液，pH 9.6）稀释到 5μg/mL。在 37℃下包被 60min 或者在 4℃下过夜。

（2）洗涤　　用洗涤液（50mmol/L Tris，pH 7.4，150mmol/L NaCl，5.0%脱脂奶粉，1.0% Triton X-100）洗涤 96 孔酶标板 3 次。

（3）加入待检血清　　用洗涤液将血清稀释至 1/50 或 1/100。每孔加入 100μL 稀释的血清，每份样品做两个重复。每块板上都要设置阳性血清和阴性血清对照，室温孵育 30min。

（4）洗涤　　用洗涤液洗板 3 次，同步骤（2）。

（5）加酶标抗体　　每孔加入 100μL 过氧化物酶标记的兔抗羊免疫球蛋白 G（IgG），室温孵育 30min。

（6）洗涤　　同步骤（2），用洗涤液洗板 3 次，再用蒸馏水洗涤 1 次。

（7）加入底物　　每孔加入 100μL 过氧化物酶底物（显色液）（如 0.8mg/mL 5-氨基水杨酸含 0.005%过氧化氢，pH 5.6~6.0）。

（8）终止反应　　5~15min 后每孔加 100μL 2mol/L H_2SO_4 溶液终止反应，读取 450nm 波长处的吸光度。

2. 结果判定

待检样品的 OD 值高于标准阴性血清 OD 平均值的 3 倍以上为阳性反应，高于 2 倍以上为可疑。

二、动物寄生虫病 PCR 法诊断技术

聚合酶链式反应（PCR）是一种体外扩增特异性 DNA 技术，它可将一小段目的 DNA

扩增上百万倍，其扩增的高效性使得该方法可监测到单个虫体或仅部分虫体的微量 DNA，通过设计种、株特异的引物，此法能扩增出种、株特异的 PCR 产物，具有很高的特异性，目前 PCR 技术既用于虫种、株的鉴别，动物寄生虫病的临床诊断，又可用于动物寄生虫病的分子流行病学调查。

1. 寄生虫基因组 DNA 的提取（也可使用相关的 DNA 试剂盒提取虫体 DNA）

1）用挑虫针挑取 1 条寄生虫成虫于 1.5mL EP 管中。

2）加入裂解缓冲液 150μL 孵育 1h，加入蛋白酶 K 至终浓度为 10μg/mL，55℃孵育 3h，其间每隔 30min 温和振荡数次。

3）加 TE 溶液（Tris＋EDTA 缓冲液）至总体积为 750μL，再加入 750μL pH 为 8.0 的 Tris 饱和酚：氯仿：异醇（25：24：1）混合液，上下颠倒 EP 管，使两相混匀，4℃ 12 000g 离心 15min。

4）取上层水相于一新管中，加入等体积的异丙醇，室温静置 15min，12 000g 离心 15min。

5）弃去上清，加入 1000μL 70%乙醇，洗涤沉淀，4℃ 12 000g 离心 2min。

6）弃去上清，室温晾干数分钟至透明，加入 pH 为 8.0 的 TE 溶液 20μL 溶解 DNA。

7）取 1μL DNA，使用超微量分光光度计测定其 OD_{280} 和 OD_{260}，计算 DNA 的含量和纯度。

8）将 DNA 样品置于－20℃冰箱中保存（长期保存请置于－80℃冰箱）。

2. 寄生虫 DNA 的 PCR 扩增和琼脂糖凝胶电泳

（1）PCR 扩增　　按照预设的扩增体系在 PCR 管中加入 DNA 模板、引物、dNTP、适当缓冲液（Mg^{2+}）和热稳定 DNA 聚合酶，离心混匀后于 PCR 仪中按照已设计好的 PCR 扩增条件进行扩增。扩增完毕后于 4℃冰箱暂时保存备用。

（2）琼脂糖凝胶电泳　　胶浓度及胶块大小视具体情况而定。以配制 100mL 的 1.0% 的琼脂糖凝胶为例。

1）称取 1g 琼脂糖置于 250mL 的锥形瓶中，加入 100mL 电泳缓冲液（1×TAE），置于微波炉中使琼脂糖完全融化。

2）等待凝胶温度降至 55～60℃（以不烫手为宜）时，加入 EB 使其终浓度为 0.5μg/mL 或者核酸替代染料 4μL，轻摇混匀。

3）将混匀的琼脂糖凝胶倒入已封好的凝胶灌制胶模中，插入样品梳。

4）取 PCR 产物 4μL 与 1μL 上样缓冲液混合加入点样孔中，同时设以适宜的 DNA 分子质量标准物（DNA maker）作为参照。

5）接通电极（红色为正极，黑色为负极，负极应该接在点样孔一端），按照 1～5V/cm 调节电压。当加样缓冲液中的溴酚蓝迁移至足够分离 DNA 片段的距离时，关闭电源。

6）取出凝胶，在凝胶成像系统中观察结果并拍照记录。

3. PCR 扩增产物的纯化　　可参照具体使用的 DNA 胶回收试剂盒的说明书进行。

4. 测序　　将 PCR 纯化产物送至生物公司测序（也可直接用 PCR 产物进行测序），使用 NCBI BLAST 分析测序结果。

三、寄生虫血清学（免疫学）诊断方法

间接血凝反应是以红细胞作为免疫配体的载体，并以红细胞凝集读数的血清学方法。最常用的红细胞为绵羊或人（O型）红细胞，来源方便。目前均用醛化红细胞，可保存半年而不失其免疫吸附性能。

1．基本操作

（1）加稀释液　　在96孔V型血凝板的每孔中加入75μL稀释液，加至第8孔，每块血凝板必须做阴性血清和阳性血清对照，对照也要加到第8孔。

（2）加血清　　待检血清、阳性对照血清、阴性对照血清，第1孔滴加25μL待检血清。对照组的第1孔也相应滴加25μL对照血清，混匀。

（3）血清的稀释　　自第1孔吸取25μL稀释的血清至第2孔，混匀后再吸取第2孔中的25μL至第3孔，依次稀释至第7孔，第7孔弃去25μL。第8孔为稀释液对照。

（4）加诊断液　　每孔加入25μL诊断液，混匀，置于22~37℃培养箱中2~3h后观察结果。

2．结果判定　　"＋＋＋＋"表示100%的红细胞凝集，红细胞呈膜状均匀沉于孔底。"＋＋＋"表示75%的红细胞在孔底呈膜状凝集，不凝集的红细胞沉在孔底为圆点状。"＋＋"表示50%的红细胞在孔底呈较为稀疏的凝集，不凝集的红细胞沉在孔底集中为较大的圆点。"＋"表示25%的红细胞凝集。"－"表示所有的红细胞都不凝集，沉于孔底。

以出现"＋＋"孔的血清最高稀释倍数为本次实验的抗体效价，待检血清抗体效价小于或等于1∶16判定为阴性，1∶32为可疑，等于或大于1∶64为阳性。

第二篇　预防兽医学实验指导

第五章　兽医微生物学实验指导

兽医微生物实验室守则

微生物学实验课是一门操作技能较强的课程，为保证实验顺利进行和实验操作者的安全，也为了培养学生独立分析问题和解决问题的能力，以使学生掌握基本操作技能，验证理论知识，所有参加实验的老师和学生都应严格遵守以下实验守则。

1）每次实验前必须充分预习实验指导，了解实验目的、原理和方法。熟悉实验操作中的主要步骤和环节，对整个实验的安排做到先后有序、有条不紊和避免差错。

2）为保证实验台面的整洁和实验顺利进行，非本实验必需的物品（包括帽子、围巾等）请放在指定地方，不要影响实验操作。

3）实验室内严禁吸烟、进食、饮水，也不可将零食等带入实验室。

4）进入实验室应穿工作服，离开时脱去，并经常洗涤保持清洁。

5）实验进行时，应尽量避免在实验室内走动。禁止高声谈话，保持室内安静。

6）实验时要细心谨慎，严格按操作规程进行，凡需进行培养的材料都应注明菌名、接种日期及操作者姓名（或组别），放在指定的恒温培养箱中进行培养，并在规定时间内观察结果，以实事求是的科学态度做好实验记录，并及时提交实验报告。

7）节约药品、器材和水电。各种仪器应按要求操作，用毕按原样放置妥当。实验完毕后，整理和擦净台面，并用肥皂洗手，离开实验室之前关闭水、电、门窗等。

实验一　玻璃器皿的准备及常用仪器的使用

【实验目的】

系统掌握微生物实验室玻璃器皿的准备方法及常用仪器的使用。

【实验用品】

1. 材料　吸管 10 支/组、平皿 10 副/组、盐水瓶或锥形瓶 5 个/组、中试管 10 支/组、小试管 10 支/组、脱脂棉 1 包/组、纱布 1 包/组、枪头。

2. 器具　干燥箱、高压蒸汽灭菌器等。

【实验内容】

每组按领取的试管、盐水瓶的数量和规格，用棉花和纱布制作合适大小的棉塞。并将棉塞塞在试管和盐水瓶上。

1. 各种玻璃器皿的包扎

（1）盐水瓶的包扎 实验小组每位同学取盐水瓶1个反复练习包扎，尤其注意包扎纸是否将瓶口全部包裹，以及打活抽绳结的方法。

（2）试管的包扎 实验小组每位同学轮流进行试管的包扎练习，按5个/扎和10个/扎试管的规格进行练习，在试管包扎过程中，注意试管棉塞的松紧度，包扎纸是否将所有棉塞包住，以及活抽绳结的松紧度与准确性。

（3）平皿的包扎 实验小组每位同学按5个/扎和10副/扎平皿的规格进行包扎练习，在包扎过程中，注意平皿边滚卷边折叠两边报纸的操作规范性和熟练度，以及包扎纸两端折叠收口操作的规范性。

（4）吸管的包扎 实验小组每位同学将吸管按单支纸包和筒装的两种方式进行包扎练习。单支纸包包扎练习时，注意滚卷吸管包扎的规范性。

2. 各种常用仪器的使用 将每组包扎好的锥形瓶、试管、平皿和吸管平均分成两部分，一部分练习高压蒸汽灭菌器的使用，一部分练习干热灭菌器的使用。

（1）高压蒸汽灭菌器的使用

1）操作方法：高压蒸汽灭菌器内加水，至指示灯显示"正常水位"。将每组同学包扎好的锥形瓶、盐水瓶、试管、平皿和吸管等需要灭菌的物品放入灭菌器内，按操作规范要求摆放整齐。高压锅盖软管插入灭菌器的管槽内，加盖，对齐锅盖和锅体螺栓口，采用对角方式均匀用力旋转拧紧螺栓，密封灭菌器。

打开灭菌器放气阀后开始加热，待锅内的冷空气排尽，关闭放气阀。随时观察灭菌器仪表盘或数显屏，当压力逐渐上升至0.1MPa或温度达到121℃，控制热源，维持压力和温度并开始计时。20~30min后关闭热源，停止加热。

待压力表指针自然降至"0"位后，打开放气阀，松动螺栓后开盖。取出灭菌物品后除去锅内剩余水。

2）注意事项：加热初始阶段先排空锅内的冷空气；加热灭菌过程中随时观察，控制压力和温度；灭菌后自然冷却，压力降至"0"位后方可开盖。

（2）干热灭菌器的使用

1）操作方法：将每组同学包扎好需要灭菌的物品按规则摆放于干燥箱内。打开加热开关和箱顶的通气孔，待箱内温度达到80℃时，关闭通气孔，打开鼓风机继续加热，待温度达到160~170℃时，保温维持2h。灭菌完毕，关闭开关，切断电源，当箱内温度冷却至60℃以下时方可开箱取出物品。

2）注意事项：加热初排空箱体内冷空气。灭菌结束温度未降至60℃以下时，不能打开干燥箱门。

【实验报告】

1. 说明高压蒸汽灭菌的原理、使用范围，简述操作过程及注意事项。
2. 简述干热灭菌的方法及注意事项。

【思考题】

1. 为什么高压蒸汽灭菌的关键是高温而不是高压？灭菌前的排冷气有何意义？
2. 在同一温度下，为何湿热灭菌的杀菌力优于干热灭菌？

实验二　显微镜油镜的使用及细菌基本形态观察

【实验目的】

1. 了解光学显微镜构造原理、使用方法和保护要点，熟练掌握油镜的使用方法。
2. 通过观察细菌标本片，进一步熟悉细菌的基本形态与结构。

【实验用品】

1. 材料　　大肠埃希菌、金黄色葡萄球菌、枯草芽孢杆菌、炭疽杆菌、炭疽杆菌组织片、变形杆菌、产气荚膜梭菌、巴氏杆菌、酵母菌、霉菌（青霉、毛霉、曲霉）等染色标本。

2. 试剂　　香柏油、二甲苯。

3. 器具　　普通光学显微镜、擦镜纸、绸布、镜套等。

【实验内容】

1. 用低、高倍镜观察酵母菌

1）将低倍物镜（10×）转到工作位置。上升聚光器，将光圈打开，转动反光镜采集光源，使视野明亮。

2）将酵母菌标本片放于载物台上并上升载物台到最高。

3）转动粗调节螺旋，当目镜中看到模糊物像时再转动细调节螺旋直至物像清晰为止。观察酵母菌的形态特点。

4）高倍镜观察。用手按住物镜转换器慢慢旋转将物镜转换成高倍镜（40×），转动细调节螺旋将物像调至清晰，进行观察。

5）绘视野图。各小组每位同学在熟练观察酵母菌的基础上，逐一观察青霉、毛霉、曲霉等霉菌的镜下形态特征并绘图。

2. 用油镜观察金黄色葡萄球菌标本片

1）用（10×）镜对光，使视野明亮。

2）在标本片观察部位滴加适量香柏油后放于载物台上，转换物镜为油镜。缓慢上升载物台使油镜浸入香柏油中，并从侧面观察，使镜头上升至既非常接近标本片又不与标本片相撞的合适位置，避免压碎镜头晶片。

3）缓慢下降载物台，同时从目镜中观察，直至出现模糊的物像时再用细调节螺旋调至物像清晰为止。

4）观察金黄色葡萄球菌的形态特征并绘图。各小组每位同学在熟练掌握油镜使用方法的基础上，逐一观察大肠埃希菌、枯草芽孢杆菌（芽孢）、炭疽杆菌（芽孢）、炭疽杆菌组织片（荚膜）、变形杆菌（鞭毛）、产气荚膜梭菌、巴氏杆菌（两极浓染）并绘图。绘图时应如实反映每种细菌的形态、大小、排列方式、染色特性及特殊结构。

3. 显微镜使用后的处理

（1）处理标本片　　加2～3滴二甲苯于标本片上，使香柏油溶解，再用擦镜纸擦净保存供以后使用。

（2）清洁显微镜　　先用擦镜纸擦去镜头上的香柏油，再用蘸有二甲苯的擦镜纸擦掉残留的香柏油，最后用干净的擦镜纸抹去残留的二甲苯；清洁目镜和其他物镜，可直接用干净的擦镜纸擦净；用柔软的绸布擦净机械部分的尘土。最后将物镜转成"八"字式，下降载物台，聚光器降至最低位置，关闭电源，套上镜套，放置阴凉干燥处。

【实验报告】

将观察的所有染色标本片绘图。

【思考题】

1. 当物镜由低倍转到油镜时，随着放大倍数的增加，视野的亮度是增强还是减弱？应如何调节？

2. 使用油镜应注意哪些问题？

3. 要使视野明亮，除调节光源外，还可采取哪些措施？

实验三　细菌涂片的制备及革兰氏染色

【实验目的】

1. 掌握细菌涂片的制备方法及革兰氏染色。

2. 学习无菌操作，树立无菌观念。

【实验用品】

1. 材料　　菌种：大肠埃希菌、金黄色葡萄球菌的斜面培养物；大肠埃希色葡萄球菌的肉汤培养物。

2. 试剂　　草酸铵结晶紫染液、革兰氏碘液、95%乙醇、番红液、香柏油、二甲苯、生理盐水或蒸馏水。

3. 器具　　普通光学显微镜、载玻片、接种环、酒精灯、打火机、吸水纸（滤纸本）、染色缸。

【实验内容】

1. 细菌涂片的制备

（1）涂片准备　　准备符合涂片要求的载玻片。在载玻片一端标记菌名，翻转载玻片，在标记面的背面涂片。

（2）涂片　　液体培养物涂片时不用水稀释，固体培养物需用适量水稀释，勾取细菌的量要适中，否则菌体密集堆积在一起，影响观察。涂片时应注意力度要适中，避免人为破坏细菌正常的排列方式。涂片质量的好坏直接影响观察的效果。

1）液体培养物：无菌操作从大肠埃希菌肉汤培养物中勾取 1～2 环菌液，于载玻片的中央均匀地涂布成适当大小的薄层。

2）固体培养物：无菌操作勾取少量无菌生理盐水或蒸馏水，置于载玻片中央，然后再从大肠埃希菌斜面培养物中勾取少量菌苔，与水混合，均匀涂布成适当大小的薄层。

（3）干燥　　制备好的涂片室温自然干燥，切忌在酒精灯火焰上烧烤。

（4）固定　　火焰固定。

各小组每位同学要完成大肠埃希菌、金黄色葡萄球菌液体和固体培养物的涂片制备，熟练掌握液体、固体检材涂片制备时的要点。

2．革兰氏染色　　按染色步骤逐一染色，每种染液滴加时覆盖住涂抹面即可。脱色时间应根据涂片厚度调整，过短或过长均可影响染色结果。染色完毕后将载玻片夹入滤纸本中，吸去水分。

3．镜检　　油镜观察。

4．实验结束后处理　　实验结束后按操作规范对显微镜进行保养。载玻片经高压蒸汽灭菌后用洗衣粉水煮沸、清洗、晾干备用。

【实验报告】

记录两种细菌的革兰氏染色结果，并绘图。

【思考题】

1．为什么必须用培养 24h 以内的菌体进行染色？

2．为什么液体培养物涂片时不用水稀释，固体培养物需用适量水稀释？

3．革兰氏染色中最关键的一步是什么？如何控制这一步？

实验四　培养基的制备

【实验目的】

1．掌握一般培养基制备的原则和要求。

2．熟悉一般培养基制备的过程。

3．掌握培养基酸碱度的测定。

【实验用品】

1．试剂　　牛肉膏、蛋白胨、氯化钠、磷酸氢二钾、琼脂条或琼脂粉、0.1mol/L 和 1mol/L 的氢氧化钠、0.1mol/L 和 1mol/L 的盐酸溶液、蒸馏水、无菌的脱纤维蛋白绵羊血或家兔鲜血。

2. 器具　量筒、烧杯、漏斗、锥形瓶、试管、玻璃棒、刻度吸管、pH 试纸、包扎纸、天平、电炉、塞子、扎绳、洗耳球、高压蒸汽灭菌器、冰箱等。

【实验内容】

每实验小组需制备普通营养肉汤培养基（牛肉膏蛋白胨培养基）200mL。其中 50mL 用于制备普通营养肉汤；50mL 用于制备普通斜面；剩余部分用于制备普通琼脂平板。

1.普通营养肉汤培养基的制备　量取已校正 pH 的肉汤培养基 50mL 于锥形瓶中，塞上塞子，用包扎纸扎好，经 121℃灭菌 15min 后，过滤分装到无菌试管中备用，每管约 5mL。

2. 普通斜面的制备　量取已校正 pH 的肉汤培养基 50mL 于烧杯中，称取 1g 琼脂粉加入，加热煮沸，待琼脂完全融化后，分装试管（动作要快，防止琼脂凝固），每管 4～5mL，试管分装完毕后塞好塞子，121℃灭菌 15～20min 后，趁热将试管摆放成一定坡度，凝固后即成普通琼脂斜面。

3. 普通琼脂平板的制备　量取营养肉汤培养基，按 1.5%～2%加入琼脂粉，121℃灭菌 15～20min。将培养基晾至适度温度（50～60℃）时倾倒。每个平皿倒入 15～20mL（以铺满皿底为宜），盖上皿盖，待培养基凝固后即成普通琼脂平板。翻转放入冰箱备用。

4. 血液琼脂培养基（血斜面、血平板）制备　将已融化的灭菌普通琼脂培养基冷却至 50℃左右，无菌操作加入 5%的无菌脱纤维蛋白绵羊血或家兔鲜血（即每 100mL 普通琼脂加入鲜血 5～6mL）混合后，分装于灭菌试管立即摆成斜面，凝固后即为血斜面。或倾注于灭菌平皿，待凝固后即为血平板。需置 37℃培养 24h，无菌检验合格方可应用。

【实验报告】

简述配制培养基的过程及注意事项。

【思考题】

1. 为什么在校正培养基 pH 时，少量培养基时用 0.1mol/L 氢氧化钠，而大量时则用 1mol/L 的氢氧化钠？
2. 为什么肉汤培养基在高压蒸汽灭菌之前其 pH 要略微调高一些？

实验五　不染色标本片的制备及细菌运动力观察

【实验目的】

1. 了解检查细菌运动力的方法。
2. 掌握悬滴法检测细菌的运动力。

【实验用品】

1. 材料　待检菌株的幼龄肉汤培养物。

2. 试剂　蒸馏水。

3. 器具　接种环、灭菌接种环、凹玻片、盖玻片、普通光学显微镜等。

【实验内容】

悬滴法：采用不染色活菌标本来检查其运动能力。

1. 标本片制备

1）取洁净盖玻片一张，用接种环各勾取蒸馏水 1~2 环于盖玻片的 4 个角，用灭菌接种环再勾取待检菌株幼龄肉汤培养物 1~2 环于盖玻片中央。

2）另取一干净凹玻片，凹面朝下对角扣于盖玻片上，再将凹玻片翻转，使菌液液滴垂悬。

2. 镜检　因细菌无色透明，与背景无明显的色差，故在观察时视野要稍暗。10×物镜对光后调整光线使视野变暗。放上悬滴标本片，先用低倍镜找到液滴边缘（因表面张力的作用，液滴边缘有大量的菌体，便于观察），然后再转换高倍镜对焦观察，一般不必使用油镜观察，必须用时，注意防止压坏盖玻片。

【实验报告】

制备不染色标本时应注意哪些问题？镜检时应注意什么？

【思考题】

镜检时如何区别细菌的自身运动及布朗运动？

实验六　芽孢染色法

【实验目的】

1. 掌握细菌的芽孢染色法。
2. 学习无菌操作，树立无菌观念。

【实验用品】

1. 材料　枯草芽孢杆菌斜面培养物。

2. 试剂　二甲苯、香柏油、蒸馏水、5%孔雀绿水溶液、0.5%番红液（或 0.05%碱性复红）、95%乙醇、石炭酸复红染液。

3. 器具　接种环、酒精灯、载玻片、盖玻片、小试管、烧杯、滴管、试管夹、擦镜纸、吸水纸、普通光学显微镜。

【实验内容】

1. 制备涂片　每位同学按常规法制备一张涂片。

2. 固定　室温自然干燥后火焰固定。

3.染色　采用孔雀绿-番红染色法，染液以铺满涂片为度，从微火加热至染料冒蒸汽时开始计算时间，加热过程中随时添加染色液，切勿让标本干涸。玻片冷却后用水冲洗。

4.镜检　芽孢为绿色，菌体为红色。

【实验报告】

每位同学完成制片和染色，并绘视野图。

【思考题】

芽孢染色法的原理是什么？用一般染色法可否观察到芽孢？

实验七　微生物数量的测定

【实验目的】

1.了解微生物的计数方法及其基本原理。
2.学习和掌握用平板菌落计数法和比浊计数法确定细菌浓度。

【实验用品】

1.**材料**　大肠埃希菌和金黄色葡萄球菌的肉汤和斜面培养物、普通营养琼脂。
2.**试剂**　无菌生理盐水。
3.**器具**　无菌的枪头、试管、平皿、无菌移液管或移液器、接种环。

【实验内容】

1.用平板菌落计数法测定细菌浓度　各小组按操作规范完成大肠埃希菌和金黄色葡萄球菌两种细菌浓度的测定，实验材料为肉汤培养物。整个过程分工完成，每位同学完成其中一项内容，其中稀释、移菌、倾注培养 3 个环节由各负责人独立完成，全程严格无菌操作。

（1）编号并稀释　取 6~10 支无菌试管，依次编号为 10^{-1}、10^{-2}、10^{-3}、…、10^{-6} 或至 10^{-10}，稀释倍数视菌液浓度而定。选择任意的 3 个稀释度，并在无菌平皿上标记（如 10^{-3}、10^{-4}、10^{-5} 或 10^{-7}、10^{-8}、10^{-9}），每个稀释度做 3 个重复。采用十倍稀释法稀释菌液。

（2）转移菌液　分别用无菌移液管或移液器吸取选定稀释度的菌液各 1mL，加至相应编号的无菌平皿中。空白对照平皿中加入 1mL 无菌生理盐水。

（3）倾注培养　无菌操作将融化并冷却至 50℃左右的普通营养琼脂倾入皿底，倒入 15~20mL。然后迅速顺时针和逆时针方向摇匀平皿，使含菌悬液与培养基充分混匀，细菌细胞均匀分布在培养基内，便于计数。待培养基凝固后，37℃倒置培养。

（4）菌落计数　培养后取出平皿，计数、记录各皿的菌落数。计数时，可用标记笔在皿底分区域点涂计数，以免漏记和重复。

2. 比浊计数法确定细菌的近似浓度　　0.5～5 麦氏比浊管共有 6 管，每小组可自行选择管号来确定细菌的终浓度。各小组根据确定的浓度，完成大肠埃希菌和金黄色葡萄球菌两种细菌菌液的配制，实验材料为斜面培养物。整个过程分工完成，全程严格无菌操作。

1）无菌操作向细菌斜面培养物中加入适量无菌生理盐水，用接种环轻轻刮下菌苔，搅拌混匀，制成浓菌液。

2）无菌操作将制好的浓菌液加到与标准管相同直径（大小）的无菌试管中。

3）充分摇匀标准试管。

4）以无菌操作向被测定试管加入无菌生理盐水，直到浓度与所要求的标准管的浓度相同，即获得该细菌的近似浓度。

在比浊观察时直接用眼睛看，需要经验，误差较大。可找张白纸，打上平行直线，然后观察（利用光在不同浓度液体折射不同）。若测定时是肉汤培养物且不澄清时，则由培养物的值减去未接种培养基的值来校正细菌浓度。4 号管（肉汤培养物）－1 号管（孵育过的未接种的肉汤管）＝3 号管（校正读数）。如果肉汤颜色很深，把未接种试管放在标准管的后面读数即可。

【实验报告】

记录并报告大肠埃希菌和金黄色葡萄球菌的菌浓度。

【思考题】

1. 平板菌落计数的原理是什么？它适用于哪些微生物的计数？
2. 比浊计数法确定细菌浓度时应注意哪些事项？

实验八　细菌的分离培养与移植

【实验目的】

掌握细菌分离培养及移植的基本要领和方法。

【实验用品】

1. 材料　　大肠埃希菌固体培养物、金黄色葡萄球菌固体培养物、大肠埃希菌与金黄色葡萄球菌混合培养物、普通肉汤、普通斜面、普通琼脂平板。

2. 器具　　酒精灯、接种环、记号笔、厌氧袋。

【实验内容】

1. 细菌的分离　　平板划线接种法：各小组每位同学学习并掌握三区划线法。菌种可任意选择其一，划线接种到普通琼脂平板。每组有 2～3 块平板供练习，待熟练操作后可正式接种。在平皿底边缘处标记菌名、接种日期和接种者等信息。

2. 细菌的培养　　实验所用大肠埃希菌和金黄色葡萄球菌均为兼性厌氧菌，每个组接种好的平板分成两份，一份需氧培养，一份厌氧培养。厌氧培养的方法选用化学法，在厌氧袋中进行。每位同学可自主选择培养的方式，并学习另一种培养方法。

3. 细菌的移植　　各小组每位同学学习不同培养基间的移植方法。菌种可任意选择其一，学习从普通斜面移植至普通斜面/普通肉汤、普通平板移植至普通斜面/普通肉汤、普通肉汤移植至普通肉汤等移植方法。标记菌名、接种日期和接种者等信息，接种后37℃培养。

【实验报告】

记录各种接种方法的要点及接种后的生长情况。若出现问题，试分析原因。

【思考题】

1. 分离培养的目的是什么？何谓纯培养？
2. 在挑取固体培养物上的细菌做平板分区划线时，为什么在每区之间都要将接种环上剩余的细菌烧掉？
3. 平皿培养时为什么要倒置？

实验九　环境因素对细菌生长的影响

【实验目的】

了解环境因素对细菌生长的影响及原理。

【实验用品】

1. 材料　　大肠埃希菌、金黄色葡萄球菌、枯草芽孢杆菌、肉汤培养基、普通琼脂平板。

2. 试剂　　消毒剂。

3. 器具　　接种环、酒精灯、滤纸片、镊子、药敏纸片、无菌平皿、无菌棉签、恒温培养箱、高压蒸汽灭菌器、水浴锅、紫外线灯、微波炉、摇床。

【实验内容】

除营养条件因素外，影响微生物生长的环境因素（包括物理因素、化学因素和生物因素）还有很多，物理因子（如温度、渗透压、紫外线、酸碱度、氧气含量等）、化学因子（如各类药品和抗生素等）及生物因子（植物杀菌素、抗生素、细菌素等）对微生物的生长繁殖、生理生化过程均能产生很大的影响。总之，一切不良的环境条件均能使微生物的生长受到抑制，甚至导致菌体死亡。但是，一些能形成芽孢的微生物在不良环境下形成休眠体，它对恶劣环境有较强的耐受力和抵抗力。因此，可以通过控制环境条件，使有害微生物的生长繁殖受到抑制，甚至将其彻底杀死；而对有益微生物则可促使其更快地生长繁殖。

　　实验以小组为单位，验证不同环境因素对细菌的影响。各小组分工完成，每位同学负责一项内容，严格无菌操作。

1. 温度对细菌的影响　　湿热灭菌实验：通过煮沸灭菌和高压蒸汽灭菌验证高温对细菌的影响。

　　分别无菌接种大肠埃希菌和枯草芽孢杆菌于普通肉汤中，每种菌接种 4 支，分别标记为 S1、S2、S3、S4，以及 C1、C2、C3、C4。煮沸消毒和高压蒸汽灭菌处理后，37℃ 培养 18～24h 后观察结果。

| S1 | C1 | 煮沸 | 10min | S3 | C3 | 115.6℃ | 5min |
| S2 | C2 | 煮沸 | 1h | S4 | C4 | 121.3℃ | 15min |

2. 化学消毒剂对细菌的影响　　涂布法接种细菌：取无菌普通平板，用无菌棉签蘸取任意一种细菌的肉汤培养物，均匀涂布于培养基表面，涂布一次旋转 60°，重复 3 次。最后一次沿皿底边缘涂布一圈。将浸有不同消毒剂的滤纸片贴附于培养基表面，静置待滤纸片上的消毒液被吸收后，将平板倒置于 37℃恒温培养箱中 18～24h 后观察结果。

3. 抗生素对细菌的影响　　圆纸片扩散法：操作方法同 2.。在布满细菌的平板上，任选 4 种抗生素药敏纸片贴附于培养基表面，各纸片间距离应相等，且不能太靠近平皿的边缘。将平板倒置于 37℃恒温培养箱中 18～24h 后观察结果。

　　步骤 2、3 的实验结果用尺子测量抑菌圈直径，根据其直径大小可初步确定测试消毒剂及抗生素的抑菌效能。

4. 紫外线对细菌的影响　　将金黄色葡萄球菌接种于普通琼脂平板（2 块）上，置于紫外线灯下，其中一块暴露培养基，作用 5min 后置 37℃培养 18～24h 后观察结果。

5. 微波对细菌的影响　　将金黄色葡萄球菌液置于微波炉中，分别微波加热 15s、30s 和 1min 后，分别接种于普通琼脂平板上，37℃培养 18～24h 后观察结果。

6. 通气条件对细菌生长的影响　　将定量的大肠埃希菌接种于定量的普通肉汤（2 份）中，分别置于恒温培养箱、摇床培养 24h，观察肉汤的浑浊度，判定细菌生长情况。

7. 细菌的耐盐性　　分别配制含 0.5%、1%、5%、10%氯化钠的普通肉汤，接种大肠埃希菌，37℃培养 18～24h 后观察结果。

【实验报告】

1. 记录高温对细菌生长影响的实验结果，并进行分析。
2. 测量并记录不同化学消毒剂及不同抗生素对细菌影响的实验结果。

【思考题】

1. 通过实验说明芽孢的存在对消毒灭菌有何影响。
2. 上述实验中为何选用大肠埃希菌、金黄色葡萄球菌和枯草芽孢杆菌作为实验菌？各有何代表性？
3. 对实验内容中的 4～7 项实验结果进行分析。

实验十　细菌的生化实验

【实验目的】

1．掌握细菌鉴定中常用生化实验的原理和方法。
2．了解细菌生化实验在细菌鉴定及诊断中的重要意义。

【实验用品】

1．材料　大肠埃希菌、沙门菌，糖发酵培养基（葡萄糖、乳糖、麦芽糖、甘露醇、蔗糖）、葡萄糖蛋白胨水培养基、蛋白胨水培养基、尿素培养基、枸橼酸盐培养基、硝酸钾蛋白胨水培养基、半固体培养基、三糖铁培养基。
2．试剂　甲基红试剂，靛基质试剂，乙醚，硝酸钾甲、乙液，VP甲、乙液。
3．器具　接种环、恒温培养箱、试管架。

【实验内容】

实验以小组为单位，分工完成，每位同学负责部分内容，全程严格无菌操作。
1．接种　各小组有两套生化培养基，包括糖发酵培养基（葡萄糖、乳糖、麦芽糖、甘露醇、蔗糖）、葡萄糖蛋白胨水培养基、蛋白胨水培养基、尿素培养基、枸橼酸盐培养基、硝酸钾蛋白胨水培养基、半固体培养基、三糖铁培养基等12项生化项目，分别接种大肠埃希菌和沙门菌。其中半固体培养基穿刺接种，三糖铁培养基先划线后穿刺接种。
2．培养　接种好的培养基置37℃恒温培养箱中24～48h培养。
3．结果判定　方法见第一章第十节。

【实验报告】

记录大肠埃希菌、沙门菌的各项生化反应结果。

【思考题】

1．在肠杆菌科细菌的鉴定中，为什么生化实验占有重要地位？
2．MR实验与VP实验中的中间代谢产物和最终代谢产物有何异同？为什么最终代谢产物会有不同？

实验十一　自然界中微生物的分布

【实验目的】

1．了解周围环境中微生物的存在和分布状况。
2．了解无菌操作在微生物实验中的重要性。

【实验用品】

1. 材料　　土壤、自来水、污水、普通琼脂平板、普通营养琼脂（融化）培养基。

2. 试剂　　无菌生理盐水（10mL、9mL、5mL）。

3. 器具　　酒精灯、试管架、水浴锅、无菌吸管或枪头（1mL）、无菌空平皿、恒温培养箱、记号笔、无菌棉签、天平。

【实验内容】

实验以小组为单位，检测不同环境中细菌的数量。各小组分工完成，每位同学负责一项内容，严格无菌操作。

1. 标记　　　用记号笔在平皿底部标记样品名称、组别、日期等内容，或将这些内容写在标签纸上，贴于皿底一侧，避免影响结果观察。

2. 空气中微生物的检测　　选择适当位置，打开普通琼脂平板的皿盖，使培养基暴露于空气中一段时间，让空气中含微生物的尘埃或颗粒以沉降法自然接种到平板表面。时间选择 10min、30min 和 60min，时间到后盖上皿盖，37℃培养 24h 后观察结果。可选择同一地点不同时间或不同地点同一时间的不同方式。

3. 皮肤表面的细菌检测　　取普通琼脂平板一块，用记号笔在皿底划线一分为二，标记。打开皿盖，一侧用手指直接在培养基表面涂抹，另一侧洗手后再在培养基表面涂抹，盖好皿盖。37℃培养 24h 后观察结果。

4. 桌面的细菌检测　　取普通琼脂平板一块，用记号笔在皿底划线一分为二，标记。打开皿盖，一侧用无菌棉签在 5mL 盐水管中浸湿后直接在培养基表面涂抹，另一侧用湿棉签涂抹局部桌面后再在培养基表面涂抹，盖好皿盖。37℃培养 24h 后观察结果。

5. 土壤中微生物的检测　　取约 1g 土（距离地表 10cm 处）于 10mL 无菌生理盐水中，振荡混匀。静置 10min 后，做 10×递增稀释。选择任意 3 个稀释度，稀释的同时各吸取 1mL 菌悬液于无菌空平皿中，倾注已融化并冷却至 55℃左右的无菌普通营养琼脂，使培养基与菌悬液混匀，凝固后 37℃培养 24h，观察结果。

6. 水中微生物的检测　　分别无菌吸取 1mL 自来水和污水于无菌的空平皿中，倾注已融化并冷却至 55℃左右的无菌普通营养琼脂，使培养基与菌悬液混匀，凝固后 37℃培养 24h 后观察结果。

【实验报告】

通过实验结果，浅谈自己的感想。

【思考题】

1. 找出不同环境中微生物种类和数量存在差异的原因。

2. 本实验中哪些实验步骤属于无菌操作？为什么？

实验十二 大肠埃希菌与沙门菌

【实验目的】

1. 熟悉大肠埃希菌和沙门菌的形态特点及生长特性。
2. 熟悉不同标本中肠杆菌科细菌的分离和鉴定方法。

【实验用品】

1. 材料 大肠埃希菌、沙门菌、营养肉汤、普通琼脂平板、血液琼脂平板、伊红-亚甲蓝琼脂（EMB）平板、沙门-志贺琼脂（SS）平板、麦康凯琼脂（MAC）平板、常规生化培养基。

2. 试剂 革兰氏染液。

3. 器具 接种环、载玻片、滤纸本、酒精灯、恒温培养箱、试管架、普通光学显微镜。

【实验内容】

肠道杆菌是由一大群生化和遗传上相关的中等大小杆菌组成。其均为革兰氏阴性、无芽孢的兼性厌氧菌。有的以周生鞭毛运动，有的不运动，有或无荚膜。绝大多数在普通培养基上生长良好。其广泛分布于自然界，包括腐生菌、寄生菌等。许多种寄居于人或动物肠道内的细菌，成为正常肠道菌群的重要成员之一。其生物学性状相似，但生化反应、抗原构造有差异，据此可将它们分类、鉴定。

实验以小组为单位，各小组分工完成。每位同学负责部分实验内容，操作时严格无菌。

1. 培养基的制备 按操作规范制备营养肉汤、普通琼脂平板、血液琼脂平板、EMB 平板、SS 平板、MAC 平板、常规生化培养基。

2. 接种

1）将大肠埃希菌和沙门菌分别接种于普通培养基（营养肉汤、普通琼脂平板）。

2）将大肠埃希菌和沙门菌分别接种于血平板上。

3）将大肠埃希菌和沙门菌分别接种于鉴别培养基（EMB 平板、SS 平板、MAC 平板）上。

4）将大肠埃希菌和沙门菌分别接种于生化培养基上。

3. 培养特性的观察 以上接种的各种培养基经 37℃培养 24～48h 后，观察和记录大肠埃希菌和沙门菌在各种培养基上的生长特性。

4. 生化特性 判定和记录大肠埃希菌和沙门菌在各种生化培养基上的生长特性。鉴定方法见实验十。

5. 形态观察 取大肠埃希菌和沙门菌的固体或液体培养物，涂片染色镜检，观察其镜下形态。

【实验报告】

1. 描述大肠埃希菌和沙门菌在各种培养基上的生长表现。

2．绘制大肠埃希菌和沙门菌的镜检视野图。

【思考题】

1．肠杆菌科细菌有何共性？用什么方法将它们区分鉴别？

2．在鉴别培养基上的大肠埃希菌和沙门菌的生长特性有何不同？试分析其原因。

实验十三　葡萄球菌

【实验目的】

1．熟悉白色葡萄球菌和金黄色葡萄球菌的形态特点及生长特性。

2．熟悉致病性葡萄球菌的鉴定要点。

【实验器材】

1．材料　金黄色葡萄球菌、白色葡萄球菌、普通琼脂平板、营养肉汤、血液琼脂平板、卵黄琼脂平板、兔血浆。

2．试剂　革兰氏染液、生理盐水。

3．器具　接种环、酒精灯、试管、玻片、普通光学显微镜、恒温培养箱、记号笔。

【实验内容】

葡萄球菌广泛分布于空气、饲料、水、地面及物体表面。人及畜禽的皮肤、黏膜、肠道、呼吸道及乳腺中也有寄生。具有致病性的葡萄球菌常引起各种化脓性疾患、败血症或脓毒败血症。当污染食品时可引起食物中毒。故在公共卫生学、兽医学上均有十分重要的地位。

实验以小组为单位，各小组分工完成。每位同学负责部分实验内容，操作时严格无菌。

1．培养基的制备　按操作规范制备营养肉汤、普通琼脂平板、血液琼脂平板、卵黄琼脂平板。

2．接种

1）接种白色葡萄球菌和金黄色葡萄球菌于普通培养基（营养肉汤、普通琼脂平板）。

2）接种白色葡萄球菌和金黄色葡萄球菌于血液琼脂平板。

3）接种白色葡萄球菌和金黄色葡萄球菌于卵黄琼脂平板。

3．培养特性观察　以上接种的各种培养基经 37℃培养 18~24h 后，观察和鉴定白色葡萄球菌与金黄色葡萄球菌在各种培养基上的生长特性。

4．形态观察　取白色葡萄球菌和金黄色葡萄球菌的固体及液体培养物，涂片染色镜检。比较观察液体、固体检材中葡萄球菌排列方式的不同。

5．血浆凝固酶实验　多数葡萄球菌的致病菌株能同时产生两种蛋白质，一种分泌于菌体外，另一种结合在菌体表面，它们能使含有抗凝剂的家兔或人的血浆凝固，称为凝固酶。前一种称游离凝固酶，类似凝血酶原的作用；后一种称结合凝固酶，可使血浆纤维蛋白与菌体交联，引起菌体凝集。凝固酶耐热，且具有抗原性，易被蛋白酶分解破坏。凝固酶有助于致病菌株抵御宿主体内吞噬细胞和杀菌物质的作用，同时也使感染局限化。因此，测定血浆凝固酶的有无是鉴定葡萄球菌致病性的重要依据。

（1）玻片法　　取干净玻片一块，用记号笔将玻片划成两格，其中一格加 2 接种环的生理盐水，另一格加 1∶2 生理盐水稀释的兔血浆（或人血浆）1 环。用接种环取上述培养物葡萄球菌的菌落少许在生理盐水内研磨成细菌悬液，然后取此悬液 1 环与血浆混匀。5min 以内观察结果，若有凝块出现，即为阳性；若无凝块出现，则为阴性。

（2）试管法　　按表 5-1 加入 1∶4 血浆及葡萄球菌肉汤培养液；将各管置 37℃水浴或恒温培养箱中，每隔 30min 观察一次结果；在 3h 内，若第一管及第二管出现凝固，而第三管不出现凝固则为阳性。

表 5-1　血浆凝固酶实验（试管法）

试管	血浆（1∶4）	待检葡萄球菌肉汤培养物	金黄色葡萄球菌肉汤培养物	营养肉汤	结果
1	0.5mL	0.5mL	—	—	
2	0.5mL	—	0.5mL	—	
3	0.5mL	—	—	0.5mL	

【实验报告】

1. 描述白色葡萄球菌和金黄色葡萄球菌在各种培养基上的生长表现并绘图。
2. 简述致病性葡萄球菌的鉴别要点。

【思考题】

1. 致病性葡萄球菌产生溶血现象的机制是什么？
2. 鉴定一株葡萄球菌是否具有致病性，为什么还要进行动物实验？

实验十四　真菌的培养及形态观察

【实验目的】

掌握真菌的分离培养方法，认识真菌的基本形态结构。

【实验用品】

1. **材料**　　待检霉菌、沙保弱氏平板、霉菌（青霉、曲霉、毛霉）标本片。
2. **试剂**　　无菌水。
3. **器具**　　载玻片、盖玻片、湿盒、普通光学显微镜、恒温培养箱、接种环、酒精灯、无菌滴管。

【实验内容】

真菌是一大类不含叶绿素，无根、茎、叶，由单细胞或多细胞组成的真核细胞型微生物。在自然界中分布广、数量大、种类多。主要营腐生和寄生生活，且真菌体内含有丰富的酶系统，能分解各类复杂的有机物质，所以在有机物存在的阴暗、潮湿的地方均能看见真菌的踪迹，并且在物质循环中也起着重要的作用。大部分真菌对人类有益，但有些真菌可引起人和畜禽疾病，有些霉菌还产生毒素，直接或间接地危害人类和动物健康。真菌分为酵母样真菌（酵母菌）和丝状真菌（霉菌）两大类。

1. 观察待检霉菌在固体培养基上的生长表现　　各小组在实验前一周制备沙保弱氏平板，并接种待检霉菌，30℃培养 2～5d 后，观察其生长表现。包括菌落的大小、颜色、孢子颜色及产色素情况。

2. 霉菌标本片的观察　　实验提供 3 种常见霉菌标本片，毛霉、青霉、曲霉标本片，每位同学需仔细观察每种霉菌镜下的形态特点。

3. 霉菌小培养片（载玻片法）的制作　　无菌勾取待检霉菌孢子至无菌水中，振荡制成孢子悬液备用。取一张干净的载玻片，无菌勾取 1～2 环孢子悬液于载玻片中央，用无菌滴管吸取少许已融化的沙保弱氏培养基滴于孢子悬液上，并迅速将盖玻片盖在培养基上，压成直径 1cm 左右的圆形。将制好的玻片放入湿盒中，28℃培养 3d 后取出，室温再培养 2～3d。

4. 待检霉菌的形态观察及鉴定　　将培养好的小培养片取出，镜下观察霉菌的基本形态，并根据其形态特征进行鉴定。

【实验报告】

鉴定待检霉菌并绘图。

【思考题】

描述常见霉菌的形态特征和培养特性。

实验十五　食品中菌落总数及大肠菌群的测定

【实验目的】

1. 了解国家规定的食品质量与细菌菌落总数和大肠菌群数量的重要关系。
2. 掌握食品中细菌菌落总数及大肠菌群的测定方法。

【实验用品】

1. 材料　　牛乳、饮料、酱油、普通营养琼脂（融化）培养基、单料乳糖胆盐发酵培养基、乳糖发酵培养基、EMB 平板。

2. 试剂　　稀释液（无菌生理盐水）、革兰氏染色液。

3. 器具　　无菌平皿、移液器、无菌枪头、剪刀、恒温培养箱、水浴锅、灭菌塑料瓶、普通光学显微镜、酒精棉球。

【实验内容】

菌落总数：是指于固体培养基上，在一定条件下培养后单位重量（g）、容积（mL）、表面积（cm^2）或体积（m^3）的被检样品所生成的细菌菌落总数。它所反映的是检样中的活菌数，细菌数越多，说明污染程度越大，这项指标可判定待测样品被污染的程度。

大肠菌群数：是指 100mL（g）检样中（或 1000mL 水中）所含大肠菌群的最可能数（most probable number，MPN）。大肠菌群包含肠杆菌科中的 4 个属，即埃希菌属、柠檬酸杆菌属、克雷伯菌属和肠杆菌属。这一菌群致病力不强，具有共同特点：好氧和兼性厌氧、革兰氏阴性、无芽孢杆菌、37℃培养 24～48h 能发酵乳糖产酸产气。大肠菌群在人畜肠道内含量最多，可随排泄物进入水源或污染食品。国际公认以大肠菌群作为粪便污染指标，这项指标可判定待测样品有无被粪便污染及污染的程度。

各小组准备检样 1～2 种，小组分工共同完成。

1. 细菌菌落总数的测定

（1）样品稀释　　取待测样品（牛乳、饮料、酱油等）1 瓶（袋），无菌操作（灭菌瓶口，塑料瓶则用 75%的酒精棉球擦拭；袋口用 75%的酒精棉球擦拭后，用无菌剪刀剪开）取 25mL 检样于 225mL 无菌生理盐水中，充分混匀，制成 10^{-1} 的稀释液，做 10 倍递增稀释。

（2）培养　　将上述样品稀释液充分振荡混匀，分别吸取相应稀释度的稀释液 1mL 至对应的无菌平皿中，每个稀释度做 2 个重复。将融化并冷却至 55℃左右的营养琼脂注入平皿中，立即轻轻旋转平皿，使检样与培养基混匀。待凝固后，置 37℃恒温培养箱中培养（48±2）h。

（3）菌落计数　　记录各平板上的菌落数后，按下述菌落总数报告方式进行计数并报告。

1）先计算同一稀释度的平均菌落数。若其中一个平板有大片状菌苔生长则不应采用，用另一平板上的菌落数作为该稀释度的平均菌落数；若片状菌苔大小不到平板的一半，其余一半菌落分布均匀时，可将此一半的菌落数乘 2，然后再计算稀释度的平均菌落数。

2）计数时应选择菌落数在 30～300 的平板。当只有一个稀释度的平均菌落数符合此范围时，则以该平均菌落数乘以稀释倍数即为该样的细菌总数。

3）若有 2 个稀释度的菌落数都在 30～300，则按两者菌落总数的比值来决定。若比值小于 2，应取两者的平均数；若大于 2，则取其较小的菌落数。

4）若所有稀释度的平均菌落数均大于 300，则应按稀释倍数最高的平均菌落数乘以稀释倍数。

5）若所有稀释度的平均菌落数均小于 30，则应按稀释倍数最低的平均菌落数乘以稀释倍数。

6）若所有稀释度的菌落数均不在 30～300，则以最接近 300 或 30 的平均菌落数乘以稀释倍数。

2. 大肠菌群最可能数（MPN）的测定　　按 1.所述方法对待检样品取样，将样品

制成 10^{-1} 的稀释液后,根据对待测样品的污染程度估计,用多管发酵法选择 3 个稀释度,按下列步骤测定。

（1）初步发酵实验　　将已稀释好的待检样品 1mL 接种于单料乳糖胆盐发酵培养基管内;接种量在 1mL 以上者,可用双料乳糖胆盐发酵管。每一稀释度接种 3 管,置 37℃培养 24h,如所有乳糖胆盐发酵管都不产酸、产气,则可报告大肠菌群为阴性;如有产酸、产气者则按下列程序进行。

（2）分离培养　　将产酸、产气的发酵管进行分离培养。分别用接种环取发酵液,无菌划线接种于 EMB 平板,37℃培养 18～24h。将出现的大肠菌群可疑菌落进行涂片,革兰氏染色后镜检。

（3）复发酵实验　　挑取经镜检为革兰氏阴性、无芽孢的短杆菌的疑似菌落 1～2个,分别接种于含有乳糖发酵培养基的管内并摇匀,于 37℃培养 18～24h。如产酸、产气,即确证为大肠菌群阳性。查大肠菌群最可能数（MPN）检索表。根据发酵实验的阳性管数,得出每 100 毫升（克）食品中存在的大肠菌群最可能数。

【实验报告】

1. 参照菌落计算方法,报告待测样品中的细菌菌落总数。
2. 报告样品的大肠菌群最可能数。

【思考题】

1. 肠道寄生菌种类繁多,为什么要选用大肠菌群作为食品被污染的指标?
2. 检测菌落总数和大肠菌群数在食品安全中有何重要意义?

第六章　兽医免疫学实验指导

实验一　免疫学基础实验——动物实验

【实验目的】

1. 掌握实验动物的接种、采血和解剖方法及注意事项。
2. 掌握血清的制备方法。

【实验用品】

1. 材料　大肠埃希菌的肉汤培养物、家兔、小白鼠。

2. 器具　一次性注射器（1mL、10mL）、酒精棉、镊子、解剖板、剪刀、手术刀等。

【实验内容】

1. 接种　每位同学一只小鼠、每小组一只家兔练习，完成每种接种途径。

2. 采血　家兔心脏采血，每小组同学依次练习。

3. 解剖　每位同学独立完成小鼠的剖检。

【实验报告】

简述各项操作方法的过程及其注意事项。

【思考题】

1. 实验动物在微生物学实验中有何重要意义？
2. 在实验中为何要严格无菌操作？

实验二　抗原的制备

【实验目的】

掌握抗原的制备过程。

【实验用品】

1. 材料　动物血清，鼠伤寒沙门菌、大肠埃希菌、金黄色葡萄球菌的斜面培养物，家兔。

2．试剂　　100g/L 硫酸铝钾、0.01%硫柳汞生理盐水、蒸馏水、NaOH、生理盐水、0.3%福尔马林等。

3．器具　　注射器、量筒、烧杯、吸管、滴管、酒精棉、镊子、剪毛剪、离心机、水浴锅等。

【实验内容】

1．血清抗原的制备

血清	25mL
蒸馏水	80mL
100g/L 的钾明矾（硫酸铝钾）水溶液	90mL

将上述液体混合后用 5mol/L 的 NaOH 滴定 pH 至 6.5 左右，2000r/min 离心 15min，去上清液。沉淀物用 0.01%硫柳汞生理盐水离心洗涤 2 次，最后加 0.01%的硫柳汞生理盐水至 100mL，4℃保存。血清种类由小组选定，采血并分离血清。

2．全菌抗原的制备　　用生理盐水将细菌斜面培养物洗下，确定菌浓度为 5 亿～10 亿/mL，沸水浴 2h 后加 0.3%福尔马林防腐保存备用。每组任选一株菌。

【实验报告】

记录血清抗原和全菌抗原的制备过程及在制备过程中出现的问题及解决方法。

【思考题】

1．作为抗原应具备哪些基本条件？
2．血清抗原和全菌抗原有何不同？各有何优缺点？

实验三　　免疫血清的制备

【实验目的】

掌握免疫血清的制备方法及检验方法。

【实验器材】

1．材料　　抗原、家兔。
2．试剂　　0.01%的硫柳汞或 0.1%的叠氮钠、甘油。
3．器具　　剪毛剪、注射器、动物固定架、酒精棉球、恒温培养箱、冰箱等。

【实验内容】

免疫血清是免疫学实验必不可少的生物制剂，免疫血清的质量直接影响实验的准确性、特异性和敏感性。用具有抗原性的物质免疫动物可刺激动物机体产生特异性的抗体。因此，根据抗原的性质选择合适的动物制定合理的免疫方案，制备优良的血清。

1．免疫动物

（1）血清抗原　　抗原按 5mL/kg 分多点（颈后皮下、两后肢大腿外侧）肌肉注射家兔，7d 后再注射 1 次。

（2）全菌抗原　　分别将 0.5mL、1.0mL、2.0mL、3.0mL 的加热菌液每间隔 4 天给家兔静脉注射 1 次（第 1 天，第 5 天，第 9 天，第 13 天）。

2．免疫血清的分离及保存

（1）血清抗原　　注射 7d 后采血分离血清，加入防腐剂（终浓度为 0.01%的硫柳汞或 0.1%的叠氮钠），−20℃保存备用。

（2）全菌抗原　　注射后的第 6 天或第 7 天采血，分离血清后加等量甘油防腐，4℃保存备用。

【实验报告】

记录免疫血清制备的全过程及在免疫过程中出现的问题与解决方法。

【思考题】

针对不同的抗原，其免疫检测的方法有何不同？

实验四　血清免疫球蛋白的纯化

【实验目的】

掌握盐析法提纯血清免疫球蛋白。

【实验器材】

1．材料　　血清。

2．试剂　　灭菌生理盐水、奈氏试剂、饱和硫酸铵（SAS）溶液、磷酸盐缓冲液（PBS）等。

3．器具　　透析袋、尼龙绳、精密 pH 试纸（pH 5.5～9.0）、大烧杯、量筒、毛细滴管、冰箱、离心机、玻璃棒、水浴锅等。

【实验内容】

根据免疫球蛋白与其他血清蛋白的分子大小、电离密度、等电点及在水溶液中的溶解度不同，将其从血清中分离出来，进而加以纯化。常用的方法有盐析法、凝胶过滤法、离子交换层析法和亲和层析法等。

5mL 血清＋5mL 等量灭菌生理盐水，搅拌过程中逐滴加 10mL 饱和硫酸铵溶液（终浓度为 50%），4℃孵育 3h 以上，使其充分沉淀，3000r/min 离心 30min 后，弃上清（白蛋白），将沉淀（球蛋白）溶于少量生理盐水中，加无菌生理盐水恢复至 5mL，边搅拌边滴加 2.5mL 饱和硫酸铵溶液（此时硫酸铵的饱和度为 33%），4℃孵育 3h 以上，

3000r/min 离心 30min 后，弃上清（假球蛋白部分），重复上述操作 1～2 次至上清液无色即可，将末次离心后所得沉淀物溶于少量无菌生理盐水中，用毛细滴管将其移入透析袋中，两端扎紧，留出 1/10 的空隙，将透析袋浸于大烧杯中，用 pH 7.4 的 PBS 缓冲液充分透析、除盐换液 3 次，至奈氏试剂测透析外液为淡黄色，收集免疫球蛋白 G，4℃保存备用。

【实验报告】

记录血清免疫蛋白纯化过程中出现的问题及解决方法。

【思考题】

饱和硫酸铵的浓度对免疫球蛋白的提纯有何影响？

【附】 试剂配制方法及处理

1．试剂配制

（1）饱和硫酸铵溶液　　称（NH_4）$_2SO_4$（分析纯）400～425g，以 50～80℃的蒸馏水 500mL 溶解，搅拌 20min，趁热过滤。冷却后以浓氨水（NH_4OH）调 pH 至 7.4。配好的饱和硫酸铵溶液，瓶底应有结晶析出。

（2）奈氏试剂　　称 HgI 11.5g，KI 8g，加蒸馏水至 50mL，搅拌溶解后，再加入 20% 的 NaOH 50mL。

（3）0.01mol/L、pH 7.4 的磷酸盐缓冲液（PBS）　　先配制 0.1mol/L、pH 7.4 的 PB 液。

KH_2PO_4	2.61g
Na_2HPO_4 · $12H_2O$	28.94g
加蒸馏水至	1000 mL

用时取上液 100mL，加 NaCl 8.5g，加蒸馏水至 1000mL，即为 0.01mol/L、pH 7.4 的 PBS 液。

2．不同动物血清蛋白硫酸铵盐析浓度参考值

（1）家兔、绵羊、鸡、猪　　用 33% SAS（饱和硫酸铵）沉淀 3 次。

（2）山羊　　30% SAS 沉淀 1 次，再用 33% SAS 沉淀 2 次。

（3）小鼠　　33% SAS 沉淀 1 次，再用 40% SAS 沉淀 2 次。

（4）大鼠　　35% SAS 沉淀 1 次，再用 40% SAS 沉淀 2 次。

（5）马　　30% SAS 沉淀 1 次，再用 45% SAS 沉淀 2 次。

3．透析袋处理

1）将透析袋于 2% $NaHCO_3$＋1mol/L EDTA 中煮 10min，用蒸馏水洗净，再用蒸馏水煮 10min，冷却至室温即可使用。

2）如暂时不用，将透析袋浸于 0.2mol/L EDTA 溶液中，4℃存放。

3）使用后的透析袋及时用蒸馏水反复冲洗后同上法处理，浸于 0.2mol/L EDTA 溶液中，4℃存放。

4）透析袋亦可高压蒸汽灭菌。吸取或装入透析物时不能直接接触透析袋，应佩戴一

次性手套或使用镊子。

实验五　凝集反应

【实验目的】

1．掌握玻板凝集反应和试管凝集反应的操作技术及结果判定方法。
2．了解直接凝集反应的用途。

【实验用品】

1．材料　布氏杆菌试管凝集抗原、布氏杆菌平板凝集抗原、布氏杆菌标准阳性血清、布氏杆菌标准阴性血清、待检血清（牛）、鸡白痢全血平板凝集反应抗原、鸡白痢阳性血清、鸡白痢阴性血清、鸡全血（或待检血清）。

2．试剂　0.5%石炭酸生理盐水。

3．器具　玻板、试管、0.2mL 吸管或微量加样器、接种环、酒精灯、记号笔、火柴棒、试管架、培养箱等。

【实验内容】

1．布氏杆菌平板（玻板）凝集反应　　取洁净玻板一块，用记号笔划成 6 个方格，每格分别放入待检血清（牛）0.01mL、0.02mL、0.04mL、0.08mL，再加布氏杆菌平板凝集抗原各 0.03mL 于方格内，从血清量最少的一格开始用一根火柴棒或牙签混合均匀。同时设阴、阳性血清对照。混匀完毕后，将玻板置室温（20℃）下 4～10min 后记录反应结果。

2．鸡白痢平板凝集反应　　用接种环勾取鸡白痢全血平板凝集反应抗原于玻板上，再蘸取鸡全血和抗原充分混匀，静置判定结果。同时设阳性和阴性对照。

结果判定：在阳性血清和阴性血清实验结果正确的对照下判定结果，用"＋"表示反应的强度。＋＋＋＋：液体完全透明，菌体完全被凝集呈现大的凝集块，呈片状、块状或颗粒状（即 100%的菌体被凝集）。＋＋＋：液体略呈浑浊，菌体大部分被凝集（75%菌体被凝集）。＋＋：液体不甚透明，菌体部分被凝集（50%菌体被凝集）。＋：液体透明度不高或不透明，有不甚显著的凝集块（25%菌体被凝集）。－：液体不透明，无凝集。

3．牛布氏杆菌试管凝集反应

（1）加样　　每份血清用试管 4 支，分别标号 1～4，另取对照试管 3 支，分别标号 5～7，置试管架上。如待检血清有多份，对照只需 1 份。按表 6-1 先加 0.5%石炭酸生理盐水，然后用 1mL 吸管或加样器吸取待检血清 0.2mL 加入第 1 管中，充分混匀，吸出 1.5mL 弃之，再吸出 0.5mL 加入第 2 管，混匀后吸取 0.5mL 加入第 3 管，依此类推至第 4 管，混匀后弃去 0.5mL。第 5 管中不加待检血清，第 6 管中加 1∶25 稀释的布氏杆菌标准阳性血清 0.5mL，第 7 管中加入 1∶25 稀释的布氏杆菌标准阴性血清 0.5mL。

（2）加抗原　　每管各加入以 0.5%石炭酸生理盐水稀释 20 倍的布氏杆菌试管凝集抗原 0.5mL。

（3）作用　　在各试管加完抗原后，将 7 支试管同时充分混匀，置 37℃培养箱中 4～10h，取出后置室温 18～24h，然后观察并记录结果。待检血清稀释度如下：猪、羊、狗为 1∶25，1∶50，1∶100，1∶200；牛、马、骆驼为 1∶50，1∶100，1∶200，1∶400 等 4 个稀释度。大规模检疫可只用两个稀释度，即猪、羊、狗为 1∶25 和 1∶50；牛、马、骆驼为 1∶50 和 1∶100。

表 6-1　试管凝集反应术式　　　　　　　　　　　（单位：mL）

管号	1	2	3	4	5 抗原对照	6 阳性血清	7 阴性血清
最终血清稀释度	1∶25	1∶50	1∶100	1∶200		1∶25	1∶25
石炭酸生理盐水	2.3	0.5	0.5	0.5	0.5	—	—
被检血清	0.2	0.5	0.5	0.5	—	0.5	0.5
	弃去 1.5			弃去 0.5			
抗原（1∶20）	0.5	0.5	0.5	0.5	0.5	0.5	0.5

（4）结果判定　　判定结果时用"＋"表示反应的强度。＋＋＋＋：液体完全透明，菌体完全被凝集呈伞状沉于管底，振荡时，沉淀物呈片状、块状或颗粒状（即 100%菌体被凝集）。＋＋＋：液体略呈浑浊，菌体大部分被凝集沉于管底，振荡时情况如上（75%菌体被凝集）。＋＋：液体不甚透明，管底有明显的凝集沉淀，振荡时有块状或小片絮状物（50%菌体被凝集）。＋：液体透明度不明显或不透明，有不甚显著的沉淀或仅有沉淀的痕迹（25%菌体被凝集）。－：液体不透明，管底无凝集，有时管底可见有一部分沉淀，但振荡后立即散开混匀。确定血清凝集价（滴度）时，应以出现＋＋以上凝集现象的最高稀释度为准。

判定标准牛、马和骆驼凝集价 1∶100 以上，猪、绵羊、山羊和狗 1∶50 以上为阳性；牛、马和骆驼 1∶50，猪、羊等 1∶25 为可疑。

【实验报告】

记录实验反应结果。并简述玻板凝集反应与试管凝集反应各有何优点？

【思考题】

1．哪些因素影响细菌凝集反应？凝集反应中为什么要设生理盐水对照？
2．免疫血清的效价如何测定？

实验六　沉淀反应

【实验目的】

掌握环状沉淀反应及琼脂扩散实验的操作技术和结果判定方法。

【实验用品】

1. 材料　　炭疽沉淀抗原、炭疽沉淀血清、马传贫琼扩抗原及马传贫标准阳性血清、鸡马立克氏病琼扩抗原及鸡马立克氏病阳性血清。

2. 试剂　　石炭酸生理盐水、生理盐水、琼脂粉。

3. 器具　　沉淀管、毛细滴管、琼脂扩散平板、恒温培养箱、天平、剪刀、滤纸、水浴锅、湿盒、（梅花）打孔器等。

【实验内容】

1. 炭疽环状沉淀反应

（1）抗原处理　　如待检样为皮张可用冷浸法：检样置37℃恒温培养箱烘干，高压蒸汽灭菌后，剪成小块称重，然后加入5~10倍的石炭酸生理盐水，放室温浸泡10~24h，用滤纸过滤2~3次，使其呈清朗的液体，即为待检抗原。

（2）加样　　取2支沉淀管，在其底部各加约0.1mL的炭疽沉淀血清（用毛细滴管沿管壁加，注意不可有气泡产生）。再用毛细滴管将待检抗原沿着管壁重叠在炭疽沉淀血清之上，上下两液间有整齐的界面，注意勿产生气泡。另一支加生理盐水，作为对照。

（3）结果判定　　5~10min内判定结果，上下重叠两液界面上出现乳白色环者，为炭疽阳性。

2. 琼脂双向扩散实验

（1）琼脂扩散平板制备　　将1%的琼脂粉加至生理盐水中，煮沸使其溶解。待溶解的琼脂温度降至55℃左右时浇平板，厚约2mm。

（2）打孔　　在琼脂扩散平板上打梅花孔，孔径为2mm，中间孔和周围孔间的距离大约为3mm。

（3）加样　　将待检血清、生理盐水、马传贫标准阳性血清（或鸡马立克氏病阳性血清）等分别加至周围孔中，中间加马传贫琼扩抗原（或鸡马立克氏病琼扩抗原）。

（4）作用　　将琼扩板放置湿盒中，在饱和湿度下，于37℃扩散24h。

（5）结果判定　　抗原、抗体在凝胶内扩散，在两孔之间比例最适合的位置出现沉淀带，出现沉淀带的抗体最大稀释倍数即抗体效价。

【实验报告】

试设计一个实验用于鉴定血迹，以区分它是人血还是动物血。

【思考题】

1. 简述环状沉淀反应在实际中的用途。

2. 为什么琼脂扩散实验常用于复杂抗原的分析？

实验七　病毒血凝反应和血凝抑制反应

【实验目的】

1. 掌握病毒血凝反应和血凝抑制反应的原理和基本操作方法。
2. 掌握血凝反应和血凝抑制反应结果的判定方法。

【实验用品】

1. 材料　　1%鸡红细胞悬液、新城疫病毒液（尿囊液或冻干疫苗液）、新城疫阳性血清、待检血清。

2. 试剂　　生理盐水。

3. 器具　　96孔"U"形或"V"形微量反应板、50μL定量移液器、枪头、微型振荡器、恒温培养箱等。

【实验内容】

1. 血凝（HA）反应

1）在96孔微量反应板上进行，自左至右各孔依次加入50μL生理盐水。

2）于左侧第1孔加50μL新城疫病毒液（尿囊液或冻干疫苗液），混合均匀后，吸取50μL至第2孔，混合均匀后，依此比例稀释至11孔，吸弃50μL；第12孔为红细胞对照。

3）自左至右依次向各孔中加1%鸡红细胞悬液50μL，至微型振荡器上振荡1min，使病毒和红细胞充分结合，放置于37℃恒温培养箱中作用15～30min后，观察结果。

红细胞全部凝集，沉于孔底，平铺呈网状，即为100%凝集（＋＋＋＋），不凝集者（一）红细胞沉于孔底呈点状。

4）以100%凝集病毒最大稀释度为该病毒血凝价，即一个血凝单位。

2. 血凝抑制（HI）反应

1）根据HA反应结果，确定病毒的血凝价，配成4个血凝单位的病毒液。

2）在96孔微量反应板上进行，用固定病毒稀释血清，自第1孔至第11孔各加25μL生理盐水。

3）第1孔加新城疫阳性血清25μL，混合均匀，吸25μL至第2孔，依此比例稀释至第10孔，吸弃25μL。如此血清稀释倍数为第1孔1∶2，第二孔1∶4……第12孔加新城疫阳性血清25μL，作为血清对照。

4）自第1孔至第12孔各加25μL 4个血凝单位的病毒液，其中第11孔为病毒液对照，振荡混合均匀，室温静置10min。

5）自左至右依次向各孔中加1%鸡红细胞悬液50μL，至微型振荡器上振荡1min，使病毒和红细胞充分结合均匀，放置于37℃恒温培养箱中作用15～30min后，观察结果。

6）结果判定：待病毒对照孔（第11孔）出现红细胞100%凝集（＋＋＋＋），而血清对照孔（第 12 孔）为完全不凝集（一）时，即可进行结果观察。

以 100%抑制凝集（完全不凝集）的血清最大稀释度为该血清的血凝抑制价，即 HI 价。凡被新城疫阳性血清抑制血凝者，该病毒即为新城疫病毒。

【实验报告】

记录实验反应结果，并简述血凝反应和血凝抑制反应中的注意事项。

【思考题】

简述血凝抑制反应的用途。

实验八　免疫细胞的分离及观察——酯酶染色

【实验目的】

掌握免疫细胞的分离技术及免疫活性细胞的识别方法。

【实验用品】

1. 材料　　肝素抗凝血。

2. 试剂

（1）固定液　　2.5%戊二醛溶液或 40%甲醛溶液。

（2）应用染色液（孵育液）　　取 1mL 亚硝酸钠溶液缓慢滴入 1mL 的副品红液中，边加边摇匀，副品红液由红色变为浅黄色。混合后，静置 1~2min，将此混合液倒入 30mL 0.067mol/L、pH 7.6 的 PB 液中，充分混合后，再加入 α-乙酸萘酯溶液 0.85mL，边加边搅拌，混匀后使用。

1）副品红液：取 2g 副品红加入 100mL 2mol/L HCl 中，温水浴溶解后保存于 4℃ 备用。

2）亚硝酸钠溶液：现用现配，取 0.14g 亚硝酸钠加入蒸馏水 10mL，振荡溶解。

3）α-乙酸萘酯溶液：取 2g α-乙酸萘酯溶于 100mL 乙二醇单甲醚中，贮于棕色瓶内，于 4℃ 保存。

4）0.067mol/L、pH 7.6 的 PB 液：

甲液：9.08g KH_2PO_4 溶于 1000mL 蒸馏水中。

乙液：9.47g Na_2HPO_4（或 11.87g $Na_2HPO_4 \cdot 12H_2O$）溶于 1000mL 蒸馏水中。使用时取甲液 13mL 和乙液 87mL 混合即成。

（3）甲基绿染液　　取 1g 甲基绿，溶于 100mL 蒸馏水中，4℃ 保存。

（4）其他试剂　　淋巴细胞分离液、生理盐水、蒸馏水等。

3. 器具　　毛细滴管、离心管、真空采血管（肝素）、载玻片、冰箱、离心机、滤纸、水浴锅、普通光学显微镜。

【实验内容】

T 细胞细胞质内含有酸性 α-乙酸萘酯酶（ANAE），在弱酸性条件下，能使底物 α-乙酸萘酯水解成乙酸和 α-萘酚。后者与六偶氮副品红偶联生成红色不溶性的沉淀物沉积在 T 淋巴细胞细胞质内酯酶所在的部位，经甲基绿复染，反应颗粒颜色变暗，呈紫红色（棕红色）。B 淋巴细胞细胞质内不含 ANAE，故 ANAE 染色呈阴性。由此可进行 T、B 细胞的识别，是一种非特异方法。

1）标本片制备：取肝素抗凝血 1mL，加入等量或适量的生理盐水稀释，沿离心管壁用毛细滴管缓缓滴加于 2mL 淋巴细胞分离液上，2000r/min 水平离心 20min。用毛细滴管吸取血浆与分层液间的乳白色淋巴细胞层，放入适量的生理盐水中，充分摇匀。2000r/min 离心 5～10min 后弃上清。即获得淋巴细胞。以此淋巴细胞做涂片，或采集外周血，直接制备血推片。

2）固定：涂片或血推片自然干燥后立即 4℃（亦可室温）固定 10min，然后用蒸馏水冲洗，滤纸吸干。制片后应迅速固定，以免细胞死亡破裂，酶外溢，造成假阴性。

3）孵育：将标本片置孵育液中，37℃孵育 1h 后水洗。

4）染色：甲基绿染色 1～5min，水洗吸干。

5）镜检、计数。

6）结果判定：在细胞质内出现大小不一、数量不等的黑红色（紫红色）颗粒，细胞质呈淡绿色，细胞核为较深绿色的淋巴细胞为 T 细胞；未见颗粒者为 B 细胞。

几种动物的 T 淋巴细胞正常比值如下。

马：（57.8±2.009）%　　　骡：（51.8±2.037）%　　　小白鼠：（76.42±4.44）%

豚鼠：（73.43±8.04）%　　兔：（7.0±2.79）%　　　人：（62.3±8.62）%

【注意事项】

1）本实验对染色剂的 pH 要求比较严格，否则不易染上。染色时间在各动物中也不一致。用碱性品红可代替品红，丙酮可代替乙二醇单甲醚，孔雀绿可代替甲基绿。

2）酯酶染色法与 E-玫瑰花环实验的关系：有人认为，酯酶染色法可以代替 E-玫瑰花环实验，至少两者的结果应相一致。

【实验报告】

计数淋巴细胞 100～200 个，求出 T、B 细胞各占的百分比。

【思考题】

1．简述 T、B 淋巴细胞在机体免疫应答中的功能。

2．分离鉴别 T、B 淋巴细胞还可采用何种方法？

实验九　巨噬细胞吞噬功能测定

【实验目的】

掌握小鼠巨噬细胞功能测定的原理和方法。

【实验用品】

1. 材料　鸡、小鼠。

2. 试剂　0.01mol/L pH 7.4 的 PBS 液、生理盐水、5%可溶性淀粉溶液（5g 淀粉加入 100mL 灭菌的生理盐水中摇匀）、5%柠檬酸钠溶液、瑞氏染液。

3. 器具　解剖板、注射器、尖吸管、试管、盖玻片、载玻片、吸水纸、普通光学显微镜、离心管、棉球、镊子、手术剪、冰箱、离心机。

【实验内容】

巨噬细胞具有吞噬功能，在体外能吞噬多种颗粒物质。将小鼠巨噬细胞和鸡红细胞（CRBC）混合后孵育，通过巨噬细胞吞噬 CRBC 的百分率和吞噬指数判断小鼠吞噬细胞功能。通过观察 CRBC 的消化程度反应巨噬细胞的功能，在机体非特异免疫中具有重要意义。

1. 1%鸡红细胞悬液的制备　于翅静脉采集健康公鸡血液（抗凝血），4℃保存备用。使用前吸取鸡红细胞悬液至离心管中，加入生理盐水（或 0.01mol/L pH 7.4 的 PBS 液）洗涤 3 次，每次均以 1500r/min 离心 10min，将血浆、白细胞等充分洗去，沉积的红细胞用生理盐水稀释成 1%的悬液备用。

2. 小鼠巨噬细胞的收集

1）实验前 2 天小鼠腹腔注射 5%可溶性淀粉，1mL/只。

2）2 天后，注射 1%的鸡红细胞悬液 1mL 于小鼠腹腔。30～45min 后，将小鼠脱颈处死，固定于解剖板上，暴露腹腔，于腹腔靠上部位用注射器注入 5mL 预温的 0.01mol/L pH 7.4 的 PBS 液（或生理盐水），不拔出针头，并轻轻地把针头挑起，同时用棉球反复揉搓腹腔 1～2min，以便尽可能多地洗出小鼠腹腔的吞噬细胞。然后，用注射器回抽腹腔液，或用镊子轻轻夹起腹膜（针头进针处），于进针处剪一小口，用尖吸管吸取腹腔液置一洁净试管内。

3）1500r/min 离心 10min，轻轻吸弃上清，留少许液体旋转混匀（尽量避免产生气泡），即为小鼠巨噬细胞悬液。

3. 涂片　取适量小鼠巨噬细胞悬液于载玻片上，涂片。

4. 染色　涂片自然干燥后，瑞氏染色，水洗，用吸水纸吸干。

5. 镜检　油镜下计数 100 个巨噬细胞中吞噬鸡红细胞的巨噬细胞数及被吞噬的鸡红细胞总数。同时观察鸡红细胞被消化的程度以判断巨噬细胞的消化功能。也可直接用小鼠的肠壁涂片，染色后镜检或将回吸的腹腔液混匀后直接涂片，加盖盖玻片镜检，都可获得较清晰的结果。

【实验报告】

1. 观察巨噬细胞吞噬 CRBC 的情况，计算吞噬百分率和吞噬指数，并对实验结果进行分析。

吞噬百分率（%）=吞噬 CRBC 的巨噬细胞数/100（巨噬细胞数）

吞噬指数=100 个巨噬细胞中吞噬的 CRBC 总数/100（巨噬细胞数）

正常参考值：吞噬百分率（62.77±1.38）%，吞噬指数 1.058±0.049。

2. 记录 CRBC 被消化的程度。未消化：CRBC 核清晰，着色正常。轻度消化：CRBC 核模糊，核肿胀，染色淡。完全消化：CRBC 核溶解，染色极淡。

【思考题】

吞噬实验中为何选用鸡红细胞，可否使用其他种类红细胞？

实验十　T 淋巴细胞转化实验

【实验目的】

1. 掌握 T 淋巴细胞转化实验的原理和操作方法。
2. 熟悉能引起 T 淋巴细胞发生转化的常用抗原性物质及其特点。

【实验原理】

T 淋巴细胞在有丝分裂原（PHA 和 ConA）或特异性抗原刺激下发生转化，产生一系列变化如细胞变大、细胞质扩大、出现空泡、核仁明显、染色质疏松等，由淋巴细胞转变成淋巴母细胞。通过母细胞的转化率，了解机体的细胞免疫状态。淋巴细胞转化率高表明机体处于高免疫应激状态。

一、形态学检测法

【实验用品】

1. **材料**　家兔（或绵羊、小鼠等）、植物血凝素（PHA）、胎牛血清（FCS）。

2. **试剂**

（1）双抗（青、链霉素）　用灭菌生理盐水配制，其浓度为 1IU/mL，过滤除菌。使用时每 100mL 细胞营养液加 1mL。

（2）完全细胞培养液　多用 RPMI-1640 培养基。按说明书配制后抽滤除菌，临用前加入 20%无菌的 FCS 和双抗，再用 5.6%的 $NaHCO_3$ 调整 pH 至 7.4 左右，并分装成每小瓶 2.5mL。每小瓶加入 PHA 使其终浓度为 5μg/mL 备用。

（3）瑞氏-吉姆萨染液　取瑞氏染液 2mL，吉姆萨染液 1mL，混合，再加入 pH 6.4 的 0.015mol/L 的 PBS 液 60mL，混匀备用。

（4）其他试剂　　0.075mol/L KCl 溶液。

3. 器具　　针孔过滤器、真空采血管（肝素）、无菌枪头、移液器、毛细滴管、CO_2 培养箱或恒温培养箱、离心机、离心管、高压蒸汽灭菌器、载玻片、普通光学显微镜等。

【实验内容】

1）器材灭菌。

2）采动物抗凝血 1～2 mL。

3）取抗凝血 0.5mL，加至含有 PHA 的细胞培养液中，立即混匀。放入 37℃、5% CO_2 的培养箱培养 72h，其间每天摇匀 3 次，使细胞充分混匀。

4）培养后摇匀细胞，转入离心管内，1000～2000r/min 离心 10min。

5）弃去上清，加入 3mL KCl，CO_2 培养箱内作用 20min，溶解红细胞。

6）用生理盐水洗涤，1000r/min 离心 10min。

7）弃去上清，留少量液体，用毛细滴管吹打制成细胞悬液。取 1 滴置于载玻片一端，匀速推片，自然干燥。

8）瑞氏-吉姆萨染色：载玻片浸入染液中染色 15～20min，水洗自然晾干。

9）镜检计数。由于大的细胞离心后居上层者较多，只吸上层细胞推片计数，结果易偏高。所以准确的计数方法是在倒净上清后，残留于管壁的少量液体回流至管底后，用毛细滴管吹打将管内细胞打散。置 1 滴于载玻片上，用毛细滴管前端刮片，均匀分布于全片，染色，按头、体、尾三段各 1～2 纵列（计数走向似城墙型）进行计数，以减少分布不均带来的误差，每片计数 100～200 个淋巴细胞。记录转化和未转化的淋巴细胞数，求出转化率。

10）结果判定。用形态学方法计算转化率，掌握淋巴母细胞的形态学标准至关重要，应根据细胞的大小、核与质的比例、细胞质的染色性、核结构和核仁的有无等特征进行判别。

$$淋巴细胞转化率=\frac{转化的淋巴母细胞数}{淋巴细胞总数}\times100\%$$

正常参考值为 60%～80%。

【注意事项】

1. 严格无菌操作。

2. 培养液 pH 对淋巴细胞的转化率影响很大，应维持 pH 在 7.2～7.6，此时转化率良好；当 pH 下降到 6.6 左右时转化率降低；pH 下降到 6.2 以下时，淋巴细胞不转化甚至溶解死亡。

二、MTT 检测法

【实验用品】

1. 材料　　小鼠（体重 16～20g）、完全细胞培养液、淋巴细胞分离液等。

2. 试剂　　0.01mol/L PBS、ConA（刀豆蛋白 A）、二甲基亚砜（DMSO）、噻唑蓝（MTT）溶液（0.5g MTT 溶于 100mL PBS，再用 0.22μm 滤膜过滤，4℃避光保存）、0.4% 台盼蓝溶液（称取 4g 台盼蓝，研磨溶于 100mL 的 PBS 溶液，过滤除杂，4℃保存。使用时用 PBS 稀释至 0.4%）。

3. 器具　　针孔过滤器、组织培养瓶、巴氏吸管（或毛细滴管）、96 孔细胞培养板、200 目尼龙网、玻璃器芯、CO_2 培养箱或恒温培养箱、离心机、离心管、超净工作台、高压蒸汽灭菌器、剪刀、镊子、酶标仪。

【实验内容】

1. 器材灭菌　　所用实验器材于实验开始前灭菌处理备用。

2. 小鼠脾淋巴细胞悬液的制备

1）断颈处死小鼠后，无菌取脾，置于灭菌好的组织培养瓶中，取适量 PBS 冲洗 3 次，转移到 200 目尼龙网中，用玻璃器芯研磨脾的同时用定量的 PBS 缓冲液冲下，收集细胞液。

2）将等量淋巴细胞悬液叠加于淋巴细胞分离液（2mL）的离心管中，2000r/min 水平离心 20min，吸取淋巴细胞层，用适量的 PBS 缓冲液洗涤，1000r/min 离心 10min，重复 3 次，然后用定量 PBS 悬浮细胞，以台盼蓝染色计数，保证细胞活性在 95%以上。

3. 细胞培养　　取 100μL 小鼠脾细胞和一定量的 ConA（5μg/mL），加入 96 孔细胞培养板中，至 37℃、5% CO_2 培养箱中培养 66～68h，取出，加入终浓度为 5mg/mL 的 MTT 10μL，继续培养 4～6h，终止培养。取出，弃上清后，每孔加入 50mL DMSO，裂解细胞，振荡混匀后置于 37℃的 CO_2 培养箱中孵育过夜，用酶标仪测各组 OD 值，检测波为 570nm，参考波长为 620nm。按下列公式计算刺激指数（SI）。

$$SI = 实验组\ OD_{570}\ /对照组\ OD_{570}$$

【实验报告】

记录实验结果。

【思考题】

简述 T 淋巴细胞转化实验的意义。

第七章　兽医传染病学实验指导

兽医传染病学实验室守则

一、兽医传染病学实验室规则

1）实验前要做好预实验和正式实验的一切准备工作，保证实验的顺利实施。

2）每次实验结束后都应保持清洁卫生，包括实验室和预备室的地面、实验台的清扫工作，并且每天都要坚持拖地，始终保持良好的实验室卫生。关好水、电、门及窗。

3）爱惜实验室的仪器、设备、器械等，节约药品，做实验时要认真仔细，避免因违章操作而造成损坏和浪费。

4）对实验室的仪器设备、药品器械，平时要做好记录，定期盘点，并及时补充。

5）在实验过程中一定要掌握正确的操作方法，注意安全，做好个人防护工作。

6）实验过程禁止大声喧哗、打闹玩耍，以免发生意外。

7）实验后应及时认真地观察实验结果，并做好实验记录。

8）在实验中遇到困难时，应及时向相关老师请教。

9）实验中一旦遇到意外，应立即报告相关老师，不得擅自处理。

10）实验人员在使用实验仪器设备、实验药品及相关玻璃器皿等物品时应轻拿轻放，使用完毕后应及时放回原处。

二、个人安全须知

动物传染病往往借助人类的活动而传播，且有些家畜传染病（如布鲁氏菌病、炭疽、结核病等）亦可感染人类。家畜传染病学实验的对象和材料，大多与病畜和病原微生物有关，操作过程中稍一疏忽，就可能引起疫病流行，甚至传染给人，危及生命。因此，实验时，应注意个人防护，避免病原传播。

1）进入实验室应统一穿白大褂，离开时脱下，反折放回原处；接近病畜或进行操作时必须戴口罩；接触或操作危险材料时，须戴手套及护目镜。不必要的物品不得带入实验室，必须带入的书籍和文具等应放在指定的非操作区，以免受到污染。

2）实验期间，不得进食、饮水，勿以手指或其他器物等接触口唇、眼、鼻及面部，不得高声谈笑或随便走动。操作时（尤其是危险的操作）务必严肃认真，聚精会神，不得左顾右盼。手及面部有伤口时，应避免危险的操作，必须操作时应涂碘酒，用胶布包扎或戴橡皮手套进行操作。

3）注意危险材料的使用及处理。危险材料及被其污染的器物不能及时正确地处理，是人畜受到严重威胁及发生事故的重要原因。为此，应做到下列各点。

A．使用危险材料严格无菌操作，盛危险材料的器皿应轻拿轻放，拿牢放稳以防液体流出。

B．实验过程处理的动物尸体、内脏、血液等废弃病料及废弃的病原培养物、生物制品等，必须严加消毒（焚烧、煮沸、高压蒸汽灭菌等）或深埋，严禁到处沾污。用过的棉球、纱布等污物，亦须放入固定的容器内统一处理，不得任意抛弃。

C．被污染的器械应统一放入一定的器皿中消毒、清洗，不得随处乱放。

D．万一危险材料滴出或打翻，或发生其他意外时，应立即报告指导教师及时处理，如手指及皮肤被污染，应立即用2%~3%来苏尔（或其他适当的消毒剂）洗涤，或用酒精棉球擦拭；若溅入眼中，应立即用5%硼酸溶液冲洗；吸入口中的可用10%硼酸溶液漱口，必要时立即就医；若衣帽被污染，可用5%苯酚、10%福尔马林等浸湿消毒，必要时须用碱水煮洗或高压蒸汽灭菌；桌面、地板或土地被污染时，应用5%苯酚或10%福尔马林或其他适当消毒剂蘸湿布片覆盖，经半小时拭去洗净，或倾注多量药液使充分湿透。

4）各种实验物品应按指定地点存放，用过的器材必须放入消毒缸内，禁止随意放于桌上及冲入水槽。

5）需送恒温培养箱培养的物品，应做好标记后送到指定地点。

6）实验完毕应物归原处并将桌面整理清洁，实验室打扫干净。最后以0.2%~0.5% 84消毒液或1%~3%来苏尔液或其他适当消毒剂洗浸泡手5min，洗净后方可离开实验室。

三、一般注意事项

1）实验前应对实验内容进行预习。明确实验目的，复习有关的基础知识及操作技术，以免实验时计划不周，徒劳忙乱，影响实验效果。

2）实验时应做记录。事先准备一个专用的笔记本，在实验时就实验的题目、内容、方法和结果等做必要的或详细的记录，以供日后查阅参考。

3）遵守实验程序，服从教师指导，尤应注意出外实习时的组织性和纪律性。

4）要有谦虚认真、实事求是的科学态度，对任何细微或简单的操作，均不可潦草应付或不动手。

实验一　动物传染病的临诊记录和报表

【实验目的】

1．认识传染病临诊记录和报表工作的意义。

2．熟悉动物传染病的主要表格及其使用方法。

【实验用品】

动物卫生卡片、防疫措施登记表、疫情登记表、动物检疫（验）证明、电脑等。

【实验内容】

1. 传染病临诊记录和报表工作的实际意义　　有关动物传染病防治工作的部门，应建立制度，坚持做好临诊记录和报表工作。临诊记录和报表做得好坏，可反映有关兽医机构和人员的业务水平和工作质量。没有详细的临诊记录，就无法进行全面的统计和对疾病的正确分析，因而也就不可能拟定出有预见性的防疫计划和有效的动物保健措施。

2. 有关动物传染病的主要表格

（1）动物卫生卡片　　所有畜牧场、农场和机关单位的养殖场，均应建立动物卡片制度，进行动物健康史的登记。每头或每群动物填写一张卫生卡片，由有关的兽医人员或兽医机构统一管理。卡片编号最好和动物编号统一起来，即括号内标明动物类别，后面填动物编号。健康史栏着重写下列内容：原产地动物传染病流行情况简介、其亲代何时患过何种传染病、该动物在入场或建立卡片以前何时患过何种疾病或接受过何种预防注射及检疫。

（2）动物传染病防疫措施登记表　　也可称为免疫接种和检疫登记簿。各养殖场、兽医诊疗部门和各级兽医防治机构均可使用。

（3）疫情登记表　　供各级兽疫防治机构作为地区的基本流行病学统计资料。

（4）动物检疫（验）证明　　动物及动物产品在长途运输时，在启运前须经有关兽医单位进行必要的检疫（验），并经预防接种或消毒后签发检疫（验）证明，检疫（验）证明有动物产地检疫证明、动物产品检疫（验）证明、动物及动物产品运载工具消毒证明和动物运输检疫证明，检疫（验）证明的格式由农业农村部监制。检疫（验）证明一式 2～3 联，第一联存根，第二联交畜（货）主，第三联随货同行。运输时应遵守的特殊要求，如有需用不漏水的车船、沿指定路线、在限定日期内运达指定地点和中途不得停留等限制，可在备注栏内详细注明。

（5）其他　　在动物疫病防治、诊断检验和有关的研究工作实践中，还需要其他一些记录表和报表，如动物传染病病历、动物传染病门诊患病动物登记簿、动物传染病住院患病动物登记簿、兽医诊断室诊断记录表等，这些报表与一般兽医诊疗部门所用的基本相同。

【实验报告】

熟悉牛场、羊场、猪场和禽场动物传染病的主要表格及其使用方法。

【思考题】

试述临诊记录和报表工作的实际意义。

实验二　免　疫　接　种

【实验目的】

1. 结合生产实践掌握常用免疫接种的方法和步骤。
2. 熟悉兽医生物制品的保存、运送和用前检查方法。

【实验用品】

1. 材料　　牛、羊、牛多杀性巴氏杆菌病灭活疫苗、羊三联四防灭活苗（快疫、猝击、肠毒血症、羔羊痢疾）、羊痘鸡胚化弱毒疫苗。

2. 试剂　碘酒棉球、酒精棉球。

3. 器具　1mL 注射器、连续注射器、16 号针头、煮盒、组织镊、剪毛剪、保定绳、牛鼻钳、高压蒸汽灭菌器。

【实验内容】

1. 疫苗的稀释　严格对照疫苗操作说明书，用稀释液将疫苗化开，吸取规定剂量，用半干的酒精棉球包裹垂直排空气备用。

2. 注射免疫法

（1）**皮下接种法**　用剪毛剪在注射部位剪毛，分别用碘酒棉球和酒精棉球消毒，捏起注射部位的皮肤，将注射器穿透皮肤进行注射，注射完毕后用酒精棉球按住注射部位，拔出针头。

（2）**皮内接种法**　捏起一个皮肤皱褶，持注射器平行进针进行皮内注射，注射部位出现一个绿豆大小的小包，注射完毕后用酒精棉球按住注射部位，拔出针头。

（3）**肌肉接种法**　用拇指与食指捏住 16 号针头，用腕力将针头插入注射部位，连接吸好疫苗的注射器进行注射，注射完毕后用酒精棉球按住注射部位，拔出针头。

【实验报告】

熟悉三种免疫接种方法，并绘制注射方法示意图。

【思考题】

1. 三种免疫接种法的异同点是什么？其优缺点各有哪些？
2. 连续注射免疫适用于哪些动物？

实验三　消　　毒

【实验目的】

1. 学习掌握畜禽粪便的生物热消毒与畜舍消毒的方法。
2. 熟悉来苏尔消毒液的配制方法。

【实验用品】

1. 试剂　自来水、来苏尔（配制的消毒液浓度为 4%）。
2. 器具　架子车、铁锹、扫帚、卷尺、量筒、水桶、插线板、电动喷雾器。

【实验内容】

1. 畜禽粪便的生物热消毒（堆粪法）　选择地下水位较低、远离畜舍的地方，用铁锹挖开一个 20cm 深、1.5m 宽、2m 长的浅沟（用卷尺测量），将欲消毒的粪便用架子车装好，倒入开挖的浅槽中，具体操作方法见第三章兽医传染病学实验的基本操作。

2. 畜舍消毒

（1）粪便的机械性清除　　先将畜舍中积聚的粪便全部清除，并用扫帚将地面清扫干净。

（2）消毒　　使用 4%来苏尔对畜舍的地面、墙壁、天花板进行喷洒消毒，密闭门窗 24h 后，打开门窗通风，洗刷畜舍内的料槽及饮水槽。

【实验报告】

熟悉畜禽粪便的生物热消毒方法，并绘制堆粪示意图。掌握畜舍消毒步骤及消毒用来苏尔的配制方法。

【思考题】

1. 哪些动物的粪便消毒可以用堆粪法？其优缺点各有哪些？
2. 针对不同地面畜舍消毒，每平方米使用多少来苏尔合适？

实验四　动物传染病防疫计划的制定

【实验目的】

1. 了解动物传染病防疫计划的意义。
2. 熟悉动物传染病防疫计划的内容、范围及防疫计划的编制。

【实验用品】

电脑等。

【实验内容】

1. 正确制定防疫计划的意义　　动物传染病是危害畜禽养殖业最为严重的疾病，它不仅能够引起大批畜禽死亡和畜禽产品损失，还会影响畜禽及其产品的安全和对外贸易，造成环境污染。积极做好防疫计划的制定和实施工作，对发展畜禽养殖业生产，有效预防、控制、扑灭和消灭畜禽疫病，提高畜禽健康水平与畜禽产品的卫生质量及保护人们身体健康具有十分重要的意义。

2. 动物传染病防疫计划的内容和范围

（1）动物传染病防疫计划的内容　　包括养殖场的基本情况，平时的预防措施，发生疫情的扑灭措施，疫病的诊断计划，畜禽引种及进场检疫计划，免疫接种，兽医监督和兽医卫生措施，生物制品和抗生素储备、损耗及补充计划，普通药械补充计划，兽医防疫经费预算计划等 10 个方面。

（2）动物传染病防疫计划的适用范围　　不同动物养殖场制定的动物防疫计划适用于本养殖场重大动物疫病、当地常发和流行严重的三类畜禽疫病的防疫。

3. 制定牛、羊、猪、禽养殖场的动物传染病防疫计划　　以"兽医传染病学"课程中学过的畜禽重大动物疫病及当地常发的畜禽传染病为例，分别制定牛场、羊场、猪场和禽场的动物防疫计划。先分组讨论，然后由学生代表汇报，由指导教师和其他组的同学分别进行点评。

【实验报告】

熟悉动物传染病防疫计划的内容和范围，并设计防疫措施登记表和疫情登记表。掌握牛场、羊场、猪场和禽场的动物防疫计划的编制方法。

【思考题】

1. 为什么说一个好的动物防疫计划是养殖场畜禽生产的指导前提？
2. 如何进行动物防疫计划实施效果的评价？

实验五　病料的采取、保存、包装、记录及送检

【实验目的】

结合病例诊断工作，学会被检病料采取、保存、包装、记录及送检的方法。

【实验用品】

1. 材料　　家兔。

2. 试剂　　来苏尔、95%医用乙醇、30%甘油缓冲液、饱和食盐水、50%甘油磷酸盐缓冲液、鸡蛋生理盐水、10%福尔马林、苯酚等。

3. 器具　　棉线绳、橡皮筋、纱布、医用胶布、自封袋、乳胶手套、酒精棉球、平皿、5mL 注射器、组织剪、组织镊、手术刀、煮盒、酒精灯、青霉素瓶、烧杯、载玻片、搪瓷托盘、高压蒸汽灭菌器、冰箱、送检箱（带冰晶）、针头、电烙铁等。

【实验内容】

以家兔尸体为例进行病料的取材、包装与寄送。

1. 病料取材时的注意事项

（1）个人防护　　对于人畜共患病要注意个人防护。

（2）剖前检查（主要针对炭疽病）

1）取末梢血液→涂片或推血片→染色、镜检。

2）取少许脾脏→触片或印片→染色、镜检。

（3）取材时间　　家兔死亡后，夏天不超过 6h，冬天不超过 12h。

（4）无菌操作　　手术刀、组织剪、组织镊、注射器、针头等煮沸消毒 30min。器皿（平皿、青霉素瓶等）可用高压蒸汽灭菌或干烤灭菌。采取一种病料，使用一套器械和容器，不可混用。

（5）病原学检查材料　重点怀疑某传染病时，则采取某传染病的主要病变脏器，不能确定是何种传染病时，则全面采取。

（6）病理学检查材料　送实验室进行病理学检查时，应注意采取病健交界处组织。

2. 病料的采取　应根据不同传染病，相应地采取该病常侵害的脏器或内容物，如败血性传染病可采取心、肝、脾、肺、肾、淋巴结、胃、肠等；肠毒血症采取小肠及其内容物；有神经症状的传染病采取脑、脊髓等。如无法估计是哪种传染病，可进行全面采取。检查血清抗体时，采取血液，凝固后析出血清，将血清装入灭菌小瓶送检。为了避免杂菌污染，病变检查应待病料采取完毕后再进行。本实验只进行耳朵、实质脏器和肠管等病料的采取，方法如下。

（1）耳朵的采取　用棉线绳以耳根部双重结扎，从中间切断，取断面血液推血片，断面烧烙止血，置一不漏水自封袋中，标记、送检。

（2）实质脏器的采取　固定尸体→3%来苏尔腹壁逆毛消毒→打开皮肤→火焰消毒→打开腹膜→依次采取肝、脾、肾等脏器，再打开胸腔采取心、肺组织。

（3）肠管的采取　结扎处内容物应排干净，双线结扎。

3. 病料的保存　被检材料的保存通常有冷藏法保存和化学法保存两种方式，根据被检材料的不同，保存时有不同要求。

（1）细菌检查材料的保存

1）30%甘油缓冲液。配制方法：中性甘油 30mL，氯化钠 5g，碱性磷酸钠 1.0g，加蒸馏水至 100mL，混合后高压蒸汽灭菌备用。

2）饱和食盐水。配制方法：蒸馏水 100mL，氯化钠 38～39g，充分搅拌溶解后，用数层纱布过滤，高压蒸汽灭菌后备用。

（2）病毒检验材料的保存

1）50%甘油磷酸盐缓冲液。配制方法：氯化钠 2.5g，酸性磷酸钠 0.46g，碱性磷酸钠 10.74g，溶于 50mL 中性蒸馏水中，加中性甘油 150mL，中性蒸馏水 50mL，混合分装后，高压蒸汽灭菌备用。

2）鸡蛋生理盐水。配制方法：先将新鲜的鸡蛋表面用碘酒消毒，然后打开将内容物倾入灭菌容器内，按 9 份全蛋加入 1 份灭菌生理盐水，摇匀后用灭菌纱布过滤，再加热至 56～58℃，持续 30min，第 2 天及第 3 天按上法再加热一次，即可应用。

（3）血清学检验材料的保存　血清学检验材料保存时通常用硫柳汞或苯酚。

（4）病理组织学检验材料的保存　将采取的脏器组织块放入 10%福尔马林溶液或95%乙醇中固定；固定液的量应为送检病料的 10 倍以上。如用 10%福尔马林溶液固定，应在 24h 后换新鲜溶液一次。严寒季节为防病料冻结，可将上述固定好的组织块取出，保存于甘油和 10%福尔马林等量混合液中。

4. 病料的包装、记录及送检方法　装病料的容器要逐一标号，详细记录，并附病料送检单。病料包装容器要牢固，做到安全稳妥，对于危险材料、怕热或怕冻的材料要分别采取措施。一般病原学检验的材料怕热，应放入加有冰块的保温瓶或冷藏箱内送检，如无冰块，可在保温瓶内放入氯化铵 45～500g，加水 1500mL，上层放病料，这样能使保温瓶内保持 0℃达 24h。供病理学检验的材料放在 10%福尔马林溶液中，不必冷藏。

包装好的病料要尽快运送，长途以空运为宜。

【实验报告】

掌握病料的采取、保存、包装、记录及送检的方法，并绘制家兔耳朵和肠管的采取示意图。

【思考题】

1. 试述正确采取病料和运送病料的实际意义。
2. 现有疑似猪瘟病猪尸体及疑似牦牛出血性败血症尸体各一具，试分别叙述其病料采取、保存、包装、记录及送检的方法。

实验六　禽霍乱的实验室诊断

禽霍乱是由禽多杀性巴氏杆菌引起的一种侵害家禽和野禽的接触性传染病，常呈现败血症症状，发病率、死亡率很高。根据流行病学特征、流行病学和病理剖检可做出初步诊断，确认须经实验室诊断（染色镜检、细菌培养、生化鉴定等）。随实验室诊断技术的发展，应用聚合酶链式反应（PCR）技术、血清型的分子分型可准确诊断。诊断后通过药敏实验选择有效药物进行防治。

因此，利用实验室检查方法和诊断技术，设计基于禽霍乱的连续实验（病理剖检诊断、PCR诊断、血清型的分子分型及药敏实验，本连续实验可安排4次实验完成），可帮助学生全面了解禽霍乱的诊断及治疗措施，并能通过教师的总结，让学生举一反三，将此方法运用到其他传染病的诊断和防治过程。

一、禽霍乱的病理剖检及微生物诊断

【实验目的】

1. 观察禽多杀性巴氏杆菌病禽的病理剖检变化。
2. 掌握禽多杀性巴氏杆菌病的微生物学诊断方法。

【实验用品】

1. **材料**　鸡、攻毒菌种（禽多杀性巴氏杆菌冻干菌种）。
2. **试剂**　胰蛋白胨大豆琼脂（TSA）平板、胰蛋白胨大豆肉汤（TSB）培养基、蒸馏水、来苏尔、二甲苯、香柏油、95%医用乙醇、革兰氏染色液、亚甲蓝染色液等。
3. **器具**　中试管、硅胶塞、试管架、平皿、1mL注射器、组织剪、组织镊、手术刀、接种环、酒精灯、青霉素瓶、烧杯、载玻片、染色缸、托盘、棉线绳、纱布、滤纸条、乳胶手套、碘酒棉球、酒精棉球、高压蒸汽灭菌器、超净工作台、恒温培养箱、冰箱、干烤箱、普通光学显微镜等。

【实验内容】

根据典型症状和病变，以及在显微镜下检查组织涂片发现的两极染色的球杆菌，可初步诊断本病。但确诊应依靠病原分离鉴定。

1. 临床症状和病理变化

（1）临床症状

1）急性型症状：最初鸡群中一些鸡只突然死亡，随后即出现另外一些鸡只发热、厌食、抑郁、流涎、腹泻、羽毛粗乱、呼吸困难，临死前出现鸡冠、肉髯发绀。

2）慢性型症状：急性型耐过的或由弱毒菌株感染的鸡只可呈慢性型病程，其特征为局部感染，在关节、趾垫、腱鞘、胸骨黏液囊、眼结膜、肉垂、喉、肺、气囊、中耳、骨髓、脑膜等部位呈现纤维素性化脓性渗出、坏死或不同程度的纤维化。

（2）病理变化　　皮下、浆膜下、心内外膜点状出血，尤其以心冠脂肪出血明显，肌胃和十二指肠出血，肝脏表面有针尖大小的坏死灶，脾肿大和局灶性坏死，肺炎，腹腔和心包液增多。

2. 微生物诊断方法

（1）触片、染色及镜检　　用组织镊夹持肝脏病变组织，然后以灭菌组织剪剪取小块，并将断面修剪整齐，将多余的血液用滤纸条吸去，而后将其新鲜切面在载玻片上压印或印片两张，自然干燥火焰固定，分别用革兰氏和亚甲蓝染液染色、镜检，分别观察革兰氏阴性和两极浓染的菌体。

（2）病原的划线分离　　勾取少许肝组织在 TSA 平板上划线分离，并接种到 TSB 肉汤，37℃培养 18～24h 后，观察菌落形态和肉汤培养物。

（3）培养特性观察　　在 TSA 平板上形成直径为 1～3mm，呈散在的、圆形、光滑、湿润、凸起的菌落，略带淡蓝色荧光；TSB 肉汤均匀浑浊。

【实验报告】

掌握禽霍乱的典型症状和病理变化。熟悉禽多杀性巴氏杆菌的亚甲蓝染色方法，并绘制多杀性巴氏杆菌两极浓染的示意图。

【思考题】

1. 简述禽多杀性巴氏杆菌病的临诊表现和病理解剖变化，以及禽霍乱与牛出血性败血症及猪肺疫在临诊上有何异同点。

2. 疑似多杀性巴氏杆菌病的病鸡，如何进行微生物学诊断？

二、多杀性巴氏杆菌的 PCR 鉴定

【实验目的】

学习掌握禽多杀性巴氏杆菌菌种特异性基因 *KMT1* 的 PCR 检测方法。

【实验用品】

1. 材料　　菌种：禽多杀性巴氏杆菌。

2. 试剂　　试剂盒：革兰氏阴性菌基因组 DNA 提取试剂盒。

分子试剂：2×*Tag* PCR Master Mix、ddH$_2$O、5×TBE、无水乙醇、EB 替代染料、琼脂糖、6×loading buffer、50×TAE 电泳缓冲液、溴麝香草酚蓝、DL 2000 DNA marker。

KMT1 引物：预期扩增片段长度 460bp（5′-3′）。

　　　Forward Primer（P1）：ATCCGCTATTTACCCAGTGG

　　　Reverse Primer（P2）：GCTGTAAACGAACTCGCCAC

3. 器具　　枪头（10μL、100μL、1000μL）、EP 管、PCR 扩增管、锡箔纸、高压蒸汽灭菌器、超净工作台、恒温培养箱、冰箱、干式加热器、涡旋混合器、电子天平、离心机、U-V 透射仪、数显恒温水浴锅、微波炉、移液器（10μL、100μL、1000μL）、PCR 仪、电泳仪、水平电泳槽、凝胶成像系统、锥形瓶、量筒、PE 手套等。

【实验内容】

根据多杀性巴氏杆菌 *KMT1* 基因的 PCR 扩增，获得 460bp 大小的片段，即可进行确诊。

1. 菌株 DNA 的提取　　将上述菌液在恒温培养箱 37℃培养 16h 后，分别进行 DNA 的提取，具体操作方法参照细菌基因组 DNA 提取试剂盒说明书进行。

2. 多杀性巴氏杆菌 *KMT1* 基因的 PCR 扩增　　应用 *KMT1*（P1、P2）上下游引物对目的基因 PCR 扩增，PCR 反应条件与体系如下。

（1）PCR 反应条件

95℃	5min
95℃	30s
57℃	30s　｝35 个循环
72℃	1min
72℃	10min
4℃	∞

（2）PCR 反应体系（50μL）

2×*Taq* PCR Master Mix	12.5μL
Forward Primer（P1）	1μL
Reverse Primer（P2）	1μL
模板 DNA	1μL
ddH$_2$O	10.5μL

3. PCR 产物电泳

（1）配制电泳缓冲液　　取 50×TAE 电泳缓冲液 10mL 置于 500mL 玻璃容器中，加超纯水至 500mL，混匀。

（2）制胶

1）将小梳子放置于制胶板中备用。

2）用电子天平称取 0.25g 琼脂糖倒入 250mL 的锥形瓶中，用 25mL 量筒量取 25mL 电泳缓冲液，混匀，放置到微波炉加热煮沸至溶液澄清透明，待凝胶溶液的温度下降至 65℃不烫手时，加入 1μL 的 EB 替代染料，轻轻混匀（尽量不要有泡沫出现），制备成 1.0%琼脂糖凝胶溶液，倒入制胶板中，室温冷却 30min 后使用。

（3）电泳　　将制胶板没入电泳液中。取 PE 手套，根据 PCR 产物数，在该 PE 手套上分别滴加约 1μL 相应数目的 6×loading buffer，各吸取 6μL 的 PCR 产物与其混匀，点样。在第一加样孔加标准条带 DL 2000 DNA marker，设置电泳仪电压 120V、电流 120mA 电泳，当溴麝香草酚蓝移动至胶板下沿 1～2cm 处时，停止电泳，取出凝胶放入凝胶成像系统观察结果且拍照保存。

4. 实验结果判定　　PCR 扩增获得 460bp 大小的片段，即可进行确诊。

【实验报告】

掌握禽霍乱病原多杀性巴氏杆菌 *KMT1* 基因的 PCR 扩增技术，电泳后用凝胶成像系统对扩增条带拍照，并对结果进行描述和分析。

【思考题】

1. 国内外为什么应用禽多杀性巴氏杆菌 *KMT1* 基因的 PCR 扩增来诊断禽霍乱？
2. 进行 *KMT1* 基因的 PCR 扩增时，如何排除假阳性结果？

三、多杀性巴氏杆菌血清型的分子分型

【实验目的】

学习掌握禽多杀性巴氏杆菌血清型的分子分型方法。

【实验用品】

1. 材料　　禽多杀性巴氏杆菌。

2. 试剂　　试剂盒：革兰氏阴性菌基因组 DNA 提取试剂盒。

分子试剂：2×*Taq* PCR Master Mix、ddH₂O、50×TAE、无水乙醇、EB 替代染料、琼脂糖、6×loading buffer、溴麝香草酚蓝、DL 2000 DNA marker。

引物：引用荚膜生物合成表 6-3 的基因 *hyaD-hyaC*、*bcbD*、*dcbF*、*ecbJ*、*fcbD*。

表 6-3 多杀性巴氏杆菌荚膜血清型分子分型引物序列

血清型	基因	名称	引物序列（5'-3'）	位置	扩增片段大小/bp
A	*hyaD-hyaC*	CAPA-FWD	TGCCAAAATCGCAGTCAG	8846～8863[a]	1044
		CAPA-REV	TTGCCATCATTGTCAGTG	9890～9873	

血清型	基因	名称	引物序列（5'-3'）	位置	扩增片段大小/bp
B	*bcbD*	CAPB-FWD	CATTTATCCAAGCTCCACC	13621～13603[b]	760
		CAPB-REV	GCCCGAGAGTTTCAATCC	12863～12880	
D	*dcbF*	CAPD-FWD	TTACAAAAGAAAGACTAGGAGCCC	3142～3165[c]	657
		CAPD-REV	CATCTACCCACTCAACCATATCAG	3789～3766	
E	*ecbJ*	CAPE-FWD	TCCGCAGAAAATTATTGACTC	4387～4408[d]	511
		CAPE-REV	GCTTGCTGCTTGATTTTGTC	4899～4881	
F	*fcbD*	CAPF-FWD	AATCGGAGAACGCAGAAATCAG	2881～2896[e]	851
		CAPF-REV	TTCCGCCGTCAATTACTCTG	3733～3714	

注：a，b，c，d，e 分别代表基因库中不同序列的匹配情况，a.该序列与 GenBank 中登录号为 AF067175 的 A 型多杀性巴氏杆菌基因编码链相匹配；b.该序列与 GenBank 中登录号为 AF169324 的 B 型多杀性巴氏杆菌基因编码链相匹配；c.该序列与 GenBank 中登录号为 AF302465 的 D 型多杀性巴氏杆菌基因编码链相匹配；d.该序列与 GenBank 中登录号为 AF302466 的 E 型多杀性巴氏杆菌基因编码链相匹配；e.该序列与 GenBank 中登录号为 AF302467 的 F 型多杀性巴氏杆菌基因编码链相匹配

3. 器具　　枪头（10μL、100μL、1000μL）、EP 管、PCR 扩增管、锡箔纸、高压蒸汽灭菌器、超净工作台、恒温培养箱、冰箱、干式加热器、涡旋混合器、电子天平、24 孔小型离心机、U-V 透射仪、数显恒温水浴锅、回旋式气浴恒温振荡器、微波炉、移液器（10μL、100μL、1000μL）、PCR 仪、电泳仪、水平电泳槽、凝胶成像系统等。

【实验内容】

根据多杀性巴氏杆菌合成基因 *hyaD-hyaC*、*bcbD*、*dcbF*、*ecbJ*、*fcbD* 的 PCR 扩增，获得相对应大小的片段，即可确定禽多杀性巴氏杆菌的血清型。

1. 菌株 DNA 的提取　　将上述菌液分别进行 DNA 的提取，具体操作方法参照细菌基因组 DNA 提取试剂盒说明书进行。

2. 多杀性巴氏杆菌荚膜生物合成基因 *hyaD-hyaC*、*bcbD*、*dcbF*、*ecbJ*、*fcbD* 的 PCR 扩增　　应用 *hyaD-hyaC*、*bcbD*、*dcbF*、*ecbJ*、*fcbD* 上下游引物对目的基因进行 PCR 扩增，PCR 反应条件与体系如下。

（1）PCR 反应条件

95℃	5min
94℃	30s
55℃	30s
72℃	30s
72℃	10min
4℃	∞

35 个循环（对应 94℃、55℃、72℃ 三行）

（2）PCR 反应体系（50μL）

2×*Taq* PCR Master Mix	25μL
Forward Primer	1μL
Reverse Primer	1μL

　　模板 DNA　　　　　　　　　　　　　　1μL

　　ddH$_2$O　　　　　　　　　　　　　　22μL

3. PCR 产物电泳　　步骤同上一实验。PCR 扩增获得相对应大小的片段，即可确定禽多杀性巴氏杆菌的血清型。

【实验报告】

　　掌握禽霍乱的病原多杀性巴氏杆菌荚膜生物合成基因 *hyaD-hyaC*、*bcbD*、*dcbF*、*ecbJ*、*fcbD* 的 PCR 扩增技术，电泳后用凝胶成像系统对扩增条带进行拍照。

【思考题】

　　1. 在禽霍乱防治中，为什么要进行血清型分型，它对该病的防控有何意义？

　　2. 禽多杀性巴氏杆菌的常规血清分型与分子分型的优缺点是什么？

四、禽多杀性巴氏杆菌的药敏实验

【实验目的】

　　1. 应用纸片扩散法（K-B 法）进行禽多杀性巴氏杆菌的药敏实验检测。

　　2. 通过筛选的有效药物指导兽医临床用药治疗。

【实验用品】

　　1. 材料　　分离获得的禽多杀性巴氏杆菌。

　　2. 试剂　　药敏纸片（呋喃唑酮、卡那霉素、新霉素、四环素、阿米卡星、红霉素、头孢唑林、头孢曲松、头孢他啶、磺胺甲基异恶唑、头孢呋辛、头孢哌酮、诺氟沙星、庆大霉素、头孢噻肟、氟苯尼考、万古霉素、恩诺沙星、复方新诺明、链霉素、氯霉素、多西环素）、95%医用乙醇、麦氏比浊管、胰蛋白胨大豆肉汤培养基（TSB）、MH（A）平板、革兰氏染色液、亚甲蓝染色液等。

　　3. 器具　　枪头（100μL）、乳胶手套、酒精棉球、小试管、硅胶塞、试管架、平皿、灭菌棉签、接种环、酒精灯、组织镊、电动布菌器、移液器（100μL）、高压蒸汽灭菌器、超净工作台、恒温培养箱、冰箱、干烤箱等。

【实验内容】

　　把含有定量抗菌药物的药敏纸片贴在涂布禽多杀性巴氏杆菌的 MH（A）平板上，药敏纸片中抗菌药物吸收琼脂水分溶解后通过弥散作用形成递减的浓度梯度，纸片周围一定距离范围内实验菌生长受抑制，从而形成无菌生长的透明圈即抑菌环。抑菌环的大小反应测试菌对测定药物的敏感程度，依据美国临床和实验室标准化协会（CLSI）出版的《抗微生物药物敏感性实验操作方法和判断标准》来判断测试菌对抗菌药物是敏感、中介还是耐药，从而选取 2～3 种敏感和中介药物进行临床治疗。

　　1. 禽多杀性巴氏杆菌（测试菌）浓度的控制　　将禽多杀性巴氏杆菌无菌接种到

TSB 上，37℃培养 18～24h。与麦氏比浊管比浊后选择适合的麦氏比浊度作为质控浓度，如 0.5 个麦氏比浊度。

2. 禽多杀性巴氏杆菌的涂布　　取一支灭菌棉签蘸取该菌液在 MH（A）平板上涂布 1/3 后，旋转 90°再涂布平板的 1/3，直至涂满整个平板，连续涂三次［或无菌吸取 100μL 菌液滴加在 MH（A）平板中央，将平板置于电动布菌器上，打开电源，转动平板进行布菌］，室温干燥 3～5min。

3. 贴药敏纸片　　将各种药敏纸片分别贴在 MH（A）平板上，每块平板贴 3 片，37℃培养 18～24h 后记录结果。

4. 结果判定　　判定标准参照美国临床和实验室标准化协会（CLSI）的药敏纸片扩散法规。

【实验报告】

掌握禽多杀性巴氏杆菌的药敏检测，筛选敏感或中介药物，并对抑菌环进行拍照。

【思考题】

1. 在进行细菌的药敏检测中，为什么经常使用 K-B 法？它与其他药敏检测方法有何异同点？

2. 请思考影响药敏实验结果的因素有哪些。

实验七　布鲁氏菌病的检疫

【实验目的】

1. 掌握布鲁氏菌病的常规检疫方法。
2. 熟悉布鲁氏菌的鉴别染色方法。

【实验用品】

1. 材料　　1：12.5 阴、阳性布鲁氏菌血清，待检羊血清，虎红凝集抗原，1：20 试管凝集抗原。

2. 试剂　　介质（稀释液）：10%盐水、2%沙黄水溶液、1%孔雀绿染色液、95%医用乙醇。

3. 器具　　滤纸本、纱布、牙签、乳胶手套、小试管、试管架、移液器（100μL、200μL、1000μL）或灭菌吸管（0.1mL、0.2mL、0.5mL、1mL、2mL、5mL、10mL）、吸耳球、酒精灯、青霉素瓶、烧杯、载玻片、染色缸、高压蒸汽灭菌器、超净工作台、干烤箱、冰箱、记号笔、恒温培养箱、比浊管。

【实验内容】

家畜布鲁氏菌的检疫，即通过流行病学调查、临诊检查、细菌学检查、血清学诊断及变态反应等方法，检出畜群中的患畜。实验诊断的材料可采取胎儿、胎衣、阴道分泌物、乳汁、血液、血清、动物尸体及马脓肿中的脓汁等。

1. 抹片镜检（柯兹洛夫斯基染色法）　　流产胎儿内容物抹片→自然干燥→火焰固定→2%沙黄水溶液染色→酒精灯加热产生蒸汽→水洗→1%孔雀绿复染 0.5～1min→水洗吸干→镜检，布鲁氏菌被染成红色，其他杂菌或组织细胞被染成蓝色或绿色，这种布鲁氏菌的鉴别染色方法对本病的诊断有一定实际意义。

2. 血清学诊断方法

（1）平板凝集反应　　取一洁净载玻片，用记号笔在其中央画一个十字分为 4 个区，分别标记 1 区、2 区、3 区和 4 区。用 200μL 的移液器或 0.2mL 的灭菌吸管吸取待检羊血清，分别在 1 区滴加 0.08mL、2 区滴加 0.04mL、3 区滴加 0.02mL、4 区滴加 0.01mL，再分别在这 4 区待检羊血清旁边各滴加虎红凝集抗原 0.03mL，用一根牙签从低浓度向高浓度进行混合（先混合 4 区→3 区→2 区→1 区），5～8min 后按下列标准记录反应结果。

结果判定。++++：出现大凝集片或小粒状物，液体完全透明，即 100%凝集。+++：有明显凝集片和颗粒，液体几乎完全透明，即 75%凝集。++：有可见凝集片和颗粒，液体不甚透明，即 50%凝集。+：仅仅可以看见颗粒，液体浑浊，即 25%凝集。-：液体均匀浑浊，无凝集现象。

判定标准。平板凝集反应的待检血清量 0.08mL、0.04mL、0.02mL 和 0.01mL，加入抗原后，其效价相当于试管凝集价的 1：25、1：50、1：100、1：200。每批次平板凝集实验须以阴、阳性血清作对照。若大家畜（牛、马、骆驼）在 0.02mL 的血清量上，小家畜在 0.04mL 的血清量上出现两个以上的"+"，就判定为阳性；若大家畜（牛、马、骆驼）在 0.04mL 的血清量上，小家畜在 0.08mL 的血清量上出现两个以上的"+"，就判定为疑似。判定标准与试管凝集反应相同。结果通知单只在血清凝集价的格内分别换成 0.08（1：25）、0.04（1：50）、0.02（1：100）和 0.01（1：200）。

（2）试管凝集反应　　被检血清稀释度：一般情况下，牛、马和骆驼用 1：50、1：100、1：200 和 1：400 4 个稀释度；猪、山羊、绵羊和狗用 1：25、1：50、1：100 和 1：200 4 个稀释度。大规模检疫时也可用两个稀释度，即牛、马和骆驼用 1：50 和 1：100；猪、羊、狗用 1：25 和 1：50。

稀释血清和加入抗原的方法：以羊、猪为例，每份被检血清分装于 4 支小试管（8～10mL）中，第 1 管加入稀释液 2.3mL，第 2 管、第 3 管、第 4 管各加入 0.5mL，用 1000μL 的移液器或 1mL 灭菌吸管取被检血清 0.2mL，加入第 1 管中，混匀（一般吸吹 3～4 次），吸取混合液 1.5mL 弃去；再吸取 0.5mL 加入第 2 管吸吹 3～4 次；再吸取 0.5mL 加入第 3 管中混匀；再吸 0.5mL 加入第 4 管吸吹 3～4 次，从第 4 管混匀吸取 0.5mL 弃去。如此稀释后从第 1 管起血清稀释度分别为 1：12.5、1：25、1：50 和 1：100。然后将 1：20 稀释的抗原由第 1 管起，每管加入 0.5mL，血清最后稀释度由第 1 管起依次为 1：25、1：50、1：100 和 1：200。

试管凝集实验也可用简便方式进行，即以 0.2mL 吸管将被检血清以 0.08mL、0.04mL、0.02mL 及 0.01mL 分别加入 4 支小试管内，然后每管加入 1：40 稀释的抗原 1mL，充分摇匀，这样 4 管血清的最后稀释度分别为 1：25、1：50、1：100、1：200。

　　牛、马和骆驼的血清稀释及加抗原的方法与前述者一致，不同的是仅第 1 管加稀释液 2.4mL 及被检血清 0.1mL。加抗原后从第 1 管到第 4 管血清稀释度依次为 1∶50、1∶100、1∶200 和 1∶400。每次实验须做三种对照，阴性血清对照须将血清稀释到其原有滴度，其他步骤同上。抗原对照即将当时使用的已稀释抗原 0.5mL 加稀释液 0.5mL。

　　为了消除主观判断错误，每次实验须制备标准比浊管，以记录结果。配制方法即以当时使用的已稀释抗原加等量稀释液，按表 6-4 配制。

表 6-4　标准比浊管配制方法

管号	1∶40 抗原稀释液/mL	实验用稀释液/mL	清亮度/%	标记
1	0.0	1.0	100	＋＋＋＋
2	0.25	0.75	75	＋＋＋
3	0.5	0.5	50	＋＋
4	0.75	0.25	25	＋
5	1.0	0.0	0	－

　　全部试管充分振荡后，置 37℃恒温培养箱中，孵育 22～24h 后用标准比浊管对照检查记录结果。出现 50%以上凝集的最高稀释度就是这份血清的凝集价，因此 50%亮度的比浊管很重要。

　　结果判定。＋＋＋＋：液体完全透明，管底有明显的伞状沉淀，振荡后出现大量的凝集片或小粒状物悬浮起来，即 100% 凝集。＋＋＋：液体几乎完全透明，管底有明显的伞状沉淀，振荡后出现大量的凝集片或小粒状物悬浮起来，即 75%凝集。＋＋：液体不甚透明，管底有少量的伞状沉淀，振荡后可见少量的凝集片和颗粒，即 50%凝集。＋：液体几乎不透明，仅仅可以看见伞状沉淀的痕迹，振荡后可见极少量的颗粒，即 25%凝集。－：液体均匀浑浊，无凝集现象。

　　牛、马和骆驼血清凝集价为 1∶100 以上，猪、羊和狗 1∶50 以上者出现两个以上的"＋"，判为阳性。牛、马和骆驼血清凝集价为 1∶50，猪、羊和狗为 1∶25 者判为可疑，可疑反应的家畜经 3～4 周重检。牛、羊重检时仍为可疑，判为阳性；猪和马重检时仍为可疑，但农场中未出现阳性反应及无临诊症状的家畜，判为阴性。鉴于猪血清常有个别出现非特异性凝集反应，在实验时须结合流行病学判定结果。如果出现个别弱阳性［如凝集价为 1∶（100～200）］，但猪群中均无临诊症状（流产、关节炎、睾丸炎），可以考虑此种反应为非特异性，经 3～4 周可采血重检。

【实验报告】

　　掌握布鲁氏菌病的检疫方法。熟悉布鲁氏菌的鉴别染色方法，并绘制布鲁氏菌的示意图。

【思考题】

　　1. 疑似布鲁氏菌病绵羊流产胎儿一只，如何进行细菌学检查？

　　2. 家畜布鲁氏菌病的主要免疫生物学诊断方法有几种？其优缺点如何？

实验八　牛结核病的检疫

【实验目的】

1. 掌握用牛结核菌素皮内变态反应对牛进行结核病检疫的操作方法。
2. 了解牛结核菌素点眼反应和皮下热反应的操作方法。

【实验用品】

1. 材料　牛型提纯结核菌素（PPD）、牛。

2. 试剂　灭菌蒸馏水、来苏尔、75%乙醇。

3. 器具　乳胶手套、碘酒棉球、酒精棉球、牛鼻钳、保定绳、游标卡尺、1mL 和 2.5mL 注射器、组织镊、剪毛剪、六柱栏、高压蒸汽灭菌器、超净工作台等。

【实验内容】

牛结核菌素变态反应的诊断有三种方法，即皮内变态反应、点眼反应及皮下热反应。我国现在主要采用前两种方法，而且前两种方法最好同时使用。1985 年以来，我国逐渐推广改用提纯结核菌素来诊断检疫结核病。

1. 注射部位及术前处理　将牛只编号后在颈侧中上部 1/3 处剪毛（或提前一天剃毛），3 个月龄以内的犊牛，也可在肩胛部进行，剪毛面积约为 10cm²，用游标卡尺测量术部中央皮皱厚度，做好记录。如术部有变化时，应另选部位或在对侧进行。

2. 注射剂量　不论牛只大小，一律皮内注射 10 000IU。即将冻干 PPD 稀释成每毫升含 10 万 IU 后，皮内注射 0.1mL。如用 2.5mL 注射器，应再加等量注射用水皮内注射 0.2mL。冻干 PPD 稀释后应当天用完。

3. 注射方法　先以 75%乙醇消毒术部，然后皮内注入定量的 PPD，注射后局部应出现小泡，如注射有疑问时，应另选 15cm 以外的部位或对侧重做。

4. 注射次数和观察反应　皮内注射后经 72h 时判定，仔细观察注射部位有无热痛、肿胀等炎性反应，并以游标卡尺测量皮皱厚度，做好详细记录。对疑似反应牛应立即在另一侧以同一批 PPD 同一剂量进行第二回皮内注射，再经 72h 后观察反应。

如有可能，对阴性和疑似反应牛，于注射后 96h、120h 再分别观察 1 次，以防个别牛出现迟发型变态反应。

5. 结果判定

（1）阳性反应　局部有明显的炎性反应，或虽无明显反应，但注射前后的皮厚差≥4mm 者，判定为阳性，其记录符号为＋。对进出口牛的检疫，凡皮厚差大于 2mm 者，均判为阳性。

（2）疑似反应　局部炎性反应不明显，皮厚差为 2.1～3.9mm，判为疑似，其记录符号为±。

（3）**阴性反应**　　无炎性反应。皮厚差在 2mm 以下，判定为阴性，其记录符号为—。

凡判定为疑似反应的牛只，于第 1 次检疫 30d 后进行复检。其结果仍为可疑反应时，经 30～45d 后再复检，如仍为疑似反应，应判为阳性。

6. 注意事项　　家禽的皮内变态反应是在肉髯皮内注射禽结核菌素 PPD，猪采取耳根部皮内注射，猴选择在上眼睑皮内注射，羊、鹿等其他大中动物的结核病检疫参照牛的皮内变态反应实验进行。

【实验报告】

掌握牛结核病的 PPD 检测方法。

【思考题】

1. 用 PPD 进行牛结核病检疫的操作要点和注意事项有哪些？
2. 结合临床实践，如何净化结核病阳性牛群？

实验九　鸡白痢的检疫

【实验目的】

通过实验让学生掌握鸡白痢的血清学——快速全血平板凝集反应的检疫方法。

【实验用品】

1. 材料　　鸡、鸡白痢标准抗原、鸡白痢阳性血清。

2. 器具　　纱布、乳胶手套、灭菌干棉球、酒精棉球、牙签、1mL 注射器、载玻片、记号笔、接种环等。

【实验内容】

如鸡体内有鸡白痢沙门氏菌，则血液中含有鸡白痢沙门氏菌的抗体，用鸡白痢标准抗原与此血清（血液）结合就会出现凝集块。

1. 实验方法

1）取待检鸡全血或待检血清一满环（约 0.02mL）涂于载玻片上。

2）加入一滴鸡白痢标准抗原（约 0.05mL）混入鸡全血或待检血清中。

3）加入一滴鸡白痢标准抗原（约 0.05mL）混入鸡白痢沙门菌阳性血清作为阳性对照。

4）将鸡白痢标准抗原与鸡全血或血清混匀，并使用牙签将其搅动分散成直径约 2cm 的面积，2min 后观察。

2. 结果判定

1）抗原和血清混合后在 2min 内出现明显凝集块的为阳性。

2）2min 内不出现凝集或出现均匀一致的极其微小颗粒，或在边缘处由于临干前出现絮状者判为阴性。

3）在上述情况之外而不易判断为阳性或阴性者，判为可疑反应。

【实验报告】

掌握鸡白痢的血清学——快速全血平板凝集反应的检疫方法，并对检测结果进行拍照。

【思考题】

1．除全血平板凝集反应外，还有哪些方法可以快速检测鸡白痢？

2．我国绝大多数鸡群鸡白痢的阳性率比较高，试分析其原因和拟定防治对策。

实验十　鸡传染性法氏囊病的实验室诊断

【实验目的】

通过实验让学生熟悉和掌握鸡传染性法氏囊病的琼脂凝胶扩散诊断方法。

【实验用品】

1．材料　鸡传染性法氏囊病（IBD）标准阳性血清和阴性血清、鸡 IBD 诊断抗原。

2．试剂　0.1%苯酚、蒸馏水、8%氯化钠缓冲液、琼脂粉。

3．器具　乳胶手套、酒精棉球、200μL 枪头、纱布、平皿、250mL 锥形瓶、打孔器、5 号针头、湿盒、高压蒸汽灭菌器、超净工作台、恒温培养箱、移液器、冰箱等。

【实验内容】

鸡传染性法氏囊病的实验室诊断，取决于病毒特异性抗体的检测，或组织中病毒的血清学检查，通常不把病原分离和鉴定作为常规诊断的目的。

1．实验方法

（1）琼脂平板的制备　取 1g 优质琼脂粉溶化于含有 0.1%苯酚的 100mL 8% 氯化钠缓冲液中，100kPa 高压蒸汽灭菌，倾注灭菌平皿，待凝固后，倒置放于冰箱备用。

（2）打孔和加样　事先制好打孔的图案（中央 1 个孔和外周 6 个孔，分别标号 1～6），放在琼脂板下，用打孔器打孔，并用 5 号针头挑去孔内琼脂。孔径为 6mm，孔距为 3mm。检测 IBDV 的抗体时，中央孔加入已知的 IBDV 的抗原，若测法氏囊中的病毒抗原，中央孔加已知标准阳性血清。现以检测 IBDV 阳性抗体为例进行加样。中央孔加 IBDV 的阳性抗原，1、4 孔加入已知标准阴性、阳性血清，2、3、5、6 孔加入被检血清，添加至孔满为止，将平皿倒置放在湿盒内，置 37℃恒温培养箱内经

24～48h 观察结果。

2. 结果判定　　在标准阳性血清与被检的抗原孔之间，有明显沉淀线者判为阳性；相反，如果不出现沉淀线者判为阴性。标准阳性血清和阳性抗原孔之间一定要出现明显沉淀线，本实验方可确认。

【实验报告】

掌握鸡传染性法氏囊病的琼脂凝胶扩散实验方法，并对检测结果进行拍照。

【思考题】

1. 传染性法氏囊病的流行病学、临床症状和病理变化特点是什么？
2. 本病的实验室诊断方法有几种？比较其优缺点。

实验十一　羊梭菌性疾病的诊断

【实验目的】

学习掌握羊梭菌性疾病的实验室诊断方法。

【实验器材】

1. 材料　　魏氏梭菌（或病死羊小肠内容物），小白鼠，魏氏梭菌的 B、C、D 型抗毒素，肉汤培养物。

2. 试剂　　灭菌生理盐水、1%氯仿。

3. 器具　　乳胶手套、酒精棉球、1mL 注射器、酒精灯、组织镊、小试管、试管架、冰瓶、高压蒸汽灭菌器、超净工作台、离心机。

【实验内容】

以魏氏梭菌为例，介绍魏氏梭菌毒素致死性实验和魏氏梭菌型别的鉴定。

1. 实验方法

（1）待检毒素的分离　　取病死羊小肠内容物，加 1%氯仿双线结扎，装入冰瓶送样至实验室，肠内容物较干涸时用灭菌生理盐水稀释 2～4 倍混匀（肠内容物比较稀薄时直接离心），3000r/min 离心 15～20min，取上清液，备用。或将魏氏梭菌 37℃厌氧培养后，取肉汤培养物，3000r/min 离心 15～20min，取上清液，备用。

（2）致死实验　　取上清液，给小白鼠腹腔注射 0.5mL，18～24h 后观察结果。

（3）中和实验　　取 4 支灭菌小试管，分别进行编号（1#、2#、3#、4#）。每管加入待检毒素 0.5mL，分别在 1#、2#、3#管依次加入 0.5mL 的 B、C、D 型抗毒素，4#管加入 0.5mL 的生理盐水，混匀。37℃中和 30min 后分别腹腔注射小白鼠 0.5mL，18～24h 后观察结果（表 6-5）。

表 6-5　定型血清中和力（抗毒素）

魏氏梭菌毒素型别	B 型抗毒素	C 型抗毒素	D 型抗毒素	生理盐水
B	＋	－	－	－
C	＋	＋	－	－
D	＋	－	＋	－

注："＋"代表小鼠存活；"－"代表小鼠死亡；B 型魏氏梭菌产生 α、β、ε 毒素；C 型魏氏梭菌产生 α、β 毒素；D 型魏氏梭菌产生 α、ε 毒素

2．结果判定

（1）致死实验　　致死实验中小鼠死亡，表明分离的上清液中含有毒素。

（2）中和实验　　根据小鼠存活与死亡情况判定魏氏梭菌的型别。

【实验报告】

掌握魏氏梭菌的毒素中和实验检测方法，书写实验报告。

【思考题】

1．魏氏梭菌毒素中和实验检测的注意事项有哪些？

2．梭菌性疾病如何防控？

实验十二　羊大肠埃希菌病的分离鉴定及血清学检测

【实验目的】

1．掌握致病性大肠埃希菌的分离、纯化及移植方法。

2．学习并掌握致病性大肠埃希菌的生化和血清学鉴定方法。

【实验用品】

1．材料

（1）病料　　病死羊的淋巴结与肝、脾及肾等脏器。

（2）血清　　致病性大肠埃希菌诊断血清。

2．试剂　　伊红-亚甲蓝和麦康凯平板、营养琼脂斜面、营养肉汤、12 种微量生化鉴定管（葡萄糖、乳糖、麦芽糖、甘露醇、蔗糖、MR、VP、靛基质、硫化氢、尿素酶、西蒙氏枸橼酸盐、硝酸盐）、蒸馏水、生理盐水。

3．器具　　乳胶手套、酒精棉球、高压蒸汽灭菌器、超净工作台、恒温培养箱、冰箱、接种环、酒精灯、水浴锅、玻片。

【实验内容】

1．致病性大肠埃希菌的分离、纯化及移植　　将上述病料无菌接种于营养肉汤中，

37℃培养 18～24h 后，分别划线接种于伊红-亚甲蓝和麦康凯平板进行目的菌的分离纯化，最后将纯培养物移植到营养琼脂斜面，37℃培养 18～24h 后，备用。

2．生化鉴定　　依次勾取少许目的菌固体培养物，分别无菌接种到上述 12 种微量生化鉴定管中，37℃培养 24～48h 后，判定结果。

3．血清型鉴定

（1）假定实验　　于平板上菌落生长稠密处挑取培养物，以致病性大肠埃希菌 3 种 OK 多价血清进行玻片凝集反应。不凝集者为阴性。若与一种 OK 多价血清凝集时，再与该多价血清所包含的 OK 单价血清进一步实验。

OK 多价 1。包括 O55：K59（B5），O86：K61（B7），O111：K58（B4），O127a：K63（B8）。

OK 多价 2。包括 O26：K60（B6），O125：K70（B15），O126：K71（B16），O128：K67（B12）。

OK 多价 3。包括 O44：K74（L），O114：K90（B），O112：K66（B11），O119：K69（B14），O124：K72（B17）。

（2）凝集反应　　如与某个 OK 单价血清凝集，再挑取 3 个以上的单个菌落，与该血清进行凝集反应，将纯培养物制成浓厚菌液，于 100℃水浴 30min，再与相应的 OK 单价血清或 O 单价血清进行玻片凝集反应，若仍为阳性，则为致病性大肠埃希菌假定实验阳性。

（3）玻片凝集反应　　用接种环于洁净玻片上滴 1～2 滴血清，然后取少量被检菌与血清混合均匀，轻轻摇动玻片，于 1min 内呈现明显凝集者为阳性；呈均匀浑浊者为阴性。阳性时，应以生理盐水做对照实验。

1）OK 单价血清。

O26：K60（B6），O44：K74（L），O55：K59（B5），O86：K61（B7）。

O111：K58（B4），O114：K90（B），O119：K69（B14），O124：K72（B17）。

O125：K70（B15），O126：K71（B16），O127a：K63（B8）。

O128：K67（B12）。

2）O 单价血清。O26、O44、O55、O86、O111、O114、O119、O124、O125、O126、O127、O128。

【实验报告】

掌握致病性大肠埃希菌的分离、纯化、移植生化和血清学鉴定方法，书写实验报告。

【思考题】

1．简述大肠埃希菌分离、鉴定的实验操作程序及鉴别该菌与沙门氏菌的方法。

2．致病性大肠埃希菌血清鉴定有何意义？

实验十三　绵羊衣原体病的免疫学诊断

【实验目的】

掌握绵羊衣原体病的酶联免疫吸附实验（ELISA）检测方法。

【实验用品】

1. 材料　绵羊血清、绵羊。

2. 试剂　绵羊衣原体病的 ELISA 检测试剂盒、0.5%的吐温-20。

3. 器具　乳胶手套、碘酒棉球、酒精棉球、灭菌 EP 管、10μL 和 100μL 枪头、真空采血管、采血针、组织镊、剪毛剪、酒精灯、记号笔、高压蒸汽灭菌器、超净工作台、冰箱、10μL 和 100μL 八联排移液器、水浴锅、酶标仪、铝箔袋、封板膜、自封袋、吸水纸等。

【实验内容】

采用双抗体夹心法酶联免疫吸附实验（ELISA）试剂盒。往预先包被绵羊衣原体捕获抗体的包被微孔中，依次加入阴性对照、阳性对照、样本、辣根过氧化物酶（HRP）标记的检测抗体，经过温育并彻底洗涤。用底物 3,3′,5,5′-四甲基联苯胺（TMB）显色，TMB 在过氧化物酶的催化下转化成蓝色，并在酸的作用下转化成最终的黄色。颜色的深浅和样品中的绵羊衣原体呈正相关。用酶标仪在 450nm 波长下测定吸光度（OD），判断样品是否含有绵羊衣原体。

1. 待检血清准备　用真空采血管采取绵羊鲜血并编号，摆成斜面，4℃过夜，分离血清，收集于灭菌 EP 管内，备用。

2. ELISA 检测步骤

1）从室温平衡 20min 后的铝箔袋中取出所需板条，剩余板条用自封袋密封放回 4℃。

2）设置阴、阳性对照孔和样本孔，阴、阳性对照孔中加入阴性对照、阳性对照各 50μL。

3）待测样本孔先加待测样本 10μL，再加样本稀释液 40μL。

4）随后阴、阳性对照孔和样本孔中每孔加入辣根过氧化物酶（HRP）标记的检测抗体 100μL，用封板膜封住反应孔，37℃水浴锅或恒温培养箱温育 60min。

5）弃去液体，吸水纸上拍干，每孔加满 0.5%的吐温-20 洗涤液，静置 1min，甩去洗涤液，吸水纸上拍干，如此重复洗板 5 次（也可用洗板机洗板）。

6）每孔加入底物 A、B 各 50μL，37℃避光孵育 15min。

7）每孔加入终止液 2mol/L H_2SO_4 50μL，15min 内，用酶标仪在 450nm 波长处测定各孔的 OD 值。

3．结果判定

（1）实验有效性　　阳性对照孔 OD 平均值≥1.00；阴性对照孔 OD 平均值≤0.15。

（2）临界值计算　　临界值＝阴性对照孔平均值＋0.15。

（3）阴性判断　　样品 OD＜临界值，样品为阴性。

（4）阳性判断　　样品 OD＞临界值，样品为阳性。

【实验报告】

掌握绵羊衣原体病的 ELISA 检测方法，书写实验报告。

【思考题】

1．绵羊衣原体病的常规检测方法还有哪些？与 ELISA 检测方法相比，其优缺点有哪些？

2．结合临床实践，如何净化绵羊衣原体病阳性羊群？

实验十四　犬细小病毒病的胶体金检测

【实验目的】

掌握犬细小病毒病的胶体金检测方法。

【实验用品】

1．材料　　犬。

2．试剂　　犬细小病毒检测试纸盒（包括犬细小病毒检测试纸条和样品处理液）。

3．器具　　医用棉拭子、乳胶手套、酒精棉球、100μL 枪头、灭菌小试管、组织镊、酒精灯、记号笔、高压蒸汽灭菌器、超净工作台、冰箱、100μL 移液器、试纸。

【实验内容】

胶体金检测试纸是一步法固相膜反应。往试纸上滴加粪便样品后，样品溶液中的病毒抗原与胶体金垫金标抗体 1 反应形成免疫抗原抗体复合物，随溶液一起层析移动。在显示窗口的检测线（T）处，复合物中的病毒抗原被包被的纯化的抗原 2 捕获截留，复合物中的胶体金颗粒形成一条紫红色线，如此则判断为阳性。

1．犬粪样品的采集与处理　　分别用灭菌的医用棉拭子从宠物犬肛门采取新鲜粪便，置于灭菌小试管并编号。依次取 1mL 样品处理液分别加入上述灭菌小试管中，搅动均匀并静置 10min，待粪便沉淀于底部后再取样品上清液，备用。

2．胶体金试纸检测　　分别在犬细小病毒试纸条的加样孔中加入 2 滴经上述处理的粪便样品，5min 后观察结果。

3．结果判定　　只有一条线（质控"C"线）出现判定为阴性；出现两条线（"C"和"T"线）判定为阳性；无质控线出现判定胶体金检测试纸条无效。

【实验报告】

掌握犬细小病毒病的胶体金检测方法，对检测结果进行拍照，书写实验报告。

【思考题】

1. 与 ELISA 检测方法相比，胶体金检测的优缺点是什么？
2. 在宠物临床诊断中，为什么宠物医生经常应用胶体金技术检测犬细小病毒病？

实验十五　猪瘟的实验室诊断

【实验目的】

掌握猪瘟的兔体交互免疫实验的检测方法。

【实验用品】

1. **材料**　病死猪淋巴结、脾等病料，家兔。
2. **试剂**　青霉素、链霉素。
3. **器具**　乳胶手套、酒精棉球、注射器、100μL 枪头及移液器、灭菌青霉素瓶、组织镊、组织匀浆器、酒精灯、记号笔、高压蒸汽灭菌器、超净工作台、冰箱。

【实验内容】

猪瘟病毒不能使家兔发病，但能使其产生免疫，而兔化猪瘟病毒则能使家兔产生热反应。

1. 实验步骤

1）选择体重 1.5kg 以上大小基本相等的清洁级健康家兔 4 只，分为 2 组，一组为实验组，一组为对照组；实验前 3 天做测温，每天 4 次，间隔 6h，体温正常即可。

2）采病死猪淋巴结和脾等病料做成 1∶10 的悬液，取上清液加青霉素、链霉素各 1000IU 处理后，以每只 5mL 的剂量肌肉内接种实验兔。如用血液需加抗凝剂，每头接种 2mL。对照组不接种。

3）接种 24h 后继续测温，每隔 6h 测温 1 次，连续 5d。

4）5d 后对所有家兔静脉注射 100 个兔体最小感染剂量的猪瘟兔化弱毒，每只 1mL。24h 后，每 6h 测温 1 次，连续 3d。

5）记录每只兔的体温变化，绘制体温曲线。根据实验组和对照组兔的热反应进行诊断。

2. 结果判定

1）如实验组接种病料后无热反应，后来接种猪瘟兔化弱毒后也无热反应，而对照组兔接种猪瘟兔化弱毒有定型热反应，则诊断为猪瘟。

2）如实验组接种病料后有定型热反应，后来接种猪瘟兔化弱毒不发生热反应，而对照组接种猪瘟兔化弱毒发生定型热反应，则表明病料内含有猪瘟兔化弱毒。

3）如实验组接种病料后无热反应，后来接种猪瘟兔化弱毒后发生定型热反应，或接种病料后发生热反应，后来对接种猪瘟兔化弱毒又发生定型热反应，而对照组接种猪瘟兔化毒后发生定型热反应，则不是猪瘟。

【实验报告】

掌握猪瘟的兔体交互免疫实验方法，书写实验报告。

【思考题】

1. 实验室诊断猪瘟抗原或抗体最常用的方法有哪些？
2. 兔体交互免疫实验诊断猪瘟有何优点和不足？

第八章　兽医寄生虫学实验指导

兽医寄生虫学实验室守则

兽医寄生虫学实验课是"兽医寄生虫学"课程的重要组成部分,是将理论知识与实际联系起来的重要环节。通过实验,加深学生对兽医寄生虫学基本理论和知识的理解,培养学生实事求是的科学态度及独立分析和解决问题的能力。所有参加实验的老师和学生都应严格遵守以下实验室守则。

1)检查粪便样品时,戴好手套和口罩,防止粪液飞溅,沾染或误食虫卵、线虫,造成感染。例如,误食猪带绦虫虫卵及细粒棘球绦虫虫卵可导致人的囊尾蚴病和包虫病,危害严重。

2)检查血液样本时,注意手上是否有伤口,同时做好自我防护。如血液样本触碰到伤口,可能会导致一些血液原虫的感染,如疟原虫、弓形虫、梨形虫等。

3)寄生虫剖解时,做好防护工作,注意解剖器械的使用,防止伤到自己或误伤他人。尤其是在检查头部寄生虫、需要打开颅腔时,需格外注意自身及周围人的安全。使用斧头、锯子等工具时,一定先检查工具连接处是否松动,能否正常使用。

4)显微镜是寄生虫实验使用最频繁的仪器,应注意轻拿轻放。搬运显微镜时应右手持镜臂、左手托镜底。观察标本时,应双眼观察,先在低倍镜下找到标本上的虫体,然后调至高倍镜下观察。

5)爱护标本,示教标本轻拿轻放,请勿随意移动,谨防打碎。

6)绘图时,应使用 2B 铅笔,用点和线进行绘制,线条要圆滑,不应有转角,点要小而圆,以疏密体现立体结构。按照标本大小、比例绘图,各个结构用平行线引出,标注名称。

实验一　蠕虫学粪便检查法(一)

【实验目的】

学会下列诊断蠕虫病的方法,在显微镜下能识别虫卵。

【实验用品】

1. 材料　做检查用的家畜粪便、寄生于家畜的蠕虫卵挂图。

2. 试剂　饱和食盐水、50%的甘油水溶液。

3. 器具　载玻片、盖玻片、粪缸、玻璃棒、镊子、量筒、漂浮管、牙签、锥形瓶、吸管、铜筛、普通光学显微镜。

【实验内容】

1. 直接涂片法　　方法见寄生虫学基本操作。

2. 饱和食盐水漂浮法　　方法见寄生虫学基本操作。

3. 沉淀法及毛蚴孵化法　　方法见寄生虫学基本操作。

4. 蠕虫卵的识别　　在检查粪便时，必须把蠕虫卵与植物残渣、菌类孢子、淀粉及粪便中许多其他成分区别开来。

蠕虫卵的特征：通常具有两层折光性强的卵壳，有的光滑，有的带有各种压迹的辐射状线条等极其复杂的构造。内部的组织可能无定形或含有分裂球状的胚胎或幼虫。各纲蠕虫卵的特征如下。

（1）吸虫卵　　常呈卵圆形，大部分吸虫卵一端有一小卵盖。某些吸虫卵卵壳表面有特殊的形状（刺状、结节及其他类似的形态）。新排出的吸虫卵内，有的含有卵细胞，有的含有成形的毛蚴。虫卵一般为黄色、褐色或灰白色。

（2）绦虫卵　　圆叶目绦虫卵与假叶目的不同，常呈三角形、四边形或近似于圆形，无卵盖。卵内有三对小钩称为六钩蚴，有的有梨形器。假叶目的绦虫卵与吸虫卵相近，有卵盖。

（3）线虫卵　　不同于吸虫卵之处在于其没有卵盖，与绦虫卵的区别是没有梨形器及其内的六钩蚴。各种线虫卵的大小和形状很不相同，大多数的线虫卵呈椭圆形，内含有细胞或幼虫，卵的着色也不相同，可从无色至黑褐色。

【实验报告】

1. 记录实验结果。

2. 绘制所观察到的虫卵的形态图，鉴别后标注名称。

【思考题】

1. 如何在显微镜下识别虫卵与非虫卵？

2. 直接涂片法、饱和食盐水漂浮法和沉淀法各自的优缺点是什么？

实验二　蠕虫学粪便检查法（二）

【实验目的】

掌握下列蠕虫病的诊断方法，继续学习在显微镜下如何识别虫卵。

【实验用品】

1. 材料　　做检查用的家畜粪便、寄生于家畜的蠕虫卵挂图。

2. 器具　　载玻片、盖玻片、粪缸、玻璃棒、镊子、吸管、铜筛（40～80目）、尼龙筛（260目）、麦克马斯特氏计数板、普通光学显微镜。

【实验内容】

1. 尼龙筛淘洗法　　方法见寄生虫学实验基本操作。
2. 麦克马斯特氏法　　方法见寄生虫学实验基本操作。
3. 简易计数法　　方法见寄生虫学实验基本操作。

【实验报告】

1. 采用两种虫卵计数方法计数同一粪样并记录实验结果。
2. 绘制所观察到的虫卵的形态图，鉴别后标注名称。

【思考题】

每克粪便虫卵数量是否反应宿主寄生虫感染程度？

实验三　蠕虫学粪便检查法（三）

【实验目的】

学会下列蠕虫病的诊断方法，能够识别肺线虫幼虫和圆线虫第三期幼虫。

【实验用品】

1. 材料　　做检查用的家畜粪便、肺线虫幼虫和羊的圆线虫第三期幼虫挂图。
2. 器具　　载玻片、盖玻片、铜筛、橡皮管、漏斗架、漏斗、金属夹、玻璃棒、离心管、镊子、吸管、纱布、普通光学显微镜。

【实验内容】

1. 贝尔曼氏法　　方法见寄生虫学实验基本操作。
2. 线虫幼虫培养法　　方法见寄生虫学实验基本操作。

绵羊胃肠道线虫第三期感染性幼虫属的检索表

1. 幼虫无鞘 ·· 类圆形线虫（*Strongyloides*）
   幼虫有鞘 ·· 2
2. 8 个肠细胞 ······································· 细颈线虫（*Nematodiru*）
   16 个肠细胞 ·· 3
   肠细胞多于 16 个，食道有刃器 ··· 7
3. 鞘尾短 ·· 4
   鞘尾长 ·· 6
4. 幼虫尾有小结节 ······························· 毛圆线虫（*Trichostrongylus*）
   幼虫尾无小结节 ·· 5
5. 幼虫尾尖 ·· 奥斯特线虫（*Ostertagia*）

6．口囊球状，幼虫长 0.65～0.75cm ·················· 血矛线虫（*Haemonchus*）

　　口囊很小漏斗形，幼虫长 0.514～0.678cm ·········· 仰口线虫（*Bunostomum*）

7．肠细胞 16～24 个，细胞呈三角形 ············ 食道口线虫（*Oesophagostomum*）

　　肠细胞 24～32 个，细胞呈矩形 ···················· 夏伯特线虫（*Chabertia*）

【实验报告】

1．对各种方法做简要叙述和概括总结，记录各种粪检结果。

2．绘制出所观察到的线虫三期幼虫的形态图，并注明其各部位构造名称。

【思考题】

幼虫分离技术有何意义？

实验四　蠕虫学粪便检查法（四）

【实验目的】

认识羊体内蠕虫卵的形态，为羊蠕虫病的诊断奠定基础。

【实验器材】

1．材料　　做检查用的羊粪、羊体蠕虫卵挂图。

2．器具　　载玻片、盖玻片、铜筛、橡皮管、漏斗架、漏斗、金属夹、玻璃棒、离心管、镊子、吸管、纱布、普通光学显微镜。

【实验内容】

（一）羊体蠕虫卵的鉴别

一般检查虫卵的目的是确定动物是否被蠕虫感染和被哪一种或几种蠕虫所感染，其感染率和感染强度如何。

1．吸虫卵　　用沉淀法、尼龙筛淘洗法或其他特殊方法检查。羊体主要吸虫卵的鉴别如下。

（1）肝片吸虫卵　　大小为（0.13～0.15）mm×（0.063～0.09）mm，椭圆形，金黄色，有不明显的卵盖，虫卵整个为卵细胞充满。

（2）鹿同盘吸虫卵　　与前者相似，其主要不同点为，大小为（0.14～0.16）mm×（0.075～0.082）mm，淡灰色。

（3）双腔吸虫卵　　大小为（0.038～0.051）mm×（0.022～0.038）mm，不对称卵圆形，棕色，一端有卵盖，卵内含有瓜子形的毛蚴。

（4）东毕吸虫卵　　无卵盖，一端有小刺，另一端有附属物，大小为（0.072～0.13）mm×（0.022～0.05）mm。

2．绦虫卵　　用饱和食盐水漂浮法进行检查，羊体主要绦虫卵鉴别如下。

（1）扩展莫尼茨绦虫卵　　直径为 0.05～0.06mm，一般呈三角形，淡灰色，内有三对小钩的六钩蚴，六钩蚴为梨形器包着，梨形器上长有一对长形角状突起，突起的尖端有时编组在一起。

（2）贝氏莫尼茨绦虫卵　　直径为 0.063～0.0867mm，一般呈立方，其余与前者相同。

（3）曲子宫绦虫　　有子宫周器官，每个子宫周器官内包含 3～8 个虫卵，虫卵近似于圆形，直径为 0.016～0.027mm，内含有六钩蚴，无梨形器。

（4）无卵黄腺绦虫　　每个子宫周器官内含有许多虫卵，卵呈椭圆形，大小为（0.023～0.035）mm×（0.019～0.022）mm，内含有六钩蚴，无梨形器。

3. 线虫卵　　检查方法同绦虫卵，线虫卵主要分为以下三类。

（1）毛首线虫型　　这类虫卵呈柠檬状，卵为棕色，两端各有一个栓塞。

（2）类圆线虫型　　无色、卵圆形，其大小为（0.04～0.06）mm×（0.02～0.025）mm，新排出的虫卵经常含有几个活动的幼虫在内，这一点及形状大小可与其他普通胃肠道线虫区别开来，是一种细小的线虫，寄生在黏膜上。

（3）普通圆线虫型　　大部分羊粪内的线虫卵都属于这一型，其形状呈卵圆形、无色、卵壳薄。新鲜粪内的虫卵，卵细胞在早期发育中，这一型虫卵包括捻转血矛线虫、奥斯特线虫、毛圆线虫、仰口线虫、夏伯特线虫和食道口线虫等。

（二）线虫虫卵鉴定标准

虫卵形态、大小、卵细胞的数目与颜色、卵壳的厚薄等可作为各属线虫虫卵鉴定的标准，列表如下所述。

线虫虫卵鉴定检索表

1. 卵内含有已发育的幼虫 ·· 2
   卵内不含有已发育的幼虫 ·· 3
2. 卵壳薄，无卵盖 ·· 类圆线虫卵（*Strongyloides*）
   卵壳厚（0.036mm），两端有卵盖 ······························ 筒线虫卵（*Gongylonema*）
3. 卵两端有栓塞 ··· 4
   卵两端无栓塞 ··· 5
4. 长度超过 0.06mm ······································ 毛首线虫卵（*Trichocephalus*）
   长度不超过 0.06mm ···································· 毛细线虫卵（*Capillaria*）
5. 长度超过 0.13mm ··· 6
   长度不超过 0.13mm ··· 7
6. 卵壳两边增厚 ·· 马歇尔线虫卵（*Marshallagia*）
   卵壳两边不增厚 ·· 细颈线虫卵（*Nematodirus*）
7. 一边平，长度不到 0.06mm ·························· 斯氏线虫卵（*Skrjabinema*）
   卵两边平或不平，长度超过 0.06mm ·· 8
8. 卵壳第二层第三层厚不到 0.001mm ··· 9
   卵壳第二层第三层厚超过 0.001mm ·· 11

9. 卵一端或两端变尖 …………………………………… 毛圆线虫卵（*Trichostrongylus*）

　　卵两端不变尖 ………………………………………………………………10

10. 卵两端几乎平行 …………………………………………… 古柏线虫卵（*Cooperia*）

　　卵两端弯曲 ………………………………………… 奥斯特线虫卵（*Ostertagia*）

11. 卵壳第二层、第三层厚 0.0015mm ………………………………………12

　　卵壳第二层、第三层厚超过 0.0015mm …………………………………13

12. 新排出的卵不含 24 个细胞或更少，细胞色黑 ……… 仰口线虫卵（*Bunostomum*）

　　新排出的卵含 24 个细胞或更多，细胞色黄 … 捻转血矛线虫卵（*Haemonchus*）

13. 卵壳第二层、第三层厚 0.0019mm，较短·· 食道口线虫卵（*Oesophagostomum*）

　　卵壳第二层、第三层厚 0.0020mm，较长 …………… 夏伯特线虫卵（*Chabertia*）

将上述表中最难以区别的虫卵加以描述如下。

1. 仰口线虫卵和夏伯特线虫卵　　仰口线虫卵（0.082～0.097）mm×（0.047～0.057）mm，夏伯特线虫卵（0.083～0.100）mm×（0.047～0.059）mm，两种虫卵大小虽然相似，但也有不同点。

1）仰口线虫卵两端钝，两边较直，夏伯特线虫卵普遍是卵圆形的。

2）仰口线虫卵与夏伯特线虫卵颜色都深，但比较而言前者更深。

3）仰口线虫卵的卵细胞（8 个左右）比夏伯特线虫卵少。

4）第二层、第三层的卵壳厚度不同。

2. 捻转血矛线虫卵和食道口线虫卵　　捻转血矛线虫卵（0.066～0.082）mm×（0.039～0.046）mm，食道口线虫卵（0.074～0.088）mm×（0.045～0.054）mm，前者较后者略小一些，但各种虫卵中这两者的大小最相近，区别方法如下。

1）捻转血矛线虫卵较食道口线虫卵颜色淡。

2）捻转血矛线虫卵的卵细胞有 24 个或更多，但食道口线虫卵的卵细胞只有 4～16 个。

3）食道口线虫卵的卵细胞界限较不明显。

4）第二层、第三层卵壳厚度不同。

【实验报告】

绘制出所观察到的羊蠕虫卵的形态图，并注明其各部位构造名称。

【思考题】

1. 简述仰口线虫卵和夏伯特线虫卵的鉴别要点。

2. 简述捻转血矛线虫卵和食道口线虫卵的鉴别要点。

实验五　原虫的形态观察（一）

【实验目的】

掌握血涂片制作技术，为实验室诊断血液原虫病奠定基础，认识下列原虫的形态特点。

【实验用品】

1. 材料　拟患血液原虫病的家畜，伊氏锥虫、巴贝斯虫、泰勒焦虫的制作标本。

2. 器具　载玻片、针头、注射器、普通光学显微镜。

【实验内容】

1. 血涂片的制作及染色　方法见寄生虫学实验基本操作。

2. 伊氏锥虫、巴贝斯虫、泰勒焦虫的形态观察

（1）伊氏锥虫（*Trypanosoma evansi*）　常呈弯曲的柳叶状，前端尖，后端稍钝，一般长 18～30μm，宽 2～2.5μm。虫体中部有椭圆形的核，后端有一点状的动基体，由此生出一根鞭毛，沿虫体的一侧边缘向前延伸，在虫体的前端游离，并与虫体之间有薄膜相连，鞭毛运动时，此膜也随之运动，故称波动膜。

（2）驽巴贝斯虫（*Babesia caballi*）　是一种大型虫体，有圆形、椭圆形、梨形和阿米巴形等，梨形虫体占多数，长 2.28～4.25μm，圆形和椭圆形虫体直径为 1.5～3μm，典型虫体是双梨形，大于红细胞的半径，以尖端相连呈锐角，每个虫体有两团染色质。

（3）马巴贝斯虫（*Babesia equi*）　虫体较小，其大型虫体约等于红细胞半径，中型约为红细胞半径的一半，小型约为红细胞半径的 1/4。在红细胞内的虫体呈圆形、椭圆形、短杆状、变形虫形、梨形等。典型虫体是 4 个梨形虫体互相连接成十字形，每个虫体内有一团染色质。

（4）环形泰勒焦虫（*Theileria annulata*）　寄生于牛的网状内皮细胞和红细胞内，在红细胞内的虫体，有环形、椭圆形、杆状、逗点状、点状、十字形等。其中以环形占优势（70%～80%），核居一端，呈红色，原生质为浅蓝色，虫体小于红细胞的半径（0.5～1.5μm），一个红细胞内可能有 1～6 个虫体。寄生在网状内皮系统的虫体称为石榴体（或称柯赫氏兰体），其存在于淋巴细胞的单核细胞内，也可游离于淋巴液中，偶见于血浆中，大小为 2.2～27.5μm，吉姆萨染色后，在浅蓝色的原浆里包含数目不等的微红色或暗紫色的染色质。

石榴体（柯赫氏兰体）：指网状内皮系统细胞内的虫体，是蜱唾液腺中的子孢子接种到动物体内之后，未进入红细胞之前的一个发育阶段，它们在淋巴细胞、组织细胞中进行裂殖生殖时形成多核虫体，即裂殖体。石榴体作为虫体的裂殖体阶段，它在形态上有多种类型，一种为大裂殖体，体内含有直径 0.4～1.9μm 的染色质颗粒，并产生直径为 2～2.5μm 的大裂殖子；另一种为小裂殖体，它含有直径为 0.3～0.8μm 的染色质颗粒，并产生直径为 0.7～1.0μm 的小裂殖子。

（5）山羊泰勒焦虫（*Theileria hirci*）　寄生于羊的红细胞和淋巴细胞，形态与环形泰勒焦虫相似。

【实验报告】

绘制出所观察到的原虫的形态图。

【思考题】

如何制作一张血细胞分布均匀、密度适宜且染色效果好的血液涂片？

实验六　原虫的形态观察（二）

【实验目的】

认识弓形虫、球虫的形态特点，为诊断下列原虫奠定基础。

【实验用品】

1. 材料　弓形虫、患球虫病的畜禽粪便、虫体形态挂图。

2. 试剂　2.5%的重铬酸钾。

3. 器具　普通光学显微镜、显微图像分析系统、解剖针、盖玻片等。

【实验内容】

1. 弓形体的形态学观察　龚地弓形虫：滋养体呈新月状，大小为（4~7）μm×（2~4）μm，一端稍尖，一端钝圆，细胞质呈浅蓝色，有颗粒，核呈深蓝紫色，偏于钝端，滋养体多发生于急性病例。

2. 球虫卵囊的形态学观察　随畜主粪便排出卵囊，通常为圆形或椭圆形，卵囊壁一般呈光滑而均匀一致，囊壁的最外层为外胶质膜，内层为卵囊外壁，再内层为卵囊内壁。初由粪便中排出的卵囊，内含一球状的原生质团块，称为卵囊质。在囊壁的一端，可能有卵膜孔或极帽，在卵囊中的一头上可能有1~3个富于折光性的极体。

卵囊在适宜的温度条件下，经过几天发育，其卵囊质分裂为几个孢子囊（艾美尔属为4个，等孢子属为2个），每个孢子囊的一端有折光性强的栓塞，称为斯氏体，孢子囊内有几个子孢子（艾美尔属为2个，等孢子属为4个）和内残体，在孢子囊外还有一外残体。

鉴别球虫的属种时，主要根据卵囊的形态构造，应注意的点是：卵囊的大小和形状，卵囊的颜色，卵囊壁的厚薄、有无卵膜孔或极帽，卵膜孔或极帽部分的构造，有无外残体，有无极体，孢子囊及子孢子的形状、数量、无内残体等。卵囊发育成熟所需要的时间也是鉴定种别的一个重要的条件，为此需要把卵囊培养在2.5%的重铬酸钾液内进行观察。观察卵囊时，需要用解剖针轻轻推动或轻压盖玻片，使其滚动，以察看其整体形状。

【实验报告】

1. 绘制出艾美耳球虫的孢子化卵囊结构图，并标出其结构特征。

2. 绘制出弓形虫滋养体的结构图。

【思考题】

1. 如何鉴别艾美耳球虫的种类？
2. 艾美耳球虫和弓形虫在孢子生殖和形成的孢子化卵囊结构上有何异同？

实验七　吸虫的形态观察（一）

【实验目的】

1. 通过肉眼和普通光学显微镜观察，能够鉴别肝片吸虫、大片吸虫、双腔吸虫。
2. 通过对肝片吸虫和其中间宿主（椎实螺）的观察，对肝片吸虫的发育有进一步的了解。

【实验用品】

1. 材料　　肝片吸虫、大片吸虫、双腔吸虫的染色制片和浸渍标本，椎实螺标本，肝片吸虫、大片吸虫、双腔吸虫的形态发育史及椎实螺的挂图。

2. 器具　　普通光学显微镜、显微图像分析系统。

【实验内容】

1. 肝片吸虫、大片吸虫和双腔吸虫的形态学观察

（1）肝片吸虫（*Fasciola hepatica*）　　成虫寄生于反刍兽及马属动物的肝胆管里，有时也寄生于兔、猪、猫和人。

形态特征：虫体大，平均大小为（20~30）mm×（8~13）mm，扁平呈叶状。新鲜虫体呈红褐色，固定后变为灰白色。体表有小刺，头部呈锥状突出，称为头锥，两边扁平的部分称为肩。口吸盘位于头的前端，腹吸盘位于腹面肩的水平位置。

消化器官：口孔位于口吸盘的中央，后接咽、食道和分为两枝的肠管，每枝又分为许多侧枝（主要是外侧枝）。末端均为盲端。

生殖器官：极为发达，为雌雄同体。雄性生殖器官有前后排列的两个高度分枝的睾丸，位于虫体的中央，每个睾丸通出一条输出管，两条输出管合并为一条输精管，直达雄茎囊的底部，在雄茎囊内有贮精囊、摄护腺（前列腺）的雄茎，这和雌性子宫末端合为生殖窦，生殖孔开口于腹吸盘的前方。雌性生殖器官在虫体的前 1/3 处，有一个呈鹿角状分枝的卵巢，位于腹吸盘的右下方，从卵巢有一短输卵管通到圆形的卵模，卵模位于虫体前 1/3 处的中央，在它的四周有许多单细胞的梅氏腺，子宫弯曲在腹吸盘的下方，内含许多褐色的虫卵，子宫的前端由卵模通出，末端与雄茎囊合并，卵黄腺呈葡萄状密布在虫体两侧，直达虫体后端，卵黄腺每侧有一总卵黄管，在虫体前 1/3 处与中 1/3 交界处汇合成卵黄囊，与卵模相通，无受精囊。

排泄器官：在虫体后端中央有透明的排泄囊。

（2）大片吸虫（*Fasciola gigantica*）　　大片吸虫与肝片吸虫在形态上很相似，不同点在于其体型较大，为（33～76）mm×（5～12）mm。没有明显的肩部，虫体两边比较平行，后端钝圆。腹吸盘大，咽比食道长，肠管的内侧分枝较多，并有明显的小枝，睾丸所占空间的长度与虫体其余部分比较起来则显得很小。

（3）双腔吸虫　　双腔吸虫属双腔科（Dicrocoeliidae）双腔属（*Dicrocoelium*）的吸虫，在青海主要发现的是中华双腔吸虫（*D.chinensis*）。虫体大小为（3.54～8.96）mm×（2.03～3.09）mm，前端有一小头锥，体前端 1/3 处有肩，整个外形像缩小的肝片吸虫。腹吸盘大于口吸盘。肠管为两枝，末端为盲端，到达虫体后端 1/6～1/5 处。睾丸呈圆形、不规则块状或分瓣，两个对称地并列在腹吸盘后方，少数虫体两睾丸略斜列，雄茎囊位于腹吸盘前方。卵巢椭圆形或三分瓣，位于体后方中线的中部两侧，子宫圈充满虫卵，在后方的两肠管之间。

2. 中间宿主——椎实螺的形态学观察　　椎实螺，椎实螺科（Lymnacidae）的多种螺蛳是片形吸虫、同盘吸虫和东毕吸虫的中间宿主。本科种类的螺壳大多为右旋，少数为左旋，一般中等大小，有个别属、种个体较大，壳长可达 60mm。壳质薄，稍透明。外形呈耳状、球形、卵圆形到长圆锥形等。常常具有一个短的螺旋部，但有的也具有尖锐的螺旋部，体螺层一般极其膨大。壳面呈黄褐色到褐色。壳口一般为长卵圆形。常大量地栖息在小水洼、池塘、小溪及灌溉渠内，在海拔 6000m 以上的高原水域内也有分布。在青海目前发现的有以下两种螺。

（1）耳萝卜螺（*Radix auricularia*）　　外形呈耳状，贝壳较大，壳高，一般可达 24mm，壳宽 18mm，壳口高 21mm，壳口宽 14mm，有 4 个螺层，螺旋部极短，尖锐，体螺层极其膨大，壳口较大，向外扩张呈耳状，壳口内缘螺轴略扭转。

（2）小土蜗（*Galba pervia*）　　外形呈膨大的卵圆形，贝壳较小，一般壳高 12mm，壳宽 8mm。有 4～5 个螺层，螺旋部高度等于或略大于壳口的高度。

【实验报告】

绘制出肝片吸虫和中华双腔吸虫的形态图，并注明各部构造。

【思考题】

比较肝片吸虫和大片吸虫形态的异同。

实验八　吸虫的形态观察（二）

【实验目的】

掌握同盘吸虫、分体吸虫、东毕吸虫的形态学知识，为将来调查研究和防治这些寄生虫病奠定基础。

【实验用品】

1. 材料　　同盘吸虫、分体吸虫、东毕吸虫的制片标本和浸渍标本，同盘吸虫、分体吸虫、东毕吸虫的形态挂图。

2．器具　　普通光学显微镜、显微图像分析系统。

【实验内容】

1．鹿同盘吸虫的形态学观察　　鹿同盘吸虫（*Paramphistomum cervi*）成虫寄生于反刍兽的瘤胃内，有时也可在胆管内发现。虫体呈长圆锥形，长 5～13mm，宽 2～5mm，新鲜虫体呈淡红色，固定后变为灰白色，两个吸盘位于虫体的前端和后端，腹吸盘大于口吸盘，两条盲肠伸达虫体后部，睾丸椭圆形，稍有分叶，前后排列于虫体的中部，睾丸后方有圆形的卵巢，子宫弯曲，内充满虫卵，卵黄腺呈颗粒状，分布于虫体的两侧，生殖孔开口于肠管分枝处的后方。

2．日本分体吸虫的形态学观察　　日本分体吸虫（*Schistosoma japonicum*）寄生于人、牛、羊、马、犬、猪、猫、兔和鼠等动物的门静脉及肠系膜静脉内。成虫为雌雄异体，呈线状，乳白色或灰白色。

（1）**雄虫**　　长×宽为（10～20）mm×（0.5～0.55）mm，口吸盘在虫体前端。腹吸盘较大，距口吸盘近。从腹吸盘后方直到后端，虫体的两侧边向腹侧蜷曲形成一个小槽，称为抱雌沟，雌虫常处于抱雌沟内。在咽的地方的一种球形的腺体称为食道腺。肠管两条，在虫体后 1/3 处合而为一。腹吸盘后有 6～8 个横形排列的睾丸，通常为 7 个，每个睾丸有一条输出管，输出管联合为一条输精管，后扩大为贮精囊，通向腹吸盘后面的生殖孔，无雄茎。

（2）**雌虫**　　较雄虫细长，大小为（12～26）mm×0.3mm。吸盘较小而弱，口吸盘比腹吸盘稍大。卵巢位于虫体中部，肠管联合之前。卵黄腺在虫体后 1/4 处分两侧，输卵管与卵黄管都是弯曲的小管向前汇合成膨大部为卵模，其四周包有梅氏腺，再向前伸展成直线形的子宫，开口于腹吸盘的后方。

3．东毕吸虫的形态学观察　　东毕吸虫属分体科东毕属（*Orientobitharzia*）的吸虫，在我国发现的有 4 种。

东毕吸虫属虫体鉴定检索表

1．体长大，睾丸 60～70 个，圆形，雄虫表皮有结节 ···
···彭氏东毕吸虫（*O. bomfordi*）
2．体短小，雄虫表皮无结节 ·· 3
3．雄虫表皮无结节，睾丸 68～80 个，小颗粒状土耳其东毕吸虫（*O. turkestanica*）
4．雄虫表皮有结节 ·· 5，6
5．睾丸 81～86 个，小颗粒状 ···
·····························土耳其东毕吸虫结节变种（*O. turkestanica* var. *tuberculata*）
6．睾丸 53～99 个，长椭圆形，较大 ···············程氏东毕吸虫（*O. cheni*）

【实验报告】

1．根据虫体形态检索表鉴定未知东毕吸虫。
2．绘制日本分体吸虫和鹿同盘吸虫成虫的形态结构图，并注明内部结构。

【思考题】

我国发现的 4 种东毕吸虫的形态学特征有哪些？

实验九　绦虫的形态观察（一）

【实验目的】

掌握绦虫形态特征，为正确诊断反刍兽绦虫病奠定基础。

【实验用品】

1. 材料　莫尼茨绦虫、曲子宫绦虫、无卵黄腺绦虫的制片和浸渍标本，莫尼茨绦虫、曲子宫绦虫、无卵黄腺绦虫的形态挂图。

2. 器具　显微镜、显微图像分析系统。

【实验内容】

1. 扩展莫尼茨绦虫和贝氏莫尼茨绦虫的形态学观察　莫尼茨绦虫，属于裸头科（Anoplocephalidae）莫尼茨属（*Moniezia*），一般常见的为扩展莫尼茨绦虫和贝氏莫尼茨绦虫两种，寄生于绵羊和牛的小肠内。

（1）扩展莫尼茨绦虫（*Moniezia expansa*）　为一种体形较大的绦虫，体长可达600cm，宽 1.6cm，头节上有 4 个吸盘，无顶突和钩，节片的宽度大于长度，边缘比较整齐。在每一成熟节片的两侧各有一组雌雄性生殖器官，卵巢与卵黄腺围绕成环形，均位于纵排泄管的内侧，子宫为一细长的管交织成网状，当子宫充满虫卵时，即变成囊状。睾丸很多，呈球状，分布在左右纵排泄管之间，各个睾丸的输出管联合成为输精管，与雌性生殖孔并列的雄茎囊相通，孕卵节片被充满虫卵的子宫所填满，其他器官均消失，每一节片的后缘有一行呈颗粒状的节间腺。节间腺的有无及其形态在种的鉴别上具有重要的意义。

（2）贝氏莫尼茨绦虫（*M. benedeni*）　与扩展莫尼茨绦虫在外形上非常相似，但虫体比扩展莫尼茨绦虫要宽（达 2.6cm），但这并不能作为鉴别的依据。唯一的区别是节间腺呈小点状密集起来，构成带状分布于节片后缘的中央。

2. 曲子宫绦虫的形态学观察　曲子宫绦虫，属于裸头科的曲子宫属（*Helictometra*），常见的是盖氏曲子宫绦虫（*H. giardi*）。虫体长 200cm，宽 12mm，节片很短，每一成熟节片内有一组雌雄性生殖器官，生殖孔位于节片的侧缘上，左右不规则地交替排列。雄茎囊向外突出，使边缘呈不整齐的外观。睾丸在排泄管外侧，卵巢和卵黄腺位于纵排泄管的内侧。子宫弯曲很多，卵近于圆形，两边较平，没有梨形器，每 3～8 个虫卵包在一个子宫周器官（paruterine organ）内，每一孕卵节片内有许多子宫周器官。

3. 无卵黄腺绦虫的形态学观察　无卵黄腺绦虫，属于裸头科的无卵黄腺属（*Avitellina*），主要发现的是中点无卵黄腺绦虫（*A. centripunctata*）。虫体长 200～300cm，宽 3mm，节片极短，不易用肉眼分辨出它们的分节，在节片中央可以看到一条白线状物，是各子宫的连续，每一节片内有一组雌雄性生殖器官，生殖孔呈不规则排列，睾丸位于纵排泄管两侧，卵巢位于生殖孔开口的一侧，没有卵黄腺。卵内无梨形器，被包在一个厚壁的子宫周器官内，每一孕卵节片内有一个子宫周器官。

【实验报告】

1. 简要描述各种绦虫蚴及其成虫的形态特征。
2. 绘出一种绦虫的头节和成熟节片形态图，并注明各部位名称。

【思考题】

简要描述上述 3 种绦虫的鉴别要点。

实验十　绦虫的形态观察（二）

【实验目的】

1. 掌握家畜绦虫病的节片检查法及羔羊群发生绦虫病的诊断方法。
2. 认识马裸头绦虫的形态特点。
3. 熟悉绦虫的中间宿主——地螨的收集法。

【实验用品】

1. **材料**　绦虫病畜的粪便、马裸头绦虫的标本及挂图、地螨的制片和浸渍标本。
2. **器具**　显微镜、显微图像分析系统。

【实验内容】

1. **绦虫节片检查法**　方法见寄生虫学实验基本操作。
2. **马裸头绦虫的形态学观察**

（1）叶状裸头绦虫（*Anoplocephala perfoliata*）　寄生于马属动物小肠的后部，盲肠的前部，少见于结肠中，虫体长 2.5～5cm，偶尔可达 8cm，宽 8～14mm，节片短而宽，头节呈圆形，没有顶突的钩，有 4 个向前突出的吸盘，每一吸盘后面有一个叶状下垂物，此为其特征。卵巢很宽，占据节片的整个宽度，生殖孔开口于节片侧缘的前部。虫卵近于圆形，直径为 65～80μm，内有梨形器，梨形器的长度相当于虫卵的半径，内有六钩蚴，新鲜虫卵呈黄色。

（2）大裸头绦虫（*A. magna*）　寄生于马属动物的小肠内，特别是空肠，罕见于胃。虫体长度可达 80cm，宽度达 25mm，是马裸头绦虫中最大的一种。头节也大，与叶状裸头绦虫的不同点是吸盘后面没有叶状下垂物；生殖孔开口于节片侧缘的后半部，卵巢较窄。虫卵圆形，直径为 50～60μm，梨形器不发达，长度小于虫卵的半径，卵为淡灰色。

（3）侏儒副裸头绦虫（*Paranoplocephala mamillana*）　寄生于马属动物的小肠内，特别是十二指肠中，偶见于胃中。虫体大小为（10～40）mm×（4～6）mm，是马裸头绦虫中最小的一种，虫卵直径为 50～60μm，梨形器发达，长度大于虫卵的半径，虫卵黄褐色。

3. 地螨的收集法　方法见寄生虫学实验基本操作。

【实验报告】

绘出一种绦虫的头节和成熟节片形态图，并注明各部位名称。

【思考题】

简要描述 3 种马裸头绦虫的形态特征。

实验十一　绦虫的形态观察（三）

【实验目的】

认识棘球蚴和多头蚴等及其成虫的形态特征，并将其特征作为对家畜绦虫蚴病的诊断、预防及宣传教育的根据。

【实验用品】

1. 材料　绦虫蚴及其成虫的浸渍标本和制片标本，绦虫蚴的病理标本，绦虫蚴及其成虫的模型、挂图。

2. 器具　显微镜、显微图像分析系统。

【实验内容】

1. 棘球蚴及细粒棘球绦虫的形态学观察

（1）棘球蚴（*Hydatid cyst*）　寄生于多种哺乳动物体内，多见于牛、羊、猪、骆驼等，人也遭受其侵袭。寄生部位主要是肝脏和肺脏，其他器官也可寄生，但少见。棘球蚴是一个充满液体的包囊。囊壁由两层组成，外层较厚为角皮层，内层较薄为胚层（germinal layer）。角皮层系由胚层分泌而成，有光泽，乳白色，较脆；胚层向囊内长出许多育囊（brood capsule）和头节样的原头蚴（protoscolex）。它和成虫头节的区别是体积小而无顶突腺，有的原头蚴逐渐生成空泡，长大而形成育囊。育囊的胚层仍可分泌角皮层而成子囊（daughter cyst）。子囊、育囊和原头蚴亦可自胚层脱落，悬浮于棘球液，统称为棘球砂（hydatid sand）或包囊砂。育囊及子囊的胚层仍长有原头蚴，一个棘球可长有许多原头蚴，而一个原头蚴在终末宿主体内可发育为一条成虫。有时棘球蚴有外生现象，即向包囊之外衍生成子囊。

（2）细粒棘球绦虫（*Echinococcus granulosus*）　主要寄生于狗、狼等犬属肉食动物的小肠里。虫体很小，长 1.5～6mm，头节具顶突及 4 个吸盘，顶突有大小两圈小钩共

28～46 个，顶突上有若干个顶突腺。链体仅具未成熟节片、成熟节片和孕卵节片各一节，偶尔多一节，成熟节片中有雌雄性生殖器官，有睾丸 44～56 个、捻转状的输精管、梨形的雄茎囊、肾状的卵巢，以及梅氏腺和阴道。孕卵节片的子宫具有侧囊。

2. 多头蚴及多头绦虫的形态学观察

（1）多头蚴（*Coenurus cerebralis*）　　寄生于绵羊、山羊、牛、马等动物的脑和脊髓，也见于人。多头蚴是充满液体的包囊，在宿主器官内发育较慢。完全长成的虫体，直径可达 5cm 以上。肉眼可见囊壁上附着有许多小的白色头节，头节可达数百个，镜检头节时，可见有 4 个吸盘和一个顶突，并长有两排小钩，共 22～32 个。

（2）多头绦虫（*Taenia multiceps*）　　寄生于狗、狼、狐和其他肉食动物的小肠里，长 40～100cm，头节小，有 4 个吸盘，顶突上有两排小钩，共 22～32 个。孕卵节片内的子宫有 9～26 个侧枝，链体中部节片呈四方形，后端多呈长方形，成熟者呈瓜子状。

3. 细颈囊尾蚴及包囊带绦虫的形态学观察

（1）细颈囊尾蚴（*Cysticercus tenuicollis*）　　寄生于猪、绵羊、山羊、牛等动物的浆膜、网膜、肠系膜和肝脏，也是充满液体的包囊，直径可达 5cm 以上，它的特征是囊有一个细长的颈，颈的前端有一翻转的头节。头节上有 4 个吸盘和 1 个顶突，并有大小两排小钩，共 26～32 个，囊被宿主所形成的结缔组织膜包围着。

（2）包囊带绦虫（*Taenia hydatigena*）　　寄生于狗、狼、狐的小肠。虫体长 1.5～5m，由 250～300 个节片组成，节片的波状边缘部分罩于下节之上，头节球形，上有 4 个吸盘和两排小钩（共 26～44 个）。每节节片上有一组雌雄性生殖器官，生殖孔开口于节片边缘，呈不规则排列。子宫呈袋状纵列于节片的中部，卵巢呈叶状，左右排列于节片的后部，卵黄腺在卵巢的下方，睾丸数目很多，散布在节片里。孕卵节片内的子宫，向两侧各分出 5～10 个侧枝。

4. 猪囊尾蚴及有钩绦虫的形态学观察

（1）猪囊尾蚴（*Cysticercus cellulosae*）　　主要寄生于猪的股内侧肌、腰肌、肩胛肌、咬肌、腹内斜肌、膈肌和心肌等，也寄生于脑和其他组织，另外还寄生于狗、猫、羊及人。猪囊尾蚴是白色半透明的包囊，大小为（8～10）mm×5mm，形似黄豆，囊内有液体，囊壁上有一个乳白色的头节，其上有 4 个吸盘和 1 个顶突。顶突上有两排小钩，共 25～50 个，与成虫头节没有什么差异。

（2）有钩绦虫（*Taenia solium*）　　寄生于人的小肠内，虫体长 2～4m，头节为球形，有顶突及两排小钩，共 25～50 个。成节卵巢分左右两叶及中央小叶，孕卵节片子宫分枝不整齐，每侧 7～13 枝。

5. 牛囊尾蚴及无钩绦虫的形态学观察

（1）牛囊尾蚴（*Cysticercus bovis*）　　寄生于牛的肌肉内，尤其以股、肩、心、舌、颈等处肌肉为多，与猪囊尾蚴相似，其不同点是头节上无钩。

（2）无钩绦虫（*Taeniarhynchus saginatus*）　　寄生于人的小肠内，与有钩绦虫形态相似。其主要区别是：虫体较大，长 4～8m，头节呈方形，无顶突和小钩，卵巢无中央小叶，子宫分枝整齐，每侧 15～30 枝。

【实验报告】

绘出上述绦虫蚴的形态图。

【思考题】

上述各种绦虫蚴的寄生部位和终末宿主分别是什么？

实验十二　线虫的形态观察（一）

【实验目的】

1．通过对猪蛔虫的解剖，了解线虫的一般构造。
2．识别猪、马蛔虫的形态特征。
3．掌握圆形亚目线虫雄虫尾端构造，为其分类鉴定奠定基础。

【实验用品】

1．**材料**　猪蛔虫、马副蛔虫、已透明的一种圆形亚目线虫雄虫标本。
2．**试剂**　乳酚液。
3．**器具**　显微镜、显微图像分析系统、寄生虫解剖器械、载玻片、刀片。

【实验内容】

1．猪蛔虫的形态和解剖构造

（1）猪蛔虫的形态学观察　　主要寄生于猪的小肠里，形状呈圆柱形，淡黄色，体表有一层角质膜，膜的表面有横纹。口由三片唇所围绕，唇的内缘上有一排齿，背侧唇上有两个乳突，两侧腹侧唇各有一个乳突，虫体表面有 4 条线，即背线、腹线和两条侧线。其中侧线较明显。

1）雄虫：长 135～280mm，最大宽度 2～4mm，尾端向腹面作钩状弯曲，尾端腹面有许多乳突，在泄殖腔前方的两侧，乳突分布较密，排泄孔在虫体前端腹面。

2）雌虫：长 254～390mm，最大宽度 3～6.5mm，尾端直圆锥形，阴门开口于虫体前 1/3 处。

（2）猪蛔虫的解剖构造　　解剖蛔虫时，应使虫体背侧向上，先用大头针将虫体两侧固定，然后用解剖针沿背线剖开，如背、腹线不明显时，也可使侧线向上，沿侧线剖开。体壁剖开以后，用大头针固定剖开边缘，然后用解剖针细心地分离其内部器官。

1）猪蛔虫的雌、雄虫的内部构造：线虫的身体由皮肤肌肉囊包被，内为一封闭的体腔称为假体腔，消化器官游离在假体腔内。

A．雄虫：①消化器官为一直管，由口通入肌肉质的咽部，咽后为一扁的肠，肠道体后端变细并联合雄性生殖器官形成排泄腔（泄殖腔）开口于虫体末端；②生殖器官为一单管，弯曲盘绕在肠的周围，前端游离很细，称为睾丸，为精子的形成处。向下有输精管，直径略粗，输精管以后为较粗的贮精囊和较细的射精管，开口于后肠，在此处有一特殊的小囊，两根等长的交合刺，由特殊的肌肉通过肛门伸出体外，交配时将交合刺伸入雌虫生殖孔内。

　　B．雌虫：①消化道与雄虫相似，但与雄虫的区别在于其没有生殖器官联合，即没有泄殖腔；②生殖器官是由一对细管构成，在游离的末端，最细部分为卵巢，由此形成卵，经过较粗的输卵管通向子宫，子宫的直径更加粗大，内部由许多虫卵所充满，子宫下端联合为单一的细管，称为阴道，它开口于体前端腹面。

　　2）猪蛔虫的横切面观察：线虫身体的横切面为圆形，最外为皮肤肌肉囊，此囊的构造是，表层为角质膜，其下为上皮组织，系由多核的原生质所构成，称为联合体，上皮组织下为肌肉组织，肌肉形成整个一层，而明显的肌肉分为四条，两条在背部，两条在腹部，由四条线所分离，背腹线不明显，内为背腹神经束。两侧侧线较明显，其上有向内隆起，其内各有一条纵管，起排泄作用，在侧线内也有神经束，但极不明显，由皮肤肌肉囊所包围着的假体腔内，有游离的消化器官和生殖器官，在横切面上呈圆形。若虫体为雄虫，可见到肠、睾丸、输精管等；若为雌虫，可见到成对的子宫、输卵管和卵巢。

　　切去猪蛔虫的唇部时，可以将虫体前部放置在载玻片上，用刀片沿着虫体垂直方向，自唇基部稍后方切下，放在载玻片上，滴加乳酚液1～2滴，加盖玻片放于显微镜下观察。

　　2. 马副蛔虫的形态学观察　　马副蛔虫寄生于马、驴、骡的小肠内，体形比猪蛔虫大，口孔周围有3个唇片，其中一个较大的为背唇，两个较小的为侧腹唇，每个唇的内侧有一横沟区分为前后两部分。三个唇之间有小的间唇。

　　（1）雄虫　　长150～280mm，尾部有小的尾翼，腹面有许多乳突，交合刺一对，等长，长度为2.075mm，无导刺带。

　　（2）雌虫　　长180～420mm，尾部锥形，尾端两侧有乳突一对，阴门在虫体前1/4处。

　　3. 圆形亚目线虫雄虫尾端构造的观察　　交合刺、导刺带、副导刺带和交合伞的形状和位置及它们的有无，在亚目、科、属、种的鉴定上有重要的意义。

　　（1）交合伞　　位于雄虫的尾部，由三叶组成，分为两个对称的侧叶和一个背叶，各叶上有伞辐肋支持着。肋一般对称排列，分为三组，腹肋、侧肋和背肋。在侧肋上有腹肋2支（腹腹肋和侧腹肋）、侧肋3支（前侧肋、中侧肋和后侧肋）；在背叶上有一对外背肋和一个背肋，背肋的末端有的再分枝。

　　（2）交合刺和导刺带　　圆形亚目线虫雄虫尾端有两根交合刺，形状各式各样。交合刺常包在鞘内，鞘开口于泄殖腔内。导刺带（引带）位于交合刺的背部，用来调节交合刺的运动。有的在交合刺的腹部有副导刺带（副引带），它们的形状各不一样，但也有缺失的。

【实验报告】

1. 绘出猪蛔虫和马副蛔虫的头端结构，并标明各部分的名称。
2. 绘出所观察到的圆形亚目线虫雄虫交合伞的形态结构图，并标明各部分结构名称。

【思考题】

比较猪蛔虫和马副蛔虫虫体主要形态结构的区别及这两种蛔虫在生活发育过程中的异同点。

实验十三　线虫的形态观察（二）

【实验目的】

认识线虫的形态特征，并以此作为鉴别捻转血矛线虫、羊仰口线虫、牛仰口线虫、夏伯特线虫的依据。

【实验用品】

1. 材料　捻转血矛线虫、羊仰口线虫、牛仰口线虫、夏伯特线虫的浸渍标本和制片透明标本，捻转血矛线虫、羊仰口线虫、牛仰口线虫、夏伯特线虫的形态挂图。

2. 器具　显微镜、显微图像分析系统。

【实验内容】

1. 捻转血矛线虫的形态学观察　捻转血矛线虫（*Haemonchus contortus*）寄生于反刍兽的第四胃内。此虫是一种大型的毛状线虫，前端尖细，口囊小，背侧有一小齿（背矛），颈乳突较大。

（1）雄虫　长 11.5～22.0mm，淡红色，交合伞的侧叶发达，背叶小，不对称，偏于左侧，由一"人"字形的背肋支持着。交合刺一对，棕色，等长，0.415～0.609mm，远端缩小变细，每个交合刺除具有分枝外，还具有倒钩一个，两个交合刺的倒钩位置不在同一水平线上，导刺带呈梭形。

（2）雌虫　长 16.5～32.0mm，由于白色的生殖器官与红色的消化器官相互捻转，形成红白相间的特征，阴门开口于虫体的后部，并有一个显著的阴门盖。

2. 羊仰口线虫的形态学观察　羊仰口线虫（*Bunostomum trigonocephalum*）寄生于绵羊和山羊的小肠内，虫体前端向背侧弯曲，口囊大，呈漏斗状，腹面有一对半月状切板，基部有一个长的背齿和三个短的亚腹齿。

（1）雄虫　长 12～15mm，交合伞的背肋分枝不对称，右侧外背肋细长，在背肋的基部分出，左侧外背肋短，在全长的中央部分分出。交合刺一对，褐色，等长，长 0.61～0.66mm。

（2）雌虫　长 17～22mm，阴门开口于虫体前 1/3 处。

3. 牛仰口线虫的形态学观察　牛仰口线虫（*B. phlebotomum*）寄生于牛的小肠内。

（1）雄虫　长 14～19mm，交合刺长 4.26～4.67mm。

（2）雌虫　长 17～26mm。与羊仰口线虫的不同点在于其口囊内背齿短，并具有两对亚腹齿，交合刺较长。

4. 夏伯特线虫的形态学观察　　夏伯特线虫属（*Chabertia*），寄生于反刍兽的大肠里。在我国发现的有以下两种。

（1）绵羊夏伯特线虫（*Chabertia ovina*）　　虫体呈淡黄色，头端向腹面弯曲，口囊大而无齿，口囊前缘有两圈小的三角形叶冠，腹侧面有浅的颈沟，前方形成稍膨大的头泡。雄虫体长 15.2～18.7mm，交合伞短，背叶稍长于侧叶，腹肋、中侧肋、后侧肋和背肋均达于伞的边缘，前侧肋和外背肋一般不达于伞的边缘。交合刺一对，等长，上具有横纹，长 2.09～2.46mm，尾端有不大的附属物，阴道短，长 0.19～0.33mm。

（2）叶氏夏伯特线虫（*C. erschowi*）　　虫体形状与前者相似，雄虫体长 14.2～17.5mm，雌虫体长 17.0～25.0mm。此虫与前者不同的地方是：无颈沟和头泡，外叶冠呈圆锥形，内叶冠狭长。交合伞腹肋与侧腹肋长度不等，只是后者伸达伞的边缘。交合刺长 2.15～2.48mm，导刺带呈铲状，雌虫阴道长 0.40～0.56mm。

【实验报告】

1. 绘出上述一种线虫虫体的头端、雄虫尾端的结构图，并标出各结构名称。
2. 列出实验中所观察线虫的寄生部位、中间宿主和终末宿主。

【思考题】

比较捻转血矛线虫和羊仰口线虫主要形态构造的区别及这两种线虫在生活发育过程中的异同点。

实验十四　线虫的形态观察（三）

【实验目的】

掌握本实验所涉及线虫的鉴别要点。

【实验用品】

1. 材料　　食道口线虫、毛首线虫、三种马的圆线虫、毛线虫的浸渍标本或透明标本，食道口线虫、毛首线虫、三种马的圆线虫、毛线虫的形态挂图。
2. 器具　　显微镜、显微图像分析系统。

【实验内容】

1. 食道口线虫的形态学观察和鉴定　　食道口线虫属（*Oesophagostomum*）又名结节虫，寄生于反刍兽和猪的结肠内，由于幼虫阶段在肠壁形成结节，故又名结节虫。虫体口囊小而浅，呈圆筒形，外有突起的口领，有 6 个环口乳突，有内叶冠和外叶冠，有颈沟，颈沟之前的表皮膨胀形成头泡，颈沟后方有颈乳突，雄虫交合伞发达，分叶不明显，交合刺一对，等长，导刺带呈铲状，雌虫阴门位于肛门的前方。

家畜各种食道口线虫的检索表

1. 缺侧翼膜 ··· 2
　　有侧翼膜 ·· 7

2. 颈乳突位于食道 1/3 前 ··· 3
　　颈乳突位于食道之后 ··· 6

3. 外叶冠多于 9 叶，阴道长度超过 0.2mm ······ 短尾食道口线虫（O. brevicaudum）
　　外叶 9 叶，阴道向前或横列，阴道长度小于 0.2mm ··························· 4

4. 食道前端膨大，全形如花瓶状，雌虫尾部的长度一般超过 0.35mm ··············
　　 ·· 长尾食道口线虫（O. longicaudum）
　　食道前端不膨大，全形如火柴棒状，雌虫尾部的长度一般小于 0.35mm ·········· 5

5. 导刺带铲状，柄部与铲部等长，雌虫尾部直末端尖 ·····························
　　 ·· 有齿食道口线虫（O. dentatum）
　　导刺带铲状，柄部弯曲比铲部短，雌虫尾部腹面成波状，不平，末端弯曲 ········
　　 ·· 佐治亚食道口线虫（O. georgianum）

6. 口囊宽度约为深度的 5 倍，外叶冠 18 叶，阴道长 0.5～0.6mm ···············
　　 ·· 微管食道口线虫（O. venulosum）
　　口囊宽度约为深度的 2 倍，外叶冠 12 叶，阴道长 0.66～0.70mm ············
　　 ·· 粗纹食道口线虫（O. asperum）

7. 颈乳突位于食道中部以后，阴道向前引，长度超过 0.2mm ···················
　　 ·· 甘肃食道口线虫（O. kansuensis）
　　颈乳突位于食道中部之前，阴道向内横引，长度较 0.2mm 为短 ·············· 8

8. 头泡不膨大，外叶冠 18～24 叶 ··········· 哥伦比亚食道口线虫（O. columbianum）
　　头泡膨大 ·· 9

9. 缺外叶冠 ·· 辐射食道口线虫（O. radiatum）
　　有外叶冠 30 叶，卵大，长 0.15～0.165mm，宽 0.068～0.080mm ············
　　 ·· 多叶食道口线虫（O. muldtifoliatum）

2. 毛首线虫的形态学观察　　毛首线虫属（*Trichuris*）虫体前部细长，后部短粗，形如鞭状，故名鞭虫，寄生于家畜的大肠内。虫体细长部分为食管，被食管腺细胞围绕，粗的部分为肠，管状的生殖器官缠绕着肠管。雄虫尾直，末端钝圆，阴门位于鞭部和体部的交界处，肛门位于虫体末端。本属线虫主要根据虫体鞭部和体部的比例，雄虫交合刺的长度和交合刺鞘的形状及大小等鉴别。常见的有以下几种。

（1）羊毛首线虫（*T. ovis*）　　寄生于绵羊、山羊和牛的盲肠。虫体前部和后部的比例约为 21，雄虫长 70～90mm，交合刺一根，长 4.6～5.3mm，末端尖，交合刺包在可伸缩的鞘内，鞘的远端向外翻转呈膨大的球体，鞘的表面有许多小刺。雌虫长 65～70mm。

（2）球形毛首线虫（*T. globulosa*）　　鞭部与体部的比例，雄虫为（2～3）：1，雌虫为（3～4）：1，雄虫长 54～69mm，交合刺长 3.3～5.6mm，交合刺鞘伸出时远端有球形的扩大，上有小刺，雌虫长 62～86mm。

（3）兰氏毛首线虫（*T. lani*）　　雄虫长 37.5～49.5mm，交合刺长 2.98～4.60mm，末端钝圆，交合刺鞘上有刺。雌虫长 49.5～60.5mm。

3. 三种马圆线虫的形态学观察

（1）普通圆线虫（*Strongylus vulgaris*）　　寄生于马属动物的大肠里，虫体前端钝而直，口囊周围有 4 个下中乳突和两个侧乳突，有内叶冠，口囊底部有两个耳状齿和一条长的背沟。雄虫长 13.0～17.5mm，交合伞发达，交合刺一对，等长，雌虫长 19.0～25.0mm。

（2）无齿圆线虫（*S. edentatus*）　　寄生于马属动物的大肠里，虫体头部稍大，口囊呈球状，囊内有一条背沟，但无齿。雄虫长 20.7～26.8mm，雌虫长 32～43mm。

（3）马圆线虫（*S. equinus*）　　寄生于马属动物的大肠里。口囊底部有 4 个齿，2 个在亚腹面，2 个在亚背面。亚腹齿是分开的，且较粗大并高于亚腹齿。还有一条长的背沟，雄虫长 17.0～31.0mm，雌虫长 24～38mm。

4. 毛线虫的形态学观察　　毛线虫与上述三种线虫外形差不多，但虫体较小，通常体长 4～15mm。具有不发达的口囊，其长度小于宽度，口囊内一般无齿，雄虫交合伞的背叶发达，侧叶不发达，在马的大肠中经常可以发现这类虫体。属于毛线科（Trichonematidae），种属较多，但对马的危害较上述三种线虫为小，在兽医实践中把它作为一类，其种别不加详述。

【实验报告】

1. 绘出上述线虫其中一种线虫虫体的头端、雄虫交合伞结构图，并标出各结构名称。
2. 列出实验中所观察线虫的寄生部位、中间宿主和终末宿主。

【思考题】

写出上述三种马的圆线虫的鉴别要点。

实验十五　线虫的形态观察（四）

【实验目的】

掌握下列线虫的鉴别要点。

【实验用品】

1. 材料　　马歇尔线虫、奥斯特线虫、细颈线虫、毛圆线虫的浸渍标本和透明标本，马歇尔线虫、奥斯特线虫、细颈线虫、毛圆线虫的形态挂图。

2. 器具　　显微镜、显微图像分析系统。

【实验内容】

1. 马歇尔线虫的形态学观察　　马歇尔线虫属（*Marshallagia*）虫体较大，头端无头囊，口囊小而明显。颈乳突不发达，雄虫前端尖细，交合伞宽，背叶不明显，具有附加背叶，其上有两个细小的肋。有伞前乳突。腹肋粗大，末端达伞缘，前侧肋与中侧肋距离很远，中后侧肋较细，外背肋与背肋发自同一基部，二者均细长。背肋于后 1/3 处分为 2 枝，远端分为内外 2 枝。交合刺较粗壮，远端分为 3 枝，无导刺带或具有退化的导刺带。雌虫阴门位于虫体中后方，有小的角质唇瓣（阴门盖），尾部圆锥形，虫卵大，常见的有以下两种马歇尔线虫。

（1）蒙古马歇尔线虫（*M. mongolica*）　　雄虫长 10.7～14.9mm，背肋细长，长 0.278～0.320mm，在远端 1/3 距基部 0.207～0.216mm 处分为左右 2 枝，各枝末端分成内外 2 小枝，于该 2 小枝的稍上方还有一个外侧枝。交合刺长 0.247～0.334mm，在其远端 1/3 处分为 3 枝，背枝最短，末端似钩；侧腹枝最长，末端被泡状的薄膜包围着，并略向侧弯曲。中腹枝次之，末端稍膨大和粗糙。导刺带不明显，呈葱头状，雌虫长 12.3～16.8mm，阴门横缝状，其上有时覆盖着角质的唇片。

（2）马氏马歇尔线虫（*M. marshalli*）　　　　雄虫长 10～13mm，背肋远端 1/3 处分为两枝，每枝末端有一裂缝，而在外侧还有一短小的小侧枝。交合刺长 0.25～0.30mm，在远端 1/4 处分为 3 枝，背枝短，较宽，并比二腹分枝较不明显，没有导刺带，雌虫长 12～20mm。

2. 奥斯特线虫的形态学观察　　奥斯特线虫属（*Ostertagia*）虫体较小，颈乳突明显，交合伞由 2 个大的侧叶与 1 个小的背叶组成，背叶与两个侧叶间无明显界限，有些种类还具有副伞膜。腹肋的末端达到或几乎达到伞的边缘。前侧肋常有弯曲，外背肋从背肋基部分出，背肋短，常于主干的 1/2 或 1/3 处分为 2 枝，其末端再分小枝。交合刺一对，等长或不等长，褐色或浅黄色，常于远端分为 2 枝或 3 枝，侧腹枝长而粗，中腹枝和背枝短而细。具有导刺带，常见的有普通奥斯特线虫。

普通奥斯特线虫（*O. circumcincta*）　　　　雄虫长 7.5～12mm，背肋系统的基部粗大，外背肋远端逐渐变窄，背肋约于远端的 1/2 处分为 2 枝，各分枝的中部分出一外侧枝，末端分为两小枝。两根等长的交合刺细而长，具有侧翼，交合刺长 0.38～0.42mm，距远端 0.08～0.09mm 处分为三枝，侧腹枝最长，较粗，背枝次之，腹枝最短，导刺带似球拍状，长 0.08～0.14mm。

3. 细颈线虫的形态学观察　　细颈线虫属（*Nematodirus*）虫体前部较后部细，呈螺旋状，头端角皮膨大成头囊（泡），上具有横纹，口囊短浅，无颈乳突。雄虫交合伞的侧叶大，背叶小而不明显，而腹肋大小几乎相等，互相紧靠着平行伸展，中、后侧肋平行排列而相互靠近，背肋是独立的 2 枝，分别位于两侧，每枝末端又分出 2～3 个指状小枝或每枝的中部发出一个外侧枝。交合刺细长，线状，其后部或末端被包在膜内，无导刺带，无伞前乳突。雌虫尾端钝圆，其上有一个针状小刺，阴门位于虫体后 1/3 或 1/4 处，常见的有尖刺细颈线虫。

尖刺细颈线虫（*N. filicollis*）　　　　雄虫长 7.5～15.3mm，背肋长 0.046～0.053mm，每枝末端分为内外 2 个小枝。交合刺长 0.996～1.160mm，远端套在膜内，形似红缨枪的前锋，尖端长 0.017～0.022mm。雌虫长 12～21mm，阴门横缝状，位于虫体后 1/3 处。

4. 毛圆线虫的形态学观察　　毛圆线虫属（*Trichostongylus*）虫体很小，丝状，口囊不明显，无颈乳突。大多数种类的排泄孔都十分明显，呈三角形的缺口。雄虫交合伞的侧叶大，背叶小而不明显。二腹肋从同一主干发出，腹腹肋较侧腹肋细小，三个侧肋同向弯曲，外背肋从背肋系统基部发出，背肋于远端分枝，每一分枝再分小枝。交合刺短，有些卷曲，近端有纽状结构，远端几乎都有特殊的突出物形成一定的角度，具有导刺带，其形状多样，伞前乳突小。雌虫阴门开口于虫体的后半部，阴门处具有特殊形状的角质唇片。常见的有以下几种。

（1）游行毛圆线虫（*T. colubriformis*）　　主要寄生于绵羊、山羊和黄牛的小肠内，也可寄生于胃和胰脏。虫体丝状，呈淡黄色，雄虫长 5.25～7.97mm，背肋对称，前侧肋最宽。交合刺一对，不等长，远端均有一个倒钩。右交合刺长 0.122～0.175mm，左交合刺长 0.138～0.188mm。导刺带正面呈梭形，侧面似拉长的"S"形，长 0.069～0.095mm。雌虫长 5.14～10.20mm，阴门距尾端 1.18～1.82mm。

（2）不等刺毛圆线虫（*T. axei*）　　主要寄生于反刍兽的真胃，也寄生于小肠。雄虫长 3.48～4.15mm，2 个外背肋不等长。交合刺一对，形状与长短各异，右交合刺长 0.067～0.089mm，在其中央内侧分出一细长的小枝。左交合刺长 0.105～0.112mm，在其中央内侧分出粗短小枝。导刺带前部小后部大，中部有一纵槽，长 0.052～0.059mm。雌虫长 3.33～5.01mm，阴门距尾端 0.684～0.996mm。

【实验报告】

1. 绘出上述一种线虫尾端交合伞的形态图，并标出各结构名称。
2. 列出实验中所观察线虫的寄生部位、中间宿主和终末宿主。

【思考题】

写出上述两种马歇尔线虫的鉴别要点。

实验十六　线虫的形态观察（五）

【实验目的】

掌握线虫的鉴别要点。

【实验用品】

1. 材料　　网尾线虫、原圆线虫、变圆线虫、锐尾线虫的浸渍标本或透明标本，网尾线虫、原圆线虫、变圆线虫、锐尾线虫的形态挂图。

2. 器具　　显微镜、显微图像分析系统。

【实验内容】

1. 网尾线虫的形态学观察　　网尾线虫属（*Dictyocaulus*）为乳白色的丝状大型线

虫，口无唇而围绕有角质环，角质环的周围有两圈排列对称的乳突，大的 4 个排于外圈，较小的 6 个排于内圈。外圈的两侧各有一个侧乳突。食道后端膨大。雄虫交合伞发达，分叶不明显，二腹肋分开，但起于同一主干，中侧肋和后侧肋合并成一个肋，有些种类在其末端分开，外背肋和前侧肋均为单独的枝干，背肋粗大，在其主干基部的稍下方分为二枝，每枝末端又分为 2～3 小枝或突起。交合刺一对，等长短粗，结构如海绵，末端有分枝，导刺带小。雌虫阴门在虫体中部，尾端尖，常见的有下列两种。

（1）胎生网尾线虫（*D. viviparous*）　　寄生于牛的气管和支气管中。虫体丝状，淡黄色，雄虫长 24～59mm，两腹肋平行伸展，中后侧肋完全合并，背肋在主干基部的稍下方分为左右 2 枝中，每枝的末端形成 3 个突起，交合刺棕黄色，棒状，长 0.182～0.202mm。导刺带椭圆形，长 0.035～0.066mm。雌虫长 32～73mm，阴门位于虫体中部，开口处具有隆起的唇，距尾端 13.4～24.5mm。

（2）丝状网尾线虫（*D. filarial*）　　主要寄生于羊的气管与支气管内，也寄生于牛和骆驼。虫体白色，雄虫长 38.5～74.0mm，交合伞不发达，分叶不明显，腹腹肋和侧腹肋起于同一主干，在近端 1/3 处分为 2 枝，合并的中后侧肋末端分开，背肋分为 2 个几乎平行的分枝，每枝末端又分为 3 个小枝，交合刺一对，等长，黄褐色，粗短呈靴状，导刺带小，长 0.066～0.116mm。雌虫长 40～98mm，阴门两侧具有厚大的角质唇片。

2. 原圆线虫的形态学观察　　原圆线虫属（*Protostrongylus*）虫体细小，口囊由 3 个小唇片包围着，每个唇片的基部有成对的乳突，雄虫有副导刺带，交合伞明显分为两叶。背肋圆形，其腹面有 6 个乳突，导刺带的结构复杂，由头、体、脚三部组成。头似"∧"状，有些种类无头。体成对（个别种类是单个体的）。脚成对，其端部有光滑或带齿状的缺刻，交合刺一对，主干为海绵状结构，两翼有栉状横纹，在交合刺远端，栉状横纹逐渐消失。少数在交合刺远端分为两枝。雌虫一般均具有前阴道，仅少数种类没有，尾端圆锥形。

（1）霍马利原圆线虫（*P. hobmaieri*）　　又称霍氏原圆线虫。寄生于羊的小支气管和支气管内，雄虫长 24～30mm，交合伞明显分为二叶，背肋球状，其腹面有 5 个无柄和 1 个有柄乳突，交合刺一对，深褐色，中轴为海绵状结构，长 0.231～0.264mm，于近端约 1/3 或 1/5 处开始有栉状的翼。该翼向后逐渐扩大，直达交合刺后端。导刺带深褐色，长 0.105～0.122mm，头部呈锚状，体部成对，颜色较浅，脚部呈钩状。雌虫长 23～64mm，前阴道不发达，从侧面看像一角质的舌状突出物。

（2）赖氏原圆线虫（*P. raillieti*）　　寄生于羊的小支气管内。雄虫长 27～37mm，背肋圆形，其腹面有 6 个有柄乳突，交合刺长 0.348～0.564mm，深褐色，海绵结构，弯曲，从近端 1/4 处至 1/6 处开始有栉状的翼，此翼逐渐增大，直到交合刺的远端，整个交合刺被透明的鞘包围，导刺带长 0.182～0.293mm，头部"∧"状，体由 2 条边缘不整齐的窄枝构成，脚的远端似靴状，外包以透明的膜。雌虫长 35～62mm，前阴道呈风帽状，其长度变化很大，有的达到肛门，有的至尾端，有的甚至超过尾端。

3. 变圆线虫的形态学观察　　变圆线虫属 （*Varestrongylus*） 又名歧尾线虫（*Bicaulus*）。虫体细长，雄虫交合伞小，由 2 个侧叶和一个不明显的背叶组成。腹肋是全部肋中最大的，且伸达伞缘，背肋短，呈纽扣状突出或不突出，其腹面有无柄乳突和有柄乳突。副导刺带不发达，导刺带由体和脚两部分组成，体部呈棍状，脚部呈长形的角质片，边缘呈锯齿状。交合刺一对，有海绵状结构的主干和栉状横纹的翼，远端有分枝。雌虫前阴道发达，风帽状。

肺变圆线虫（*V. pneumonicus*）　　　又名舒氏歧尾线虫　（*B. schulzi*）。寄生于羊的小支气管和肺泡内。雄虫长 13.77～23.10mm，交合伞较小，背肋呈圆扣状，其腹面有 5 个乳突，4 个有柄乳突和 1 个无柄乳突。呈弧形排列于背肋的后缘，外背肋与背肋之间有透明的角质刺一对，分枝或不分枝。副导刺带不发达。导刺带由体和脚两部分组成。体部呈棒状，弱角质化，在远端 1/3 处稍弯曲，脚一对，强角质化，深褐色，有 4 个齿状突起，交合刺一对，等长，有海绵状结构的主干及栉状横纹的翼，栉状翼始于前 1/3 与中 1/3 交界处，往后逐渐增大，到远端又逐渐缩小，交合刺主干的远端分出一小枝。雌虫长 22～27mm，阴道发达，为舌状角质化的突出物，盖于虫体的腹面与两侧。

4. 锐尾线虫的形态学观察　　　锐尾线虫属（*Spiculocaulus*）虫体细长，雄虫背肋为圆球状，其腹面有柄乳突，有的种类除有柄乳突外，尚有无柄乳突。有副导刺带，导刺带由头、体、脚三部组成，头部形状多样，有叉形、三角形和马蹄形。体部由两侧枝组成，一端和头部相连；另一端和脚部相连，两枝之间有透明膜；脚部末端呈钩状，有些种类末端稍弯，交合刺一对，很长，0.506～2.04mm，棕黄色，主干为海绵状结构，离近端不远处开始有翼结构，翼膜上有栉状横纹。雌虫阴道长，前阴道很短。

邝氏锐尾线虫（*S. kwongi*）　　　寄生于小支气管和肺泡内。雄虫长 29.72～38.18mm，背肋圆球形，其腹面有 6 个乳突，其中 5 个无柄乳突排成弧形，位于背肋的上缘。中间一个最大，最明显。此外尚有一个有柄乳突位于背肋腹面的中部，尖端朝向虫体的前端。有副导刺带。导刺带长 0.105～0.141mm，头部呈叉形，体部由 2 个稍弯曲的分枝组成，弱角质化，难与周围的组织区分，脚部成对，稍向腹面弯曲，有透明的膜包围。交合刺一对，棕黄色，长 1.6～1.8mm，其主干为海绵状结构，翼膜上有栉状横纹。雌虫长 38.6～44.7mm，前阴道不发达，呈芽状。

【实验报告】

绘出丝状网尾线虫或胎生网尾线虫的虫体头端、雄虫尾端构造，标出各部位的名称。

【思考题】

比较胎生网尾线虫和丝状网尾线虫主要形态构造的区别及这两种线虫在生活发育过程中的异同点。

实验十七　寄生虫学剖检法

【实验目的】

1. 掌握寄生虫学完全剖检术。

2．了解各种寄生虫通常寄生的部位及眼观形态。

【实验用品】

1．材料　　待剖检绵羊的各组织器官。

2．试剂　　10%福尔马林溶液、生理盐水、70%的乙醇、甲醛。

3．器具　　搪瓷盘、剪刀、镊子、标本瓶、标签纸、载玻片、盖玻片、普通光学显微镜等。

【实验内容】

（一）全身性寄生虫学剖检法

应用此法可发现家畜的全部寄生虫，可查明生前粪便检查法所不能查出的寄生虫，做到寄生虫的精确计数和种类鉴别，若再加以其他相关的调查，就可为制订防治寄生虫病的措施提供可靠的基础材料。

哺乳动物的全身性寄生虫学剖检法：先检查动物体表有无吸血虱、毛虱、虱蝇、蚤、蜱、螨等体外寄生虫，有则收集。然后将皮剥下，检查皮下组织有无副丝虫（马、牛）盘尾丝虫、贝诺孢子虫、皮蝇幼虫等寄生虫的寄生，再剖开腹腔和胸腔，分别结扎食道、胃、小肠和大肠，摘除全部消化器官、呼吸器官、泌尿器官、生殖器官、心脏和相连的大血管。同时仔细检查胸腔和腹腔（尤其是腹腔），并收集其中的液体。取下头部、膈肌供检查。

（二）各器官的检查方法

1．消化系统的检查：食道、胃、肠道、肝、胰、脾的检查

（1）食道　　沿纵轴剪开，检查黏膜表面、黏膜下和肌肉层有无虫体，尤其应注意筒线虫（*Gonglonema*）、皮蝇幼虫和肉孢子虫（*Sareocystis*）。

（2）胃　　放在搪瓷盆内沿大弯剪开，用生理盐水冲洗胃壁上的虫体，必要时刮取黏膜检查，胃内容物加生理盐水稀释，搅匀，沉淀数分钟，倒去上层液体，再加满生理盐水，搅匀沉淀30min左右。如此反复多次，直至上层液体透明为止。最后将沉淀物分若干次倒入玻璃平皿中检查，挑出所有虫体，并分类计数。

（3）反刍兽的第四胃照上述方法检查　　第二胃、第三胃一般不检查，第一胃剪开，检查胃壁黏膜上有无同盘吸虫（*Paramphistomidae*），第四胃有无捻转血矛线虫（*Haemonchus contortus*）、马歇尔线虫（*Marshallagia*）、奥斯特线虫（*Ostertagia*）、长刺线虫、古柏线虫、胃虫（猪、鸡、马、驼）、胃蝇蛆（马）等。

（4）小肠和大肠　　应分别进行检查，先用生理盐水在盆内将肠管冲洗后剪开。其内容物用反复沉淀法检查，必要时须刮取肠黏膜检查。检查小肠有无蛔虫、毛圆线虫、仰口线虫、细颈线虫、古柏线虫、莫尼茨绦虫、曲子宫绦虫、无卵黄腺绦虫、裸头绦虫、赖利绦虫、棘头虫；大肠中有无大小型圆虫（马属动物）、结节虫、夏伯特线虫。

（5）肝　　先剥离胆囊，放在平皿内单独检查，肝组织用手撕成小块，用反复沉淀法检查有无肝片吸虫、双腔吸虫、细粒棘球蚴。

（6）胰　　与肝的检查方法相同。观察有无阔盘吸虫。

（7）脾　　用肉眼观察，先观其表面，然后用手撕开看有无虫体。

2. 呼吸系统的检查：气管、支气管和肺组织的检查　　用剪刀剪开喉、气管和支气管，先用肉眼观察，然后刮取黏膜检查，并将肺组织撕成小块，以反复沉淀法检查。注意气管和支气管中有无大型肺线虫；支气管、细支气管和肺泡中有无小型肺线虫；肺脏上有无细粒棘球蚴。

3. 泌尿系统的检查：肾、输尿管、膀胱和尿道的检查　　切开肾脏，先将肾盂用肉眼观察，再用刮搔法检查，然后将肾组织切成小薄片，压于两玻片之间，在低倍镜下检查。

输尿管和膀胱放于搪瓷盘中，并用刮搔法检查黏膜，用反复沉淀法检查尿液。注意肾盂、肾周围脂肪和输尿管壁等处有无有齿冠尾线虫（猪肾虫）等。

4. 生殖器官的检查　　先剪开检查有无虫体，然后剥取粘压片检查。怀疑为马媾疫和牛胎儿毛滴虫时，应涂片染色后，用油镜观察。

5. 头部各器官的检查：鼻腔、鼻窦、口腔、脑部、脊髓和眼部的检查　　先剖开鼻腔、副鼻窦、额窦等检查。检查鼻腔及附近腔窦中有无鼻蝇蛆。

6. 心血管系统的检查：心脏、肠系膜动脉和静脉的检查　　置于生理盐水中剖检，其内容物用反复沉淀法检查，心脏先用肉眼观察，后切成薄片检查。压片镜检心肌，检查有无住肉孢子虫。

7. 血液及其他液体的检查　　先涂片染色镜检，然后用反复沉淀法检查。注意血液中有无血吸虫。

8. 膈肌、淋巴结、肌肉的检查

1）膈肌：检查有无旋毛虫，先用肉眼或放大镜观察有无小白点状可疑病变，取下病变部，两玻片间压薄，在低倍镜下检查。

2）淋巴结：先切开用手挤压检查有无虫体，然后触片染色镜检。

3）肌肉：切开用肉眼观察。

4）各器官内容物量多，不能在短时间内检查完毕，可在反复沉淀之后，于沉淀物中加入甲醛，使成3%的浓度，保存以后检查。

相关计算公式：

$$感染率＝虫体感染的羊数/被检羊数$$
$$感染强度＝\overline{X}（min－max）（以单体虫体数计算）$$
$$单体荷虫数＝虫体总数/被检羊数$$

【实验报告】

1. 总结本次羊寄生虫学剖检方法与步骤。

2. 记录此次剖检过程中检查到的寄生虫，并对其进行虫种鉴定与计数。

【思考题】

羊不同组织器官常见的寄生虫有哪些?

实验十八　蠕虫标本制作法

【实验目的】

学习吸虫、绦虫、线虫的装片制作方法,掌握虫体的固定、染色技术,将虫体永久保存下来。

【实验用品】

1. 材料　吸虫、绦虫及线虫虫体。

2. 试剂　生理盐水、蒸馏水、甲醛(5%、10%)、乙醇(30%、50%、70%、95%)、无水乙醇、5%丙三醇、苏木紫、二甲苯、中性树胶、硼砂溶液、卡红、盐酸、福尔马林溶液、劳氏固定液等。

3. 器具　弯头解剖针、滤纸、载玻片、盖玻片等。

【实验内容】

1)吸虫标本制作:可分为固定、染色、脱水、透明和封片5个步骤。本内容主要涉及两种染色方法,即盐酸卡红染色法和苏木紫染色法。具体操作方法参见寄生虫学实验基本操作第三节内容。

2)绦虫标本制作:操作步骤与吸虫相同,染色方法通常为盐酸卡红染色法。如欲做瓶装陈列标本,以福尔马林溶液固定为宜;如要制作染色标本,以劳氏固定液和70%乙醇固定为宜。在本实验中重点介绍绦虫孕卵节片的染色方法及卡红-苏木紫双重染色法,具体操作方法参见寄生虫学实验基本操作第三节内容。

3)线虫标本制作:线虫经固定后需进行透明方可进行形态学的观察。常用的透明方法有甘油乙醇加热透明法、乳酸透明法和乳酚液透明法。具体操作方法参见寄生虫学实验基本操作第三节内容。

【实验报告】

1. 总结蠕虫标本的采集、制作与观察方法。

2. 分析总结本次实验中出现的问题,并分析可能原因。

【思考题】

1. 标本固定的原理是什么?除了本次实验所提及的固定方法,还有哪些固定方法?请简述。

2. 制片过程中为什么要对虫体进行透明?透明的原理是什么?

实验十九 蜱螨的形态观察

【实验目的】

认识硬蜱的一般形态结构，学会用检索表鉴定硬蜱科的主要属；掌握疥螨和痒螨的主要区别点。

【实验用品】

1. 材料 硬蜱主要属的标本和软蜱标本；疥螨和痒螨的制片标本；上述虫体的形态挂图。

2. 器具 显微镜、显微图像分析系统。

【实验内容】

1. 硬蜱一般形态特征的观察及鉴定

（1）假头部

1）假头基部：其形态随蜱虫种类的不同而异。自背侧观察时，通常呈四角形或六角形等。雌蜱的假头基部的背面有一对多孔区，多孔区呈圆形或近似三角形等。雄虫无多孔区。

2）口器：由以下几个部分组成。

A. 须肢一对，连于假头基部前方的两侧，由 4 节组成，第一节（最基部的一节）一般很短，第二、三节最长，第四节也很小，位于第三节腹面的一个凹陷内，鉴定上有意义的是第二、三节，其长度与宽度随种、属则不同，须肢的内侧形成沟槽，抱合着螯肢与口下板。

B. 螯肢一对，位于两须肢之间，其末端有爪状指，螯肢的外面包着螯肢鞘，鞘的表面有许多细小的刺。口下板一个，为扁的压舌板状，位于螯肢的腹侧，它的腹面远端有成行的左右对称的倒钩形小齿。

（2）体部

1）盾板：又叫背板，是虫体背面的一个几丁质增厚的部分，雄蜱的盾板覆盖着整个背面，雌蜱的盾板只有假头基部后方背面的一小部分。

2）眼：有或无，有眼时在盾板前部的两侧边缘上，约相当于第二对肢基部水平线的附近，是一种小的较透明的半圆形隆起。

3）缘垛：有或无，是盾板或身体后缘上由许多沟纹所划分成若干长方形的格块。

4）肢：成虫为 4 对，位于腹面。肢由 6 节组成，基节、转节、股节、胫节、前跗节、跗节，跗节的末端有爪和爪垫。

5）生殖孔：位于相当于第二对肢基节水平的腹面中线上。有些种类的生殖孔比较偏后，大约位于第三对肢的基节之间。

6）肛门：位于腹面后 1/3 范围内。

7）气门：一对，位于第四对肢基节的后方，在气门板上。其构造随蜱的种类而不同。

8）肛沟：多数种类有肛沟，绕在肛门之前或之后。

9）腹板：硬蜱雄虫腹面有各样的腹板。生殖前板在生殖孔之前，中板在生殖孔与肛门之间，肛板在肛门周围，肛侧板在肛门两侧，侧板在中板两侧，有的在肛板外侧有副肛板，肛侧板后方有肛下板，这些板的有无也是蜱的重要鉴定依据。

2．软蜱一般形态特征的观察　　　软蜱酷似臭虫，无盾板，具有皮革状的外皮，雌雄虫外形上的差异极微，成虫与若虫的假头均位于体前端的腹面下侧，须肢是游离的，形状像脚。各节的长度大小相似，气孔小，通常位于第四基节的前方，缺爪垫或有而不发达。雌虫的假头上无多孔区，假头部分位于（指幼虫）或全部位于（指成虫或若虫）体前端的腹面下一凹陷内。饱食后凹陷变浅，但整个身体并无显著的形状大小的变化。

3．疥螨和痒螨形态特征的观察　　　无气门，头胸腹合为一体，虫体小，足的跗节有带柄（茎）的吸盘，发育过程中的各个阶段均营寄生生活。

（1）疥螨　　　前面称为背胸部，后面称为背腹部，体背面有细横纹，锥突，圆锥形鳞片和刚毛。假头后方有一对粗短的垂直刚毛。背胸上有一块长方形的胸甲。肛门位于背腹部后端的边缘上，每对足均有角质化的支条，第一对足上的后支条在虫体中央并成一条长杆，雄虫的生殖孔在第四对足之间，围在一个角质化的"∧"形的构造中。雌虫的生殖孔位于第一对足后支条合并的长杆的后面。

（2）痒螨　　　身体背面有细横纹，肛门位于体末，雄虫体末有两个大结节，上各有长毛数根，腹面后部有二个性吸盘，生殖道位于第四基节之间。雌虫身体腹面前部有一个宽阔的生殖孔，后端有纵裂为阴道，阴道背侧为肛门。

【实验报告】

绘出蜱、螨的形态图。

【思考题】

1．硬蜱的主要鉴别要点是什么？

2．疥螨和痒螨的主要区别是什么？

实验二十　昆虫的形态学观察（一）

【实验目的】

认识牛皮蝇、纹皮蝇、马胃蝇、羊狂蝇和伤口蛆的形态结构。

【实验用品】

1．材料　　　牛皮蝇、纹皮蝇、马胃蝇、羊狂蝇和伤口蛆标本，上述昆虫的形态挂图。

2．器具　　　显微镜、显微图像分析系统。

【实验内容】

1. 牛皮蝇和纹皮蝇成虫及幼虫的形态学特征观察

（1）牛皮蝇（*Hypoderma bovis*）　　成虫长约 15mm，胸部前端和后端的绒毛为淡黄色，中段为黑色，腹部前端为白色绒毛，中段为黑色，末端为橙黄色，翅呈淡灰色。第三期幼虫粗大，长约 28mm，分 11 节，前端无口钩，后端有一对黑色的气门，呈漏斗状，背面较平，腹面有疣状结节和小刺，最后二节腹面无刺。

（2）纹皮蝇（*H. lineatum*）　　成虫长约 13mm，胸部的绒毛呈淡黄色，胸背部除有灰白色的绒毛外，还有 4 条黑色的纵纹，纵纹上无毛，腹部前段为灰白色绒毛，中段为黑色，后段为橙黄色，翅呈褐色。第三期幼虫长约 26mm，虫体最后一节无刺，气门平坦。

2. 马胃蝇成虫及幼虫的形态学特征观察

（1）肠胃蝇（*Gasterophilus intestinalis*）　　成虫体长 12～16mm，头部有淡黄色的细毛，胸部背面有黄色的细毛，其间伴有暗褐色横纹，腹部有淡黄色且具棕色的小点，翅有暗色斑，有两个暗色圆点。雌虫腹部后端有一向下弯曲的黑褐色产卵管。第三期幼虫长 18～21mm，各节有两排小刺，前排大后排小，第 10 节背面中央缺 1～2 个刺，第 11 节仅背侧有 1～5 个刺。

（2）红尾胃蝇（*G. haemorrhoidalis*）　　体长 9～11mm，头部有白色和黑色的绒毛，胸部背面有黑色绒毛构成的宽横带，腹部背面前部的绒毛为白色，中部为黑色，尾端为橙红色。第三期幼虫长 13～16mm，有两排刺，第 9 节起背面中央缺刺，第 11 节后全无刺。

（3）兽胃蝇（*G. pecorum*）　　长 12～15mm，雄蝇除背部横缝后有间断的黑带外，全为金黄色绒毛，雌蝇胸背及第一腹节有金黄色绒毛，其余腹背各节为黑色的细毛，翅全为暗色。第三期幼虫长 13～20mm，有两排刺，自第 7 节背面中央起刺渐缺，第 9 节只两侧有 3～4 个小刺，第 10～11 节全无刺。

（4）烦扰胃蝇（*G. veterinus*）　　长 12～15mm，胸部背面的绒毛均为深黄色，腹部背面的毛前面为淡黄色，中间为黑色，后面为灰黄色。第三期幼虫长 13～15mm，各节只有一排刺。

3. 羊狂蝇成虫及幼虫的形态学特征观察　　羊狂蝇（*Oestrus ovis*）长 10～12mm，体表密生较短的细毛，头部呈黄色，胸部呈深褐色的凸出小结节，腹部具有黑色带银灰色块斑，翅透明。第一期幼虫长约 1mm，白色，前端有两个黑色口钩。第三期幼虫长 20～30mm，棕褐色，前端口钩强大，后端有两个黑色的气门，背面拱起，各节上有黑色条纹，腹面扁平，有许多小刺。

4. 伤口蛆的形态学特征观察　　伤口蛆，有一尖细的头节，其后为 3 个胸节与 10 个腹节。但明显易见的仅 8 个腹节。第一胸节与第二胸节之间有一对气门，第 8 腹节的上方有一对后气门。各节中常以第 8 节最大，其腹面部分退化了的第 9、10 腹节与肛门的开口重合，根据前后气门形态构造与指状分枝突起作为伤口蛆分类的特征。

【实验报告】

绘出牛皮蝇、羊狂蝇和马胃蝇第三期幼虫形态图，并注明各部分名称。

【思考题】

简述各种寄生蝇成蝇及蝇蛆的形态特征。

实验二十一　昆虫的形态学观察（二）

【实验目的】

认识虻、虱、绵羊虱蝇和蠕形蚤的形态结构。

【实验用品】

1. 材料　虻、虱、绵羊虱蝇、蠕形蚤的标本，虻、虱、绵羊虱蝇、蠕形蚤的形态挂图。

2. 器具　显微镜、显微图像分析系统。

【实验内容】

（一）虻的形态学特征观察

虻，成虫体壮，头大，呈半圆形，有一对很大的腹眼，雄虫两腹眼很接近，雌虫则有一定的距离。中间形成额带，单眼3个，或有或无，触角分三节，在三节上有似分节的3～7个小环。头部的下面有复杂的刮舐式口器，中胸部有一对坚强宽阔的翅。镜检虻属的口器时，可见由几个匕首形细长的薄板组成：一个上唇，一对上颚，一个舌，一个下颚和一个下唇，下唇顶端有两个巨大的唇瓣，雄虻口器退化。

虻科分两亚科，共二百多个属，其重点的分类如下。
虻科亚科及其重点属检索表
1. 后足胫节末端有距 ·· 矩虻亚科（Pangoniinae）
   ···2
   后足胫节末端无距 ·· 虻亚科（Tabaninae）
   ···3
2. 三个单眼明显存在，翅具大块棕色斑 ·························· 斑虻属（Chrysops）
3. 触角圆柱形，翅具云朵状花斑 ································· 麻虻属（Chrysozona）
   触角粗短，第三节有背角，翅透明或部分有暗斑，但绝不具云朵状花斑·········4
4. 有单眼瘤区，眼大部有毛 ··· 瘤虻属（Hybomitra）
   无单眼瘤区，眼大部无毛 ···5
5. 体色多为黄或黄绿色（少数为淡灰色），基胛和中胛小，圆点状，彼此分离甚

远 ·· 黄虻属（*Atylotus*）

体色多种，基胛和中胛大，彼此分离或连接 ···························· 虻属（*Tabanus*）

（二）虱的形态学特征观察

1. 虱目（Phthiraptera）的分类

（1）虱亚目（Anoplura）　　口器为刺吸式，不采食时缩入头内，口孔在头部前端，头狭长，不及胸的宽度，以吸血为生，又称为吸血虱。其余三个亚目都属咀嚼式口器，主要以羽毛、毛发及皮屑等为生，又称毛虱和羽虱。

（2）钝角亚目（Amblycera）　　触角向末端渐粗，第三节具柄，藏于两侧沟槽内，有下颚须。

（3）细角亚目（Ischnocera）　　触角细长，显露于头侧，无下颚须。

（4）象虱亚目（Rhynchophthirina）　　口器成吻管状伸入头的前方，寄生于印度象与非洲象。

2. 绵羊虱蝇的形态学特征观察　　羊虱蝇（*Melophagus ovinus*）主要寄生于绵羊，有时也寄生于山羊，终生寄生在羊体上，是一种无翅昆虫，全身密布黑毛，头部短而宽，陷于胸部内不活动，有一刺吸式口器，复眼呈椭圆形，左右相距很远，触角短，位于复眼前方，胸部呈棕色，有气孔一对，腹部呈袋状，腿三对，强而有力，末端具有锐利的爪。

3. 蠕形蚤的形态学特征观察　　蠕形蚤属于蠕形蚤科（Vermipsyllidae）的昆虫，雄虫体小，但雌虫当体内虫卵成熟时腹部迅速增大，其外形很像蠕虫，故名蠕形蚤，其属种不同，大小差异很大，大的比黄豆还大。

【实验报告】

绘制虻的形态图，并标出各部位的名称。

【思考题】

简述虻、虱、绵羊虱蝇和蠕形蚤的一般形态及分类位置。

实验二十二　旋毛虫病肉品检验技术

【实验目的】

掌握肌肉旋毛虫压片镜检法的操作方法。

【实验用品】

1. 材料　　待检肉品。

2. 试剂　　50%甘油水溶液。

3．器具　　载玻片、剪刀、镊子、普通光学显微镜。

【实验内容】

旋毛虫病肉品的压片镜检法见寄生虫学实验基本操作。

1）样品采集。死亡后主要取膈肌角不少于 50g。

2）肉眼检查。取膈肌角，去掉肌膜对光用肉眼观察，若发现针尖大小似露滴状的白点便可定为可疑，然后剪下白点压片镜检。

3）制片镜检。若未发现白点，则应顺肌纤维方向剪取米粒大小的 24 粒肉样，压在两玻片间，尽量压薄，镜检发现虫体即可确诊。还可用人工消化法，即用 1%的胃蛋白酶、盐酸消化，然后取沉淀检查，此法的检出率较高，但易破坏有些钙化的包囊。

【实验报告】

1．记录实验结果。
2．简述旋毛虫病肉品压片镜检技术的优缺点。

【思考题】

除了本实验涉及的压片镜检法，还有没有其他的方法用来检验旋毛虫病肉品？如果有，请简述实验过程。

实验二十三　寄生虫基因组 DNA 的提取

【实验目的】

了解并熟练掌握分子寄生虫学实验技术中最常用也最基本的虫体基因组 DNA 提取的原理及方法（以捻转血矛线虫和硬蜱为例）。

【实验用品】

1．材料　　单个成虫虫体。

2．试剂　　10mmol/L Tris-Cl（pH 8.0）、100mmol/L EDTA（pH 8.0）、0.5% SDS、20μg/mL RNase、蛋白酶 K、乙酸铵、乙醇、异丙醇、Tris 饱和酚（pH 8.0）、氯仿、异戊醇、超纯水、液氮、TE 溶液等。

3．器具　　挑虫针、研钵、EP 管、吸头、无菌操作台、微量移液器、恒温水浴锅、台式离心机、超微量分光光度计、冰箱等。

【实验内容】

1．捻转血矛线虫基因组 DNA 的提取

1）用挑虫针挑取捻转血矛线虫成虫 1 条于 1.5mL EP 管中。

2）加入裂解缓冲液 150μL 孵育 1h，加入蛋白酶 K 至终浓度为 10μg/mL，55℃孵育 3h，其间每隔 30min 温和振荡数次。

3）加 TE 溶液至总体积为 750μL，再加入 750μL pH 为 8.0 的 Tris 饱和酚：氯仿：异戊醇（25：24：1）混合液，上下颠倒 EP 管，使两相混匀，4℃、12 000g 离心 15min。

4）取上层水相于一新管中，加入等体积的异丙醇，室温静置 15min，12 000g 离心 15min。

5）弃去上清，加入 1000μL 70%乙醇，洗涤沉淀，4℃、12 000g 离心 2min。

6）弃去上清，室温晾干数分钟至透明，加入 pH 为 8.0 的 TE 溶液 20μL 溶解 DNA。

7）取 1μL DNA，使用超微量分光光度计测定其 OD_{280} 和 OD_{260}，计算 DNA 的含量和纯度。

8）将 DNA 样品置于−20℃冰箱中保存（长期保存请置于−80℃冰箱）。

2. 硬蜱基因组 DNA 的提取

1）取硬蜱成虫 1 只放入研钵中，加少量液氮淹没虫体，反复研磨至粉末状态，等待液氮挥发。

2）将蜱虫粉末转移至 1.5mL EP 管，加入适量裂解缓冲液，于 37℃孵育 1h。

3）加入蛋白酶 K 使其终浓度为 10μg/mL，50℃孵育 3～4h。

4）待溶液冷却至室温后加入等体积的 Tris 平衡酚，温和颠倒 EP 管 10min，使两相混匀，室温条件下 5000g 离心 15min 分离两相，将上层水相转移至新的 EP 管中。

5）重复第 4 个步骤 1～2 次。

6）将水相转移至新 EP 管后加入 0.2 倍体积的 10mmol/L 乙酸铵和 2 倍体积的无水乙醇，混匀。

7）室温静置 20min，4℃、12 000g 离心 15min。

8）弃去上清，加入 1000μL 70%乙醇洗涤沉淀，4℃、12 000g 离心 2min。

9）弃去上清，室温晾干数分钟至透明，加入 pH 为 8.0 的 TE 溶液 20μL 溶解 DNA。

10）取 1μL DNA 使用超微量分光光度计测定其 OD_{280} 和 OD_{260}，计算 DNA 的含量和纯度。

11）将 DNA 样品置于−20℃冰箱中保存（长期保存请置于−80℃冰箱）。

【实验报告】

记录并分析实验结果。

【思考题】

如何利用超微量分光光度计来测定 DNA 的浓度？如何判断 DNA 的纯度？

第三篇　预防兽医学综合性实验

第九章 兽医微生物学综合性实验

实验一 大肠埃希菌的分离培养与鉴定

【实验目的】

在兽医临床检验过程中，从待检样品（粪便、肠内容物、血液、淋巴结或其他病变组织等）中分离培养和鉴定各种微生物是微生物实验室工作的重点。本综合性大实验是利用在微生物学实验过程中掌握的基本操作，以大肠埃希菌的分离培养和鉴定过程为例，让学生能够熟悉并掌握细菌的分离培养鉴定程序。

【实验用品】

1. 材料 待检样品。伊红-亚甲蓝（EMB）琼脂平板、SS 培养基、麦康凯琼脂平板、血液琼脂平板、普通肉汤、普通斜面、生化培养基、三糖铁斜面（TSI）。

2. 试剂 无菌生理盐水、0.6%福尔马林。

3. 器具 恒温培养箱、超净台、高压蒸汽灭菌器、EP 管、接种环、解剖刀、解剖剪。

【实验内容】

大肠埃希菌俗称大肠杆菌，是肠杆菌科中埃希菌属的代表种。埃希菌属现至少有大肠埃希菌、蟑螂埃希菌、费格森埃希菌、赫曼氏埃希菌、伤口埃希菌等 8 个种。大多数是人和温血动物肠道内正常菌群成员之一，在环境卫生和食品卫生学上，常被用作粪便直接或间接污染的检测指标。本菌还是分子生物学研究的重要工具之一。部分大肠埃希菌对人和动物具有较强的致病性。可致出生仔猪腹泻（仔猪黄痢）、断奶猪下痢、仔猪水肿病和仔猪白痢；可引起出生犊牛腹泻、败血症和奶牛乳腺炎；可致初生羔羊腹泻（羔羊痢）；可致狗尿道和胃肠道炎症；可引起幼兔腹泻和败血症；可致鸡败血症、腹膜炎、气囊炎、肠炎和大肠埃希菌肉芽肿；可造成成年鹅生殖器官大肠埃希菌感染。

致仔猪、犊牛、羔羊腹泻的大肠埃希菌通常都产生特异性菌毛（黏附素）和肠毒素两类致病因子，是一些具有特定血清型的产肠毒素大肠埃希菌，在兽医上最为常见和重要。

1. 分离培养

1）检样为粪便，则无菌挑取少量粪样于无菌生理盐水中振荡混匀；检样为肛拭子，则在 EP 管中加入无菌生理盐水振荡混匀后划线接种于麦康凯琼脂平板或伊红-亚甲蓝琼脂平板，37℃培养 24～48h。

2）检样为血、肠淋巴结或其他病变组织，则划线接种于血液琼脂和麦康凯琼脂平板，37℃培养 24～48h。

2. 初步生化鉴定和纯培养　　大肠埃希菌在麦康凯琼脂平板上形成红色菌落，在伊红-亚甲蓝琼脂平板上形成紫黑色带金属光泽的菌落。挑取符合大肠埃希菌菌落特征的单个菌落，1/3 菌落做涂片、革兰氏染色镜检，镜检见革兰氏阴性、中等大小、无芽孢的直杆菌，单独或散在，且无杂菌的，则挑取剩余 2/3 菌落无菌接种于三糖铁斜面（TSI）和普通斜面，37℃培养 18～24h。

3. 生化特性鉴定　　将符合 TSI 反应特征的，即呈 $\dfrac{(K)/A}{+(-);-}$ 反应模式的培养物，无菌接种于生化培养基和普通肉汤，37℃培养 18～24h。

4. 血清型鉴定　　大肠埃希菌血清型鉴定的物质基础为 O、K 和 H 三种菌体表面抗原。目前，大肠埃希菌的 O 抗原有 174 种，K 抗原 80 种，H 抗原 53 种，自然界可能存在的血清型可高达数万种，但致病性大肠埃希菌的血清型数量有限。

血清型鉴定采用玻片凝集法，一般只需做 O 抗原鉴定，必要时可进一步鉴定 K 抗原和 H 抗原。具体方法如下。

（1）O 抗原鉴定

1）用 0.5%石炭酸生理盐水洗下待检菌纯培养物制成浓菌液，121℃高压蒸汽处理 2h。

2）与 O 抗原多价血清做玻板凝集。

3）与 O 抗原单价血清做玻板凝集。

（2）K 抗原鉴定

1）用生理盐水制成浓菌液或 0.6%福尔马林生理盐水灭活菌液。

2）与 OK 抗原多价血清做玻板凝集。

3）与 OK 抗原单价血清做玻板凝集。

（3）H 抗原鉴定

1）将待检菌在半固体中多次传代，挑取培养基顶部菌落转接固体培养基，过夜培养。

2）与 H 抗原多价血清做玻板凝集。

3）与 H 抗原单价血清做玻板凝集。

5. 致病性实验　　生化实验符合大肠埃希菌的菌株，进一步做致病性确定。小鼠腹腔接种肉汤培养物，0.5mL/只。观察小鼠死亡情况。死亡的小白鼠经剖检取其脏器后，用 EMB 琼脂平板进行接种菌回收实验，培养特性、形态、染色反应均符合大肠埃希菌的菌株定为致病性大肠埃希菌。

6. 记录实验结果　　实验所用物品均做无害化处理。

【实验报告】

综合性实验结束后，以论文形式提交实习报告，包括前言、材料方法、结果与讨论。列出至少 5 篇相关参考文献，阐明其主要结果和论点。

【思考题】

1. 对于分离鉴定出的致病性大肠埃希菌如何进一步确定其毒力？

2. 在分离鉴定过程中如何减少菌株的丢失？

实验二　病原菌检查

【实验目的】

通过对死亡小白鼠体内病原菌的检查，熟悉病料的采集，病原菌形态鉴定的程序、方法、注意事项及技能考查的要点，掌握临床病例中病原菌检查的操作规程。

病原菌检查技能考查要点如下。

1）小白鼠剖检程序和方法：根据剖检程序，按无菌操作规范剖开小白鼠胸腹腔。

2）细菌接种的程序和方法：按细菌分离培养、接种的方法和程序接种培养基，标签制作规范。

3）菌落形态观察：观察细菌在固体培养基上的生长表现，描述菌落特征。

4）病料采集的方法：按无菌操作要求取出小白鼠肝脏放入无菌培养皿中，标签标识清晰规范。

5）掌握细菌涂（抹）片的程序和方法：制作抹片，抹片的位置、大小和厚度适中。

6）掌握细菌染色的步骤与方法：玻片洁净，染色步骤正确，镜下颜色正确，无染料沉渣，标签制作规范。

7）熟练掌握光学显微镜的操作：熟练使用显微镜油镜，操作流程规范，包括油镜的保护和显微镜的归位。

8）正确撰写镜检结果报告：能够正确绘图，描述镜下细菌染色特性和形态特征。

9）掌握实验后仪器归置和废弃物的处理方法：仪器归位，小鼠尸体放入尸体袋，搪瓷盘及器械等进行消毒。

【实验用品】

1. 材料　死亡小白鼠。

2. 试剂　革兰氏染液、瑞氏染液、消毒液。

3. 器具　解剖用具（解剖板、图钉、眼科剪、眼科镊）、防护服、帽、口罩、手套、酒精灯、酒精棉球和碘酒棉球、打火机、报告纸、标记笔、擦镜纸、无菌培养皿、接种环、平板培养基、细菌培养物、消毒缸、废液缸、载玻片、洗瓶、木夹、滤纸本（吸水纸）、标签纸、双层瓶（镜油、二甲苯）、染色缸及缸架、显微镜油镜等。

【实验内容】

细菌在自然界中广泛存在，但只有部分可以侵犯人体或动物，并在宿主中进行生长繁殖、释放毒性物质等，可引起机体不同程度的病理变化，引起机体感染甚至传染病，这部分细菌即为病原菌。

在病原菌检查过程中，应做好检查人员的个人防护并严格无菌操作。在检查前，穿戴好防护服、口罩、手套，必要时应佩戴护目镜。

1. 小白鼠剖检　　用消毒液浸渍消毒小白鼠体表，待消毒液充分浸透后，取出小鼠并稍沥干水分。将小白鼠仰卧固定于解剖板上，先用碘酒棉球消毒胸腹部皮肤，后用酒精棉球脱碘。解剖用具消毒后，无菌操作剪开皮肤，再打开小白鼠胸腹腔。

2. 细菌接种　　无菌操作蘸取病料（组织液、血液、脏器均可），平板划线法接种于培养基，并做标记，标明接种日期、死亡动物、接种者等信息。

3. 菌落形态观察　　观察培养基上的菌落形态，并从大小（直径用 mm 表示）、外形、边缘、表面、隆起度、颜色、透明度、光泽度、溶血等方面综合描述。

4. 病料采集　　无菌取出小白鼠肝脏放入无菌培养皿，制作标签。标明采集日期、脏器名称、采集者等信息。

5. 细菌涂（触）片的制备

（1）菌落涂片制备　　先取少量生理盐水于载玻片中央，再用灭菌接种环自菌落中取少量材料，在液滴中混合涂抹，制成适当大小（1cm^2 左右）的薄层。自然干燥后火焰固定。做好标记，标明菌落编号及日期。

（2）组织触片　　剪取肝组织块（大小 0.5cm 左右），将其新鲜切面在载玻片上压印（触片）。自然干燥。做好标记，标明脏器名称及日期。

6. 细菌染色　　菌落涂片按革兰氏染色步骤进行；组织触片按瑞氏染色步骤进行。染色步骤见操作规范。

7. 镜检及报告撰写　　染好的标本片要求无染料沉渣，膜薄。用显微镜油镜观察。革兰氏染色后细菌形态清晰，阳性菌为蓝紫色，阴性菌为红色。瑞氏染色后细菌形态清晰，呈蓝色，细胞质呈红色，细胞核呈蓝色。按镜下细菌染色特性和形态特征正确绘图，菌体大小比例合适。

8. 检查后处理　　检查结束后，除采集的脏器样本外，小白鼠尸体放入尸体袋内，冷冻后集中进行销毁处理。台面、搪瓷盘及器械消毒处理。染色废液及其他医疗垃圾及废弃物均收集并集中销毁处理。

【实验报告】

完成病原菌的检查，并提交检查报告。

【思考题】

在病原菌的检查过程中，如何正确无菌操作及其有何意义？

第十章　兽医传染病学综合性实验

实验一　人工造病实验

兽医传染病学是预防兽医学的核心课程，综合性实验教学是培养学生动手能力和解决实际问题能力的重要途径，也是整个教学过程中的一个重要环节。但是在兽医传染病学实践教学中，面临着教学安排的计划性与动物传染病发生的随机性之间的矛盾问题。一方面，教学工作的计划性很强，每学期教学实习的时间是预先安排好的；另一方面，生产中有些动物传染病的发生具有季节性和周期性，是不以教学安排为转移的。因此，常常会出现学生在实习期间无病例，或者守株待兔式地等待生产病例的现象，这是兽医传染病学实践教学开展的一个难题。

为此，本课程组选择青海省畜牧业生产中比较流行的几种传染病，将人工造病引入兽医传染病学综合实验环节，开设系统大实验，使学生平时难以见到的传染病病例在既定的时间里有计划有目的地再现，通过人工造病病例、临床病例与实验室手段紧密结合，设计综合性、系统性的设计试验，进一步深入和拓展了案例式教学在兽医传染病实验教学中应用范围，将学生所学理论知识和已掌握的实验技能加以综合运用，激发学生的学习积极性和创新意识培养，有效地提高学生发现问题、分析问题和解决问题的能力，促进动物医学专业学生科研能力的提高和综合素质的增强。

一、选择系统大实验开设内容的基本原则

1. 代表性　　兽医传染病综合实验所选择的实习内容，无论是其在青海畜牧业中所占比例方面，还是在基层传染病诊断技术上，都具有较强的代表性，实验中所选择的疾病临床症状与病理变化均具有典型性。选择这些疾病作为实习对象对学生掌握一般传染病和少见传染病的诊治知识具有举一反三、触类旁通的作用。

2. 实践性　　实验所选择的实习内容均要符合实习场所与实验室的实验条件，让学生能够自行操作；实习内容要有较强的实际意义与实用价值。

3. 系统性　　实验所选内容进行了综合性和系统性的试验设计，学生能够运用综合知识和操作技能进行试验设计、诊断并得出结论。

二、人工造病开设系统大实验内容的选择

依据人工造病开设系统大实验内容的选择原则及兽医传染病学实验室条件，筛选出对青海省畜牧业生产和人类健康影响较大的 6 种传染病进行系统大实验，包括禽霍乱、鸡大肠埃希菌病、兔葡萄球菌病 3 种人工造病；同时分别应用魏氏梭菌、沙门氏菌和小肠结肠炎耶尔森氏菌分别对实验动物（小白鼠）进行人工造病。实验用品、材料及试剂

的准备，菌种的复苏与活化，人工攻毒实验（人工造病），人工感染动物临床症状的观察，人工造病死亡动物的剖检，样品的无菌采集，病原分离时所需培养基的制备、病原分离、纯化、移植、生化鉴定及致病性实验等实验操作过程，在实习教师的指导下全部由学生自己准备并实施，通过整个流程的实习，让全体学生亲历每一个传染病病例的复制过程，为提高学生动物传染病诊断水平，清晰认识和验证人工复制病例典型临床症状及病例剖检变化特征奠定基础。在预设人工造病实验中，因禽霍乱是细菌性传染病诊断中的典型代表，人工复制该病病例，让学生进行系统的临床诊断和实验室诊断训练，并延伸应用到其他几种传染病的诊断过程，进行反复训练。故本综合实验指导编写中仅以禽霍乱人工造病及诊断为例，其余 5 种造病实验参考禽霍乱造病实验进行操作。

三、人工造病开设系统大实验方案的设计

1. 制定详细的实验开设的程序　　依据兽医传染病学课程的实践教学特点，从人工造病实验项目的选择、实验设计、综合实验大纲的制定、实验指导的编写、实习前的各项准备、实习计划与安排的制定、实习动员、实习实施、实习考核、实习总结等方面，制定了人工造病开设系统大实验的具体程序。

2. 按项目方法设计实验方案　　在制定的 6 种人工造病大实验方案设计中，将实验方案设计方法引入所开设传染病大实验的实践教学中，以便有意识地培养学生把一个实验看成一个微型科研项目，针对所选择实验项目内容，在教师的指导下，由实验小组制定出具体的小组实验方案。

实验方案设计包括：项目立题意义、实验内容设计、采用的诊断技术和方法、设计方案的可行性论证。在实验方案制定后，教学生产实习项目小组学生会同指导教师一起，对实验方案进行讨论和评议。主要内容包括实验方案实现的正确性、可操作性如何，方案的技术风险如何控制与防范等。项目小组根据讨论结果对原方案进行改进，最终形成相对优化的可实施方案。

3. 注重实验开设的系统性　　人工造病实验系统方案设计的最终目标就是注重对学生综合能力的培养。让学生从接到疾病发生的信息或病例、病料开始，就分组设计、讨论方案，做好实验准备，进行流行病学调查、临床症状与病理变化观察，按照设计程序开展实验室诊断，然后得出结论，制定防治预案，力求每一位实习学生全程参与所设置人工造病实验病例的防治过程。通过全过程的实践教学环节，不仅给学生提供了全面、系统的实验技能训练的机会，而且有助于促使学生将所学的知识系统化，培养学生独立思考和传染病诊断工作的能力。

四、人工造病开设系统大实验的组织实施

1. 实习内容和程序的讲授　　综合性实验正式开始前，要进行实习动员。首先由教师讲解综合实验开设的目的、意义、原理、操作步骤及与实习内容有关的理论知识。通过教师的系统讲解，将人工造病的病原、流行病学、致病机理、临床症状、病理变化、诊断、防治措施等知识清晰地介绍给学生，学生可以详尽地掌握一个疫病从发现病原到制定防治措施的整个内容，使学生明确认识所要实习的内容，并开展有效实施。

2. 实践教学的组织　　综合实验以班为单位，根据人工造病实验内容又分成若干小组。将综合实验操作过程细化到每一位学生，并选出小组负责人具体统筹每一项工作的具体实施，培养团队合作能力，每次人工造病实验开始前由小组负责人按实验教学大纲要求组织组员做好实验室准备，让每位学生掌握重要的实验前期技术。学生操作过程中，教师巡回指导，纠正不规范操作，解决综合实验中出现的问题。

3. 注重实验结果的讨论和总结　　开设的综合实验，每个环节前后连贯，在每次完成一个环节之后都要对实验中存在的问题及时总结与讨论。一方面，可以指导学生要以科学的态度去对待每一个科学实验，养成记录每一个实验结果的良好习惯；另一方面，通过对实验结果的讨论，可以提高学生发现问题、分析问题及解决问题的能力。

五、人工造病实验（以禽霍乱为例）

1. 菌种的复苏　　将实验室保存的禽源多杀性巴氏杆菌菌种放于紫外线消毒后的超净工作台上，严格按无菌操作接种到一支大豆胰蛋白胨肉汤（TSB）中，37℃恒温摇床培养 12~16h，然后吸取 100μL 再接种到一支新的 TSB 中，37℃恒温摇床培养 18~24h 进行菌种的复壮。

2. 人工造病实验动物的准备　　购买未进行禽霍乱免疫的鸡 4 只，1.5~2kg/只，先饲养 3d，并进行临诊观察，确定健康后备用。

3. 人工攻毒实验　　无菌吸取复壮后的多杀性巴氏杆菌菌液 0.25mL、0.5mL、0.75mL 和 1.0mL，分别于鸡腿部或胸部肌肉注射人工感染 4 只鸡，编号并记录，分别置于不同鸡笼中并间隔较远距离饲养，给予充足饮水、饲料，连续观察 18~24h，记录所出现的临床症状并拍摄相应视频资料。

4. 临床症状的观察

（1）**急性型症状**　　最初出现禽群中部分禽只突然死亡，随后即出现其他禽只发热、厌食、抑郁、流涎、腹泻、羽毛粗乱、呼吸困难，临死前出现发绀。

（2）**慢性型症状**　　急性型耐过的或由弱毒菌株感染的禽只可呈慢性型病程，其特征为局部感染，在关节、趾垫、腱鞘、胸骨黏液囊、眼结膜、肉垂、喉肺、气囊、中耳、骨髓、脑膜等部位呈现纤维素性化脓性渗出、坏死或不同程度的纤维化。

5. 病料的采集　　无菌采集病死鸡的心、肝、脾、肺、肾等实质脏器或心血等于灭菌容器中，4℃备用并进行病理变化的观察。

最急性和急性病例可采集死亡禽只的肝、脾、心血；慢性病例一般采集局部病灶组织；对不新鲜或已被污染的样品，可自骨髓中采取病料。采病料时用烧红的刀片烧烙组织，而后用灭菌棉拭子或接种环通过烧烙表面插入组织或心血内取样。若为活禽，可通过鼻孔挤出黏液，或将棉拭子插入鼻裂中取样。

6. 病理变化的观察　　急性型的病变主要是被动性充血、出血，肝、脾肿大和局灶性坏死，肺炎、腹腔和心包液增多。慢性型主要是局灶部纤维素化脓性渗出、坏死和纤维化。

典型病变：皮下、浆膜下、心内外膜点状出血，尤其以心冠脂肪出血明显；肌胃和十二指肠出血；肝脏表面有针尖大小的坏死灶。以上要求实习学生拍摄病变照片或视频。

7. 病料的触片染色镜检

（1）抹片的制备　　用镊子夹持病变组织肝或脾，然后以灭菌剪刀剪取小块，夹出后将其新鲜切面在载玻片上压印或涂抹成薄层；若取血液，用灭菌剪刀剪开心脏进行蘸取或剪取凝血块，用新鲜切面在载玻片上压印或涂抹成薄层。自然干燥。将干燥好的抹片，涂抹面向上，以其背面在酒精灯火焰上来回通过数次，略作加热进行固定。

（2）革兰氏染色法　　固定好的抹片上滴加草酸铵结晶紫液，染色 2min→水洗→革兰氏碘溶液于抹片上媒染 2min→水洗→加 95%乙醇于抹片上脱色 1min→水洗→加稀释石炭酸复红复染 30s→水洗→吸干→镜检。本病原体为革兰氏阴性球杆菌或短杆菌，菌体大小为（0.2～0.4）μm×（0.6～2.5）μm，单个或成对存在，常有荚膜。

（3）其他染色法　　甲醇固定，按《食品卫生微生物学检验 染色法、培养基和试剂》（GB 4789.28—1994）中 2.6 或 2.1 规定进行，瑞氏染色法或亚甲蓝染色呈两极浓染的菌体。

无菌剪取少许心、肝、脾、肺、肾等实质脏器进行触片或印片，革兰氏和亚甲蓝染色镜检，多杀性巴氏杆菌为革兰氏阴性菌，亚甲蓝染色可见两级浓染的短杆菌或球杆菌。

8. 初步诊断　　组织实习学生依据观察到的发病情况、典型症状和病例剖检变化及在显微镜下检查组织涂片发现的两极染色的杆菌，初步诊断禽霍乱。但确诊应依靠病原分离鉴定。

9. 培养基制备　　5%鸡血清葡萄糖淀粉琼脂、血液琼脂平板、大豆胰蛋白胨（TSA）琼脂平板、麦康凯琼脂平板、大豆胰蛋白胨（TSB）肉汤培养基、葡萄糖、麦芽糖、甘露醇、蔗糖、果糖、半乳糖、鼠李糖、戊醛糖、纤维二糖、棉子糖、菊糖、赤藓糖、戊五醇、M-肌醇、山梨醇、水杨苷、MR、VP、明胶、硫化氢、西蒙氏枸橼酸盐、硝酸盐、β-半乳糖苷酶、蛋白胨水、半固体、氧化酶和尿素酶（由实习学生自制）。

10. 各类生化反应指示剂的配制　　欧立希试剂、甲基红试剂、靛基质试剂、VP甲液、VP 乙液、硝酸盐还原实验甲液、硝酸盐还原实验乙液均由实习学生自制。

11. 病原的分离、纯化与移植

（1）培养特性　　病原为兼性厌氧菌，生长最适温度为 35～37℃，经 18～24h 培养后，菌落直径为 l～3mm，呈散在的圆形凸起和奶油状，有荚膜菌落稍大。

（2）镜检　　从菌落上挑取少量涂片，干燥、固定、染色、镜检。

（3）具体操作方法　　分别剪取少许心、肝、脾、肺等病料组织无菌接种于 TSB 培养基中，37℃摇床培养 18～24h 后摇匀，再分别勾取 1～2 环肉汤培养物划线接种于血液琼脂平板、TSA 琼脂平板、麦康凯琼脂平板（采用四区划线法），37℃恒温培养箱培养 18～24h，再分别勾取 1/3 疑似菌落涂片染色镜检后，再勾取剩余 2/3 菌落于 TSA 琼脂平板上进行细菌的数次纯化培养，而后将纯化好的细菌接种到 TSA 琼脂平板上，37℃培养 18～24h 后，置 4℃冰箱备用。

12. 生化鉴定

1）接种于葡萄糖、蔗糖、果糖、半乳糖和甘露醇发酵管产酸而不产气，接种于鼠李糖、戊醛糖、纤维二糖、棉子糖、菊糖、赤藓糖、戊五醇、M-肌醇、水杨苷发酵管不发酵。糖发酵管按《食品卫生微生物学检验 染色法、培养基和试剂》（GB 4789.28—1994）中 3.2 规定配制。

2）接种于蛋白胨水培养基中，可产生吲哚。实验按《食品卫生微生物学检验 染色法、培养基和试剂》（GB 4789.28—1994）中 3.13 规定的方法操作。

3）血液琼脂培养基上不产生溶血。操作方法按《食品卫生微生物学检验 染色法、培养基和试剂》（GB 4789.28—1994）中 4.6 规定进行。

4）麦康凯琼脂平板上不生长。麦康凯琼脂按《食品卫生微生物学检验 染色法、培养基和试剂》（GB 4789.28—1994）中 4.24 规定配制。

5）能产生过氧化氢酶［方法按《食品卫生微生物学检验 染色法、培养基和试剂》（GB 4789.28—1994）中 3.20 规定进行］、氧化酶［方法按《食品卫生微生物学检验 染色法、培养基和试剂》（GB 4789.28—1994）中 3.1.8 规定进行］，但不能产生尿素酶［方法按《食品卫生微生物学检验 染色法、培养基和试剂》（GB 4789.28—1994）中 3.15 规定进行］、β-半乳糖苷酶［方法按《食品卫生微生物学检验 染色法、培养基和试剂》（GB 4789.28—1994）中 3.3 规定进行］。

6）维培（VP）实验为阴性。实验按《食品卫生微生物学检验 染色法、培养基和试剂》（GB 4789.28—1994）中 3.4 规定方法进行。

7）将病料接种于 5%鸡血清葡萄糖淀粉琼脂、血液琼脂培养基，在 35～37℃下培养，经 18～24h 培养后菌落直径为 1～3mm，菌落呈散在、圆形，表面凸起呈奶滴状。

13. 致病性实验　　细菌纯培养物稀释后，以 100 个细菌经皮下或腹腔内接种家兔、小鼠或易感鸡，接种动物在 24～48h 内死亡，并可以从肝脏、心血中分离到多杀性巴氏杆菌。

14. 结果判定　　依据病原分离培养特性、生化鉴定、动物接种实验可做出确切诊断。

实验二　牛结核病的检疫

牛结核菌素变态反应诊断有三种方法，即皮内反应、点眼反应及皮下反应。我国现在主要采用前两种方法，而且前两法最好同时并用。1985 年以来，我国逐渐推广改用提纯核素来诊断检疫结核病。通过本综合性实验，要求学生掌握牛结核菌素变态反应的诊断方法。

一、牛结核菌素变态反应

1. 实验准备　　综合性实验开始前做好下列准备工作。

（1）实验材料　　牛结核菌素、实验牛（将牛只编号，术部剪毛）。

（2）药品器械　　卡尺、乙醇、来苏尔、脱脂棉、纱布、注射器、针头、煮沸消毒锅、镊子、毛剪、消毒盘、鼻钳、点眼管、记录表、工作服、帽、口罩、线手套及胶靴等。

2. 操作方法

（1）牛结核菌素皮内反应

1）注射部位及处理：在牛颈侧中部上 1/3 处剪毛（3 个月内犊牛可在肩胛部），处理直径约为10cm，用卡尺测量术部中央皮皱厚度。

2）注射剂量：用结核菌素原液，3个月以内的犊牛注射0.1mL；3～12个月牛注射0.15mL；12个月以上的牛注射0.2mL，必须注射于皮内。

3）观察反应：皮内注射后，应分别在72h、120h进行两次观察，注意肩部有无热、痛、肿胀等炎性反应，并以卡尺测量术部肿胀面积及皮皱厚度。

在第72h观察后，对呈阴性及可疑反应的牛只，须在原注射部位，以同一剂量进行第二回注射。第二回注射后应于第48h（即第一次皮内注射后120h）再观察一次。

4）结果判定：局部发热，有痛感，并呈现不明显的弥漫性水肿，质地如面团，肿胀面积在35mm×45mm以上，或上述反应较轻，而皱皮厚度在原测量基础上增加8mm以上者，为阳性反应，其记录符号为＋；局部炎性水肿不明显，肿胀面积在35mm×45mm以下者，皮厚增加为5～8mm，为疑似反应，其记录符号为±；局部无炎性水肿，或仅有无热、坚实及界限明显的硬块，皮厚增加不超过5mm者，为阴性反应，其记录符号为一。

（2）结核菌素点眼反应　　牛结核菌素点眼，每次进行2回，间隔3～5d。

1）实验方法：点眼前对两眼做详细检查，正常时方可点眼，有眼病或结膜不正常者，不可做点眼检疫。结核菌素一般点于左眼，左眼有眼病可点于右眼，但须在记录上说明。用量为3～5滴，0.2～0.3mL。点眼后，注意将牛拴好，防止风沙侵入眼内，避免阳光直射牛头部，也避免牛与周围物体摩擦。

2）观察反应：点眼后，应于3h、6h、9h各观察1次，必要时可观察第24h的反应。应观察两眼的结膜与眼睑肿胀的状态，流泪及分泌物的性质和量的多少，因结核菌素引起的食欲减少或停止及全身战栗、呻吟、不安等其他变态反应，均应详细记录。阴性和可疑的牛72h后，于同一眼内再滴一次结核菌素，观察记录同上。

3）结果判定：两个大米粒大或2mm×10mm以上的呈黄白色的脓性分泌物自眼角流出，或散布在眼的周围，或积聚在结膜囊及其眼角内，或上述反应较轻，但有明显的结膜充血、水肿、流泪并有其他全身反应者，为阳性；有两个大米粒或2mm×10mm以上的灰白色、半透明的黏液性分泌物积聚在结膜囊内或眼角处，并无明显眼睑水肿及其他全身症状者，判为疑似；无反应或仅有结膜轻微充血，流出透明浆液性分泌物者，为阴性。

（3）综合判定　　结核菌素皮内注射与点眼反应两种方法中的任何一种呈阳性反应者，即判定为结核菌素阳性反应牛；两种方法中任何方法为疑似反应者，判定为疑似反应牛。

（4）复检　　在健康牛群中（即无一头变态反应阳性的牛群）经第二次检疫判定为可疑牛，要单独隔离饲养，1个月后做第二次检疫，仍为可疑时，经半个月后做第三次检疫，如仍为可疑，可继续观察一定时间后再进行检疫，根据检疫结果作出适当处理。

如果在牛群中发现有开放性结核牛，同群牛如有可疑反应的牛只，也应视为被感染牛只。通过两回检疫均为可疑者，即可判为结核菌素阳性牛。检疫结果记录在附表中。

二、提纯结核菌素变态反应

1. 实验准备　　牛型提纯结核菌素、酒精棉、卡尺、1～2.5mL 注射器、针头、工作服、帽、口罩、胶鞋、记录表、线手套等。如果冻干菌素，还需准备稀释用注射用水或灭菌的生理盐水、带胶塞的灭菌小瓶。

2. 操作方法

（1）**注射部位及处理**　　将牛只编号后在颈侧中部上 1/3 处剪毛（或提前一天剃毛），3 个月以内的犊牛，也可在肩胛部进行，直径约 10cm，用卡尺测量术部中央皮皱厚度，做好记录。如术部有变化时，应另选部位或在对侧进行。

（2）**注射剂量**　　不论牛只大小，一律皮内注射 1 万 U。即将牛型提纯结核菌素稀释成每毫升含 10 万国际单位后，皮内注射 0.1mL。如用 2.5mL 注射器，应再加等量注射用水皮内注射 0.2mL。冻干提纯结核菌素稀释后应当天用完。

（3）**注射方法**　　先以 75%乙醇消毒术部，然后皮内注入定量的牛型提纯结核菌素，注射后局部应出现小泡，如注射有疑问时，应另选 15cm 以外的部位或对侧重做。

（4）**注射次数和观察反应**　　皮内注射后经 72h 时判定，仔细观察局部有无热痛、肿胀等炎性反应，并以卡尺测量皮皱厚度，做好详细记录。对疑似反应牛应即在另一侧以同一批菌素同一剂量进行第二回皮内注射，再经 72h 后观察反应。

如有可能，对阴性和疑似反应牛，于注射后 96h、120h 再分别观察一次，以防个别牛出现迟发型变态反应。

（5）**结果判定**

1）阳性反应：局部有明显的炎性反应。皮厚差等于或大于 4mm 者，其记录符号为＋。对进出口牛的检疫，凡皮厚差大于 2mm 者，均判为阳性。

2）疑似反应：局部炎性反应不明显，皮厚差为 2.1～3.9mm，其记录符号为±。

3）阴性反应：无炎性反应。皮厚差在 2mm 以下，其记录符号为－。

（6）**综合判定**　　判定为疑似反应的牛只，于第一次检疫 30d 后进行复检，其结果仍为可疑反应时，经 30～45d 后再次复检，如仍为疑似反应，应判为阳性。

【**附一**】　其他家畜结核病结核菌素诊断法

1. 马、绵羊、山羊和猪　　仅使用牛结核菌素（O.T.）一回皮内注射法进行检疫。

2. 注射部位及剂量　　马位于左颈中部上 1/3 处；猪和绵羊在左耳根外侧；山羊在肩胛部。剂量：成年家畜为 0.2mL，3 个月至 1 年的幼畜为 0.15mL，3 个月以下的幼畜为 0.1mL。除猪用结核菌素原液外，马、绵羊和山羊则用稀释的结核菌素（结核菌素 1 份，加灭菌 0.5%苯酚蒸馏水 3 份）。

3. 观察反应时间及判定标准　　于注射后 48h、72h 进行再次观察。猪、绵羊或山羊，可按牛的判定标准进行判定。

4. 结果判定　　判定为疑似反应的马、绵羊、山羊和猪：经 25～30d 后于第一次注射后的对侧再做一次复检，如仍为疑似反应时，可参照对疑似反应牛只的处理办法进行处理。

【附二】 感染禽型结核菌或副结核菌牛群的诊断方法

如果牛群有感染禽型结核菌或副结核菌病的可能时，可以应用牛、禽两型提纯结核菌素的比较实验进行诊断。其方法和判定如下。

1. 注射部位及术前处理　　将牛只编号后在同一颈侧的中部选两个注射点。一点在上 1/3 处，一点在下 1/3 处。剪毛（或提前一天剃毛）直径约 10cm，用卡尺测量术部中央皮皱厚度，做好记录。两个注射点之间的距离不得少于 10cm，注射点距离颈项顶端和颈静脉沟也不得少于 10cm。如术部皮肤有变化时，选对侧颈部进行。

2. 注射剂量　　在上 1/3 处皮内注射禽型提纯结核菌素 0.1mL，在下 1/3 处皮内注射牛型提纯结核菌素 0.1mL（每毫升含 10 万国际单位）。不论大小牛只，注射剂量相同。如用 2.5mL 注射器注射剂量（0.1mL）不易掌握，应加等量生理盐水或注射用水稀释后皮内注射 0.2mL，冻干菌素稀释后应当天用完。

3. 注射方法　　以 75%乙醇消毒术部，然后皮内注射定量的牛、禽两种提纯结核菌素。注射后局部应出现小泡，如注射有疑问时，可另选 15cm 以外的部位或对侧颈部重做。

4. 观察反应　　注射后 72h 判定（可于 48h 和 96h 各进行一次判定）。详细观察和比较两种菌素炎性反应的程度。并用卡尺测量其皮厚，分别计算出牛、禽两种菌素皮内变态反应的皮厚差，然后比较二者之间的皮差（如果增加了 48h 和 96h 的判定时间，即可比较出两种菌素反应消失的快慢）。

5. 结果判定

1）牛型提纯结核菌素反应大于禽型提纯结核菌素反应，两者皮差在 2mm 以上，判为牛型提纯结核菌素皮内反应阳性牛，其记录符号为 M＋。对已经定性的结核牛群，少数牛即使牛、禽两型之间的皮差在 2mm 以下，或牛型提纯结核菌素反应略小于禽型提纯结核菌素的反应（不超过 2mm），也应判牛结核菌素反应牛（但牛型提纯结核菌素本身反应的皮厚差应在 2mm 以上）。

2）禽型提纯结核菌素反应大于牛型提纯结核菌素的反应，两者皮差在 2mm 以上，判为禽型提纯结核菌素皮内变态反应阳性牛。其记录符号为 A＋。对已经定性副结核菌或禽结核菌感染牛群，即使禽、牛两型提纯结核菌素之间反应皮差小于 2mm 或禽型提纯结核菌素略小于牛型提纯结核菌素反应（不超过 2mm），也判为禽结核菌素反应牛（但禽型提纯结核菌素本身反应皮差应在 2mm 以上）。

3）对进出口牛的检疫，任何一种菌素（牛、禽、副）皮差超过 2mm 以上（或局部有一定炎性反应），均认为是不合格。

实验三　布鲁氏菌病的检疫

家畜布鲁氏菌病的检疫，即通过本病的诊断方法，检出畜群中的患畜。诊断方法是流行病学调查、临诊检查、细菌学检查及免疫生物学方法等。

实验诊断材料可采取胎儿、胎衣、阴道分泌物、乳汁及马脓肿中的脓汁等。

通过本综合性实验，要求学生初步掌握布鲁氏菌菌病的细菌学检查及免疫生物学方法等检疫方法。

一、细菌学检查

1. 染色检查　　病料绒毛膜渗出液，胎儿的胃内容物及肺脏、阴道分泌物及脓肿中的脓汁，以及布鲁氏菌培养物等制成抹片，除用革兰氏染色法染色外，应当用鉴别染色法进行显微镜检查。

布鲁氏菌为球杆菌，无鞭毛，不产生芽孢，不呈两极浓染，病料抹片呈密集菌丛，成对或单个排列，短链较少。革兰氏染色阴性。它们虽然不是抗酸性细菌，但可以抵抗脱色用的弱酸，如 0.5%乙酸。这种特性结合于布鲁氏菌鉴别染色技术对于诊断有一定的实际意义。列出两种较常用的方法于下。

（1）改良齐-内染色法　　适于做胎膜和流产胎儿胃内容物染色之用，流产后数日内取阴道拭子制作抹片，也可用此法染色。

1）抹片晾干，在火焰上固定。

2）用齐-内染色法石炭酸复红原液的 1∶10 稀释液染 10min，碱性复红 1g，溶于 10mL 无水乙醇中，加入 5%苯酚溶液 90mL。

3）水洗后，用 0.5%乙酸脱色 15～30s。

4）充分水洗后，用 1%亚甲蓝复染 20～60s。

5）水洗、干燥、镜检。

布鲁氏菌染成红色，背景为蓝色。在胎膜抹片中经常看到布鲁氏菌在染成蓝色的组织细胞中集结成团。此法对诊断绵羊地方流行性流产、胎儿弯杆菌及其他传染病也有价值。用此法染色时，胎儿弯杆菌和衣原体也染成红色，但可以从形态上区别。

（2）改良柯斯特氏法

1）抹片自然干燥，用火焰固定。

2）用新配制的番红（Safranin）和氢氧化钾混合液（番红饱和水溶液 2 份与 1mol 氢氧化钾 5 份混合）染 1min。

3）水洗后，用 0.1%硫酸脱色 10s。

4）水洗后，用 1%亚甲蓝复染 3s。

布鲁氏菌呈橘红色，背景为蓝色。

2. 细菌培养　　布鲁氏菌在普通培养基上虽可生长，但更适宜的是肝汤培养基，有些菌株需要有血清或吐温-40（Tween-40）才能生长，所以血清葡萄糖琼脂或吐温葡萄糖琼脂被认为是较好的常规培养基。此外，有的以胰蛋白胨（tryptose）琼脂、胰蛋白酶消化大豆（trypticase-soy）琼脂及布鲁氏菌蛋白琼脂（ABA）为最常用的基础培养基。在这些常用培养基内每 100mL 中加入放线酮（cycloheximide）10mg，杆菌肽（bacitracin）2500IU，乙种多黏菌素（polymyxin）B 600 单位及乙基紫最终浓度 80 万分之一，也可在常用培养基内加入结晶紫（最终浓度为 70 万分之一至 20 万分之一），或乙基紫 80 万分之一制成选择培养基。

未经污染的材料接种于血清琼脂或肝汤琼脂上进行培养。为了抑制杂菌生长有可能被污染的材料接种于选择培养基上。同时接种 2 份，一份置于含有 10%的 CO_2 的密封容器中，以利于在初分离时，需要二氧化碳的布鲁氏菌生长。

3. 动物实验 在实验动物中，豚鼠用于布鲁氏菌的分离检查上最为适宜。将布鲁氏菌注射于豚鼠皮下或腹腔后，豚鼠将发生慢性疾病，表现为脾肿、肝脏与肾脏有炎性坏死小病灶。注射 3～4 周已能在脾脏和淋巴结中找到细菌。小鼠、家兔、大鼠也用作实验动物。

病料内含菌量少而能检出的可靠方法就是接种豚鼠。如果病料污染较轻，可接种于豚鼠腹腔内，如果病料系乳汁或腐败组织，可做皮下或肌肉注射。接种乳汁时，取 20mL乳样离心，将其沉淀物和乳皮层混合，接种两只豚鼠，每只接种一半混合物。每种病料至少接种两只豚鼠，一只在接种后 3 周剖杀；另一只在接种后 6 周剖杀。剖杀前须采血做凝集反应，滴度 1∶5 以上者为阳性。剖检豚鼠时，须注意肉眼可见病灶，如淋巴结肿大、肝的坏死灶、脾肿大或发生结节、睾丸及附睾脓肿、四肢关节肿胀等。脾和接种部位的淋巴结及其他有病灶的组织均应剪碎，接种于不含抑菌染料或抗生素的固体培养基上。最好用血清葡萄糖琼脂。若剖杀前血清凝集反应为阳性，即使剖检时的培养为阴性，也可诊断为布鲁氏菌病。

二、免疫生物学方法

免疫生物学方法就是用血清学方法及变态反应方法检查布鲁氏菌病。

用血清学方法检出血清中有抗体存在，则说明被检动物为布鲁氏菌病患畜。动物感染布鲁氏菌以后，首先出现的是凝集抗体，再过一段时间才出现补体结合抗体，最后产生变态反应性，当凝集反应变为阴性时，补体结合实验还能表现阳性。变态反应产生较晚而保持时间也较长，根据这种规律，也可大致判断畜群中布鲁氏菌病的消长情况。

试管凝集反应是在布鲁氏菌病诊断中应用广泛的方法。但是凝集反应并不能检出所有患病动物。例如，布鲁氏杆菌病患牛就有 5%以上不能检出，患羊曾有 24%不能检出的报告，且还有由其他病原体引起的非特异性反应。

补体结合反应具有高度特异性，最近研究表明，补体结合阳性反应与感染的符合率，比血清凝集反应与感染的符合率高。异种特异性抗体对补体结合实验的干扰，也没有对血清凝集反应的干扰多，用来鉴别注苗后和自然感染所引起的血清学反应很有价值。例如，大多数给 4～8 个月犊牛注射 19 号菌苗和山羊注射 Revl 菌苗，经过 6 个月后补体结合反应即为阴性，而血清凝集反应仍为阳性或可疑。

感染布鲁氏菌动物，出现变态反应较晚，不适于早期诊断。就其抗原而言，曾有过流产菌素、布鲁氏菌素、布鲁氏菌溶解素与布鲁氏菌水解素等，而实用的则为布鲁氏菌水解素，行皮内注射，用于绵羊山羊的布鲁氏菌病的检查。

我国的家畜布鲁氏菌病检疫应用的免疫生物学方法主要是试管凝集反应、平板凝集反应、虎红平板凝集反应、全乳环状反应、补体结合反应及变态反应实验。

1. 试管凝集反应

（1）材料准备 本实验按《家畜布氏杆菌病试管凝集反应技术操作规程及判定标准》进行。

1）抗原：由兽医生物药品厂生产供应。使用时用 0.5%石炭酸生理盐水做 1∶20 稀释，长霉或出现凝集块的抗原不能应用。

2）被检血清：必须新鲜，无明显蛋白凝固，无溶血现象和腐败气味。

3）阳性血清和阴性血清：由兽医生物药品厂生产供应。

4）稀释液：0.5%石炭酸生理盐水，用化学纯苯酚与氧化钠配制，经高压蒸汽灭菌后备用。检疫羊时稀释液用 0.5%苯酚，10%氯化钠溶液。

（2）实验方法　　被检血清稀释度：一般情况，牛、马和骆驼用 1∶50、1∶100、1∶200 和 1∶400 4 个稀释度，猪、山羊、绵羊和狗用 1∶25、1∶50、1∶100 和 1∶200 4 个稀释度。大规模检疫时也可用 2 个稀释度，即牛、马和骆驼用 1∶50 和 1∶100，猪、羊、狗用 1∶25 和 1∶50。

稀释血清和加入抗原的方法（以羊、猪为例）：每份被检血清用 5 支小试管（8～10mL），第 1 管加入稀释液 2.3mL，第 2 管不加，第 3 至第 5 管各加入 0.5mL，用 1mL 吸管取被检血清 0.2mL，加入第 1 管中，混匀（一般吸吹 3～4 次），吸取混合液分别加入第 2 管和第 3 管各 0.5mL，将第 3 管混匀，吸 0.5mL 加入第 4 管，第 4 管混匀吸取 0.5mL 加入第 5 管，第 5 管混匀后弃去 0.5mL。如此稀释后从第 2 管起血清稀释度分别为 1∶12.5、1∶25、1∶50 和 1∶100。然后将 1∶20 稀释的抗原由第 2 管起，每管加入 0.5mL，血清最后稀释度由第 2 管起依次为 1∶25、1∶50、1∶100 和 1∶200。

试管凝集反应也可用简便方式进行，即以 0.2mL 吸管将被检血清以 0.08、0.04、0.02 及 0.01 分别加入 4 支小试管内，然后每管加入 1∶40 稀释的抗原 1mL，充分摇匀，这样 4 管血清的最后稀释度分别为 1∶25、1∶50、1∶100、1∶200。

牛、马和骆驼的血清稀释和加抗原的方法与前述者一致，不同的仅第一管加稀释液 2.4mL 及被检血清 0.1mL。加抗原后从第 2 管到第 5 管血清稀释度依次为 1∶50、1∶100、1∶200 和 1∶400。

每次实验须做 3 种对照，阴性血清对照的操作步骤与被检血清者相同。阳性血清对照须将血清稀释到其原有滴度，其他步骤同上。抗原对照即将当时使用的已稀释抗原 0.5mL。

每次实验须制备比浊管，以为记录结果的依据，配制方法即以当时使用的已稀释抗原加等量稀释液。

全部试管充分振荡后，置 37～38℃恒温培养箱中，22～24h 后用比浊管对照检查记录结出现 50%以上凝集的最高稀释度就是这份血清的凝集价，因此 50%亮度的比浊管很重要。

（3）结果判定　　牛、马和骆驼血清凝集价为 1∶100 以上，猪、羊和狗为 1∶50 以上者，判为阳性。牛、马和骆驼血清凝集价为 1∶50，猪、羊和狗为 1∶25 者判为可疑。可疑反应的家畜经 3～4 周重检，牛、羊重检时仍为可疑，判为阳性。猪和马重检时仍为可疑，但农场中未出现阳性反应及无临诊症状的家畜，判为阴性。

鉴于猪血清常有个别出现非特异性凝集反应，在实验时须结合流行病学判定结果。如果出现个别弱阳性（如凝集价为 1∶100～1∶200），但猪群中均无临诊症状（流产、关节炎、睾丸炎），可考虑此种反应为非特异性，经 3～4 周可采血重检。检疫后应将结果通知畜主。

2. 平板凝集反应　　平板凝集反应按《家畜布鲁氏菌病平板凝集反应技术操作规程及判定标准》进行。

（1）操作步骤　　最好用平板凝集反应实验箱。无此设备可用清洁玻璃板，划成 4cm² 方格，横排 5 格，纵排可以数列，每一横排第一格写血清号码，用 0.2mL 吸管将血清以 0.08mL、0.04mL、0.02mL、0.01mL 分别依次加于每排 4 小方格内，吸管须稍倾斜并接触玻璃板，然后以抗原滴管垂直于每格血清上滴加 1 滴平板抗原（1 滴等于 0.03mL，如为自制滴管，须事先测定准确），或用 0.1mL 吸管每格加 0.03mL。用牙签或细金属棒将血清抗原混合，均匀。1 份血清用 1 根牙签，以 0.01mL、0.02mL、0.03mL 和 0.04mL 的顺序混合。混合完毕将玻璃板均匀加温 30℃ 左右（无凝集反应箱可使用灯泡或酒精火焰），5～8min 按下列标准记录反应结果：

＋＋＋＋：出现大凝集片或小粒状物，液体完全透明，即 100%凝集。

＋＋＋：有明显凝集片和颗粒，液体几乎完全透明，即 75%凝集。

＋＋：有可见凝集片和颗粒，液体不甚透明，即 50%凝集。

＋：仅可以看见颗粒，液体浑浊，即 25%凝集。

－：液体均匀浑浊，无凝集现象。

平板凝集反应的血清量 0.09mL、0.04mL、0.02mL 和 0.01mL 加入抗原后，其效价相当于试管凝集价的 1∶25、1∶50、1∶100 和 1∶200。

每批次平板凝集反应须以阴、阳性血清作对照。

（2）结果判定　　判定标准与试管凝集反应相同。结果通知单只在血清凝集价的格内分别换成 0.08（1∶25）、0.04（1∶50）、0.02（1∶100）和 0.01（1∶200）。

3. 虎红平板凝集反应　　虎红平板凝集反应是快速玻片凝集反应。抗原是布鲁氏菌加虎红制成。它可与试管凝集及补体结合反应效果相比，且在犊牛菌苗接种后不久，以此抗原做实验就呈现阴性反应，对区别菌苗接种与动物感染有帮助。

（1）材料准备　　目前在国内只有中国医学科学院流行病学微生物学研究所生产供应，布鲁氏菌虎红平板实验抗原，可按说明书使用。阴、阳性血清同于试管凝集反应的阴阳性血清。

（2）操作步骤　　被检血清和布鲁氏菌虎红平板凝集抗原各 0.03mL 滴于玻璃板的方格内，每份血清各用一支火柴棒混合均匀。在室温（20℃）4～10min 记录反应结果。同时以阳、阴性血清作对照。

（3）结果判定　　在阳性血清及阴性血清实验结果正确的对照下，被检血清出现任何程度的凝集现象均为阳性，完全不凝集的判为阴性，无可疑反应。

4. 全乳环状反应　　这是用乳汁进行的凝集反应，命名为 ABR（abortus bang ring）。环状反应用于乳牛及乳山羊布鲁氏菌病检疫，以监视无病畜群有无本病感染。也可用于个体动物的辅助诊断方法。可由畜群乳桶中取样，也可由个别动物乳头取样。按《乳牛布鲁氏菌病全乳环状反应技术操作规程及判定标准》进行。

（1）材料准备

1）抗原：由兽医生物药品厂生产供应。全乳环状反应抗原有两种，一种为苏木紫染色抗原，呈蓝色；另一种是四氮唑染色抗原，呈红色。

2）被检乳汁：须为新鲜全脂乳。凡腐败、变酸和冻结的不适用于本实验（夏季采集的乳汁应于当天内检验，如保存于2℃时，7d内仍可使用）。患乳腺炎及其他乳房疾病的乳汁，初乳、脱脂乳及煮沸乳汁也不能做环状反应用。

（2）操作步骤　　取新鲜全乳1mL加入小试管中，加入抗原1滴（约0.05mL）充分振荡混合；置37～38℃水浴中60min，小心取出，勿使其振荡，立即进行判定。

（3）判定标准　　判定时不论哪种抗原，均按乳脂的颜色和乳柱的颜色进行判定。

1）强阳性反应（＋＋＋）：乳柱上层的乳脂形成明显红色或蓝色的环带，乳柱呈白色，分界清楚。

2）阳性反应（＋＋）：乳脂层的环带虽呈红色或蓝色，但不如"＋＋＋"显著，乳柱微带红色或蓝色。

3）弱阳性反应（＋）：乳脂层环带颜色较浅，但比乳柱颜色略深。

4）疑似反应（±）：乳脂层环带不甚明显，与乳柱分界模糊，乳柱带有红色或蓝色。

5）阴性反应（一）：乳柱上层无任何变化，乳柱呈均匀浑浊的红色或蓝色。

脂肪较少，或无脂肪的乳汁呈阳性反应时，抗原菌体呈凝集现象下沉管底，判定时以乳柱的反应为标准。

5. 补体结合反应　　补体结合反应按《家畜布鲁氏菌病补体结合反应技术操作规程及判定标准》进行。

（1）材料准备　　溶血素、补体、绵羊红细胞（2.5%）来源与一般补体结合反应实验。抗原和阴、阳性血清，由兽医生物药品厂生产供应，按说明书使用。实验所用稀释液用生理盐水。

被检血清及阴、阳性血清在实验时用生理盐水1∶10稀释，按下列畜别血清灭能温度灭能30min：羊、马血清58～59℃，驴、骡血清63～64℃，牛、猪血清56～57℃，骆驼54℃。

溶血素及补体效价的滴定，与一般补体反结合反应实验相同。溶血素使用两个工作量，补体使用1个工作量。布鲁氏菌补反抗原滴定与鼻疽菌补反抗原滴定在式式上相同，而布鲁氏菌补反抗原在实际使用的稀释度应比滴定的效价浓25%。例如，滴定的效价为1∶150，实际使用时应做1∶112.5稀释，如滴定效价为1∶100时，则做1∶75稀释使用。

（2）被检血清的正式实验　　正式实验的各种成分即所准备的灭能被检血清、对照阴阳性血清、生理盐水、稍浓于一个工作量抗原、一个工作量的补体、二个工作量的溶血素及2.5%红细胞。每种成分加入量为0.5mL，各反应成分的总量为2.5mL。

每份被检血清设置两支管，其中一支不加抗原作为对照。每批被检血清实验的对照管共7支，阳性血清2支，其中一支不加抗原。阴性血清2支，其中一支不加抗原。抗原对照管一支不加血清，溶血素对胴管一支，不加血清、抗原及补体，补体对照管一支，只加补体及红细胞。不足2.5mL的对照管，均以生理盐水补足2.5mL。实验中的两次加温，均为37～38℃水浴20min。

各实验管加温完毕后，取出立即进行第一次判定。要求不加抗原的阳性血清对照管、阴性血清对照管及抗原对照管呈完全溶血反应。静置12h后做第二次判定，第二次判定时要求溶血素对照管、补体对照管呈完全不溶血反应。此时即可对被检血清进行判断。

被检血清不加抗原管应是完全溶血，而加抗原管记录结果。

6．变态反应实验　　变态反应实验是用不同类型的抗原进行布氏杆菌病诊断的方法之一。布鲁氏菌水解素即变态反应实验的一种抗原，这种抗原专供绵羊和山羊检查布鲁氏菌病用。按《羊布鲁氏菌病变态反应技术操作规程及判定标准》进行。

（1）操作步骤　　使用细针头，将水解素注射于绵羊或山羊的尾褶壁部或肘关节无毛处的皮内，注射剂量 0.2mL。注射前应将注射部位用酒精棉消毒。如注射正确，在注射部形成绿豆大小的硬包。注射一只后，针头应用酒精棉消毒，然后再注射另一只。

（2）结果判定　　注射后 24h 和 48h 各观察反应 1 次（肉眼观察和触诊检查），若 2 次观察反应结果不符时，以反应最强的 1 次作为判定的依据。判定标准如下。

1）强阳性反应（＋＋＋）：注射部位有明显不同程度的肿胀和发红（硬肿或水肿），不用触诊，一望而知。

2）阳性反应（＋＋）：肿胀程度虽不如上述现象明显，但也容易看出。

3）弱阳性反应（＋）：肿胀程度也不显著，有时须靠触诊才能发现。

4）疑似反应（±）：肿胀程度似不明显，通常须与另一侧皱褶相比较。

5）阴性反应（－）：注射部位无任何变化。

阳性牲畜，应立即移入阳性畜群进行隔离，可疑牲畜须于注射后 30 日进行第二次复检，如仍为疑似反应，则按阳性牲畜处理，如为阴性则视为健康。

实验四　鸡白痢的检疫

通过本实验要求学生掌握鸡白痢的血清学检疫方法。

一、快速全血平板凝集反应

1．实验用品

（1）材料　　抗原：鸡白痢沙门氏杆菌培养物加甲醛溶液杀菌制成每毫升含菌 100 亿的悬浮液，其中加枸橼酸钠和色素（也有不加的）。

（2）器具　　玻璃板一块、铂丝环针长约 6.5cm，一端为环状，直径约为 4.5mm，另一端为针尖状相当于 22 号针头，针尖端约 1mm 长做直角弯曲，作为刺破翅静脉放血时之用，如无此金属丝环针，可用注射针头及铂环代替多橡皮滴管（垂直时每滴液量为 0.05mL）。

2．操作方法　　先将抗原充分振荡均匀，用滴管吸取抗原垂直滴 1 滴（0.05mL）于玻板上，随即用针头刺破被检鸡的翅静脉，使其出血，以不锈钢丝环蘸取血一满环（约 0.02mL）放于玻板上，与抗原搅拌均匀，并散开至直径约 2cm 为度。

3．结果判断

（1）阳性反应　　抗原和血液混合后，于 2min 内出现明显的颗粒凝集或块状凝集的判定为阳性反应。

（2）阴性反应　　在 2min 内不出现凝集，或仅呈现均匀一致的细微颗粒或在边缘处由于临干前形成细絮状物等，均判为阴性。

（3）疑似反应　　　上述反应以外，不易判定为阳性或阴性的，可判为可疑。

4. 注意事项

1）抗原应保存于8~10℃冷暗干燥处，用时要充分振荡均匀。

2）本抗原适用于产卵母鸡及1年以上的公鸡，幼龄鸡敏感度较差。

3）反应应在20℃以上室温中进行。

二、血清凝集反应

血清凝集反应可分为血清试管凝集反应和血清平板凝集反应。

1. 血清试管凝集反应

（1）主要材料　　　鸡血清样品：以20或22号针头刺破鸡翅静脉，使其出血，用一清洁、消毒并干燥的试管靠近流血处使血液流入试管约2mL，摆成斜面凝固析出血清，防止溶血，保存于冰箱内待检。

抗原：作为试管凝集反应用的抗原，须具有各种代表性的鸡白痢沙门氏杆菌菌株的抗原成分，对阳性血清有高度的凝集力，但对阴性血清无凝集力。固体培养洗下的抗原须保存于0.25%~0.3%石炭酸生理盐水中，使用时将抗原稀释成每毫升含菌10亿，并把pH调至8.2~8.5，稀释的抗原限当天使用。

（2）操作方法　　　在试管架上依次放3支试管，以吸管吸取稀释抗原2mL注入试管1，在试管2及试管3中分别注入抗原1mL。然后以另一吸管吸取被检血清0.8mL注入试管1，反复吸吹数次使抗原与血清充分混合，然后从试管1吸出抗原血清混合液1mL，注入试管2，并反复吸吹试管内混合液使充分混合。自试管2吸取混合液1mL注入试管3，依上法混合后吸出混合液1mL舍弃，最后将血清管振荡数次，使抗原与血清充分混合后，在37℃恒温培养箱中放置至少20h后观察。

（3）结果判定　　　试管1、2、3的血清稀释倍数依次分别为1∶25、1∶50、1∶100。凝集阳性者，抗原显著凝集于试管底，上清液透明。阴性者，试管仍均匀浑浊。可疑者，介于阳性与阴性之间。在鸡1∶50以上凝集者为阳性。在鸡1∶25以上凝集者为阳性。

2. 血清平板凝集反应

（1）主要材料　　　血样采取和血清析出同试管法。抗原与试管凝集反应者相同，但其浓度比试管法者大50倍，悬浮于含0.5%苯酚的12%氯化钠溶液内。

（2）操作方法　　　用一块玻板以蜡笔按约3cm^{2}画成若干方格，1个方格检查1只鸡的血清样品。每1方格加被检鸡血清1滴和抗原1滴，用牙签将抗原与血清充分混合。

（3）结果判定　　　观察30~60s，凝集者为阳性，否则为阴性。此实验应在10℃以上室温进行。

实验五　鸡传染性法氏囊病的诊断

鸡传染性法氏囊病（IBD）是由双链RNA病毒属法氏囊病病毒引起的鸡的一种急性接触性传染病。通过本综合性实验让学生了解鸡传染性法氏囊病病毒的分离和鉴定技术，琼脂凝胶沉淀反应、免疫荧光抗体检查实验、病毒中和实验和酶联免疫吸附实验（间接

ELISA）检测鸡传染性囊病病毒（IBDV）等的诊断技术。

一、临床诊断的要点

根据本病的流行特点、临床症状和剖检变化可做出诊断，其诊断要点如下。

1. 流行特点　　IBD 仅发生于鸡，多见于雏鸡和幼龄鸡，以 3～6 周龄鸡最易感。成年鸡感染后一般呈隐性经过。在易感鸡群中，往往是突然发病，头 2 天死亡不多，第 3～5 天死亡达到高峰，第 7 天后死亡减少或停止死亡。

2. 临床症状　　本病在初发生的鸡群多呈急性经过，早期症状表现为有的鸡啄肛门和羽毛现象，随后病鸡出现下痢、食欲减退、精神萎靡、畏寒、消瘦、羽毛无光泽，病鸡脱水、虚弱而死亡。死亡率一般在 5%～25%，如果遭受毒力强的毒株侵害，其死亡率可达 60% 以上。

3. 病变剖检　　有特征性病变，可见胸肌、腿肌肌肉出血，腺胃和肌胃交界处有带状出血。法氏囊水肿比正常大 2～3 倍。法氏囊有明显出血，黏膜皱褶上有出血点，黏液较多，病程长的法氏囊内有干酪样物质，整个法氏囊变硬，有的法氏囊萎缩。肾肿大并有尿酸盐沉积，盲肠扁桃体肿大、出血。

二、实验室诊断

1. 病毒分离鉴定　　自然感染 IBD 的鸡群，在发病后的 2～3d，法氏囊中的病毒含量最高，其次是脾和肾。取发病典型的法氏囊和脾，经研磨后，加灭菌生理盐水做 1：5～1：10 的悬液，以 3000r/min 离心 10min，取上清液加入抗生素作用 1h，经绒毛尿囊膜接种 9～12 日龄鸡胚。受感染的鸡胚在 3～5d 死亡，剖检，可见体表和皮下有出血，腹部水肿和膨大，肾脏出血，肝脏坏死，心脏苍白如熟肉状。鉴定分离出来 IBDV，可用已知阳性血清在鸡胚成纤维细胞中做中和实验。

2. 琼脂凝胶沉淀反应　　本法是检测血清中特异性抗体或法氏囊组织中病毒抗原的最常用的诊断方法。

（1）病料采集　　采集发病早期的血液样品，3 周后再采血样，并分离血清。为了检出法氏囊中的抗原，无菌采取 10 只左右鸡的法氏囊，用组织搅拌器制成匀浆，以 3000r/min 离心 10min，取上清液备用。

（2）IBD 的标准阳性血清和阴性血清　　实验前 1h 前从 −20℃ 冰箱内取出，置于室温环境下备用。

（3）琼脂板制备　　取 1g 优质琼脂溶化于含有 0.1% 苯酚的 8% 氯化钠液 100mL，经多层纱布脱脂棉过滤，置冰箱备用。用时放在水溶液中融化并趁热浇在玻片上，每片 4mL，厚 2.5～3mm。也可以吸 15mL 倒入 90mm 的平皿内。

（4）打孔和加样　　事先制好打孔的图案（中央 1 个孔和外周 6 个孔），放在琼脂板下面，用打孔器打孔，并剔去孔内琼脂。孔径为 6mm，孔距为 3mm。检测 IBDV 的抗体时，中央孔为已知的 IBDV 抗原，若检测法氏囊中的病毒抗原，中央孔加已知标准阳性血清。现以检测抗原为例进行加样。中央孔加 IBD 的阳性血清，第 1、4 孔加入已知抗原，第 2、3、5、6 孔加入被检抗原，添加至孔满为止，将平皿倒置放在湿盒内，置 37℃

恒温培养箱内经 24～48h 后观察结果。

（5）结果判定　　在标准阳性血清与被检的抗原孔之间，有明显沉淀线者判为阳性，相反，如果不出现沉淀线者判为阴性。标准阳性血清和已知抗原孔之间一定要出现明显沉淀线者，本实验方可确认。

3. 免疫荧光抗体检查

（1）荧光抗体　　成都兽医生物药品厂生产。

（2）被检材料　　采取病死鸡的法氏囊、盲肠扁桃体、肾和脾，用冰冻切片制片后，用丙酮固定 10min。

（3）染色方法　　在切片上滴加 IBD 的荧光抗体，置湿盒内在 37℃反应 30min 后取出，先用 pH 7.2 PBS 缓冲液冲洗，继而用蒸馏水冲洗，自然干燥后滴加甘油缓冲液封片（甘油 9 份，pH 7.2 PBS 1 份）镜检。

（4）结果判定　　镜检时见片上出现特异性的荧光细胞时判为阳性；不出现荧光或出现非特异性荧光细胞时则判为阴性。

（5）注意事项　　滴加标记荧光抗体于已知阳性标本上，应呈现明显的特异荧光。滴加标记荧光抗体于已知阴性标本片上，应不出现特异荧光。本法在感染 12h 就可在法氏囊和盲肠扁桃体中检出。

4. 病毒中和实验　　可用培养细胞或幼龄鸡进行，比琼脂凝胶沉淀反应检测抗体更敏感，对估价疫苗的免疫应答是有用的。

（1）细胞培养中和实验　　在微量滴定板的每孔中，加入 0.5mL 含 $100TCID_{50}$ 的病毒稀释液。被检血清经 56℃灭活 30min，然后以滴定板上的病毒稀释液将被检血清做连续倍比稀释。滴定板在室温放 30min 后，每孔加入 0.2mL 制备好的鸡胚细胞悬液，置 37℃培养 4～5d，每天在倒置显微镜下观察细胞病变产生的情况，并以不出现细胞病变的最终稀释度的倒数（$\log_2$）判定终点。

（2）中和实验　　将被检血清在 56℃灭能 30min。取 1mL 被检血清与 1mL 已知阳性 IBD 抗原（可用细胞培养毒，1mL 含 $200TCID_{50}/0.05mL$，或用澄清的 10%法氏囊匀浆）混合，置 37℃孵育 30～60min。将上述混合物滴入 7 只易感鸡眼内（易感鸡不含有 IBD 抗体），每只鸡滴 0.5mL，3d 后将鸡宰杀，检查其法氏囊有无病变。同时设立 IBD 阳性血清和阴性血清作对照。若被检血清采于非免疫鸡群，其阳性血清和被检血清鸡的法氏囊无病变，而阴性血清对照鸡的法氏囊出现病变时，表明被检血清的鸡已感染 IBDV，如果被检血清采于免疫鸡群，出现这种情况，说明 IBD 疫苗免疫应答较好。相反，阳性血清鸡的法氏囊无病变，而阴性血清和被检血清鸡的法氏囊出现病变，表明 IBD 疫苗免疫应答差。

5. 间接 ELISA 检测 IBDV 抗体

（1）材料准备　　聚苯乙烯微量反应板、酶标测定仪。抗原、兔抗鸡 IgG 酶标记抗体、阳性血清和阴性血清（自备或购买）。实验溶液需配制。

（2）操作方法

1）抗原包被：IBDV 抗原用 0.05mol/L pH 9.6 的碳酸盐缓冲液稀释至 5μg/mL，每孔加 100μL，置 37℃恒温培养箱数小时后，再置 4℃冰箱过夜。取出后倾去包被液，用PBS-T冲洗液洗涤3次，每次3～5min。加含10%BSA的PBS-T封闭液，每孔加100μL，37℃孵育1h，倾去封闭液，同前洗涤。包被好的抗原板用塑料封装，放在-20℃冰箱保存。

2）加被检血清：用血清稀释液按1∶400稀释，加入ELISA反应板中，每孔加100μL。A_1孔加稀释液，A_2、A_3孔加阴性血清，A_4、A_5孔加阳性血清。阳性和阴性血清不稀释，加入量同被检血清。然后将反应板放在湿盒中，置37℃条件下1h。

3）冲洗：倾去反应板中液体，用冲洗液洗涤3次，每次3～5min。

4）加兔抗鸡IgG酶标记抗体：取酶标记抗体1mL加100mL酶标稀释液混匀后，再加100mL灭菌甘油即成实验用兔抗鸡IgG酶标记抗体，用安瓿分装每支1mL（可放-20℃保存）。用时取出1支加入9mL稀释液，每孔加入100μL，置37℃条件下1h。

5）冲洗：方法同3）。

6）加底物液：将底物液甲液加入乙液中，再加入30%过氧化氢液10μL，混匀后立即加入反应板上，每孔100μL，37℃避光作用20min。

7）加终止液：每孔加入50μL。

8）用酶标测定仪：在波长492nm，测定每孔降解物的吸收值。测定是A_1孔调零。

（3）结果判定　被检血清两孔OD平均值与阴性血清两孔OD平均值之比，被检血清两孔OD≥2者，判为阳性。

【附】　实验溶液配制

1）冲洗液0.01mol pH 7.4 PBS液配制：取KH_2PO_4 1g，$Na_2HPO_4 \cdot 12H_2O$ 14.5g，KCl 1.0g，NaCl 42g，去离子水加至250mL溶解。

2）酶标抗体和血清稀释液配制：0.01mol pH 7.4 PBS 250mL，吐温-20 2.5mL，硫柳汞0.1g。混匀后，按每瓶10mL分装，室温保存。

3）封闭液配制：取上液250mL，BSA 1.0g混匀按每瓶10mL分装，-20℃保存。

4）底物液配制

甲液：取$Na_2HPO_4 \cdot 12H_2O$ 35.8g，加去离子水1000mL按每瓶6mL分装，室温保存。

乙液：取柠檬酸21g，加去离子水1000mL，再加邻苯二胺1.2g，每瓶3mL分装，-20℃避光保存。

5）终止液（2mol/L硫酸）：取浓H_2SO_4（纯度95%～98%）4mL加入32mL去离子水中混匀即成。

第十一章　兽医寄生虫学综合性实验

【实验目的】

"兽医寄生虫学"是研究寄生于家禽、家畜、伴侣动物、实验动物、水生动物和野生动物的各种寄生虫及其所引起的疾病的学科,是动物医学专业的必修专业课之一。在学生修完"兽医寄生虫学"课程后及掌握基本理论知识和技能的基础上,以实习为手段,进一步加强学生所学的理论知识,为今后从事兽医寄生虫病的防治工作打下坚实的基础。

本次兽医寄生虫学生产实习以掌握家畜寄生虫学剖检法的实施步骤和操作要点为主要内容,通过对家畜寄生虫的检出和鉴定,掌握常见寄生虫的鉴别要点和鉴定技术。另外,再学习寄生虫病区系调查的研究方法,寄生虫的保存和标本的制作方法及区系调查报告的撰写方法。通过实习,加强学生的实践能力,提高学生动手能力、分析问题和解决问题的能力。

【实验器材】

参见本书第八章实验十七"寄生虫学剖检法"中所使用的实验器材。

【实验内容】

1)按寄生虫学剖检法,挑出羊真胃及大小肠中所有的寄生虫体。

2)检查羊的鼻腔中、脑中是否有鼻蝇蛆和多头蚴的寄生。

3)检查羊的肝肺中是否有肝片吸虫、肺线虫和棘球蚴的寄生。

4)检查心肌、膈肌、舌肌和食道肌中是否有住肉孢子虫的寄生。

5)检查肠系膜和肝表面上是否有细颈囊尾蚴的寄生。

6)将挑出的及检出的虫体计数。显微镜下鉴定所有的胃肠道线虫雄虫和肺线虫,计算单种虫体总数、各种虫体的感染率和感染强度。

7)掌握镜下测量虫体的技能,即物镜和目镜测微尺的使用方法。

8)统计各组数据。

具体操作步骤参见本书第八章实验十七"寄生虫学剖检法"。

【实验报告】

实习报告以寄生虫区系调查内容进行书写(以科学论文格式进行书写),结果中要表明:

1)所调查地区寄生虫的分布情况,具体说明虫体的感染率、感染强度、优势虫种等。

2)就此次调查结果与前人所做研究进行比较,分析出寄生虫的流行情况,结合当地畜牧业生产实际提出科学的寄生虫防治措施和建议及实习心得。